机械制造工学一体化与电气自动化工程

陈 涛 赵峻波 于曜科 著

吉林科学技术出版社

图书在版编目（CIP）数据

机械制造工学一体化与电气自动化工程 / 陈涛，赵峻波，于曜科著. -- 长春：吉林科学技术出版社，2024.5

ISBN 978-7-5744-1363-4

Ⅰ. ①机… Ⅱ. ①陈… ②赵… ③于… Ⅲ. ①机械制造②电气系统－自动化 Ⅳ. ① TH ② TM92

中国国家版本馆 CIP 数据核字 (2024) 第 099248 号

机械制造工学一体化与电气自动化工程

著　　陈　涛　赵峻波　于曜科
出 版 人　宛　霞
责任编辑　郭建齐
封面设计　周书意
制　　版　周书意
幅面尺寸　185mm×260mm
开　　本　16
字　　数　327 千字
印　　张　17
印　　数　1~1500 册
版　　次　2024 年5月第1 版
印　　次　2024年10月第1次印刷

出　　版　吉林科学技术出版社
发　　行　吉林科学技术出版社
地　　址　长春市福祉大路5788 号出版大厦A 座
邮　　编　130118
发行部电话/传真　0431-81629529 81629530 81629531
81629532 81629533 81629534
储运部电话　0431-86059116
编辑部电话　0431-81629510
印　　刷　廊坊市印艺阁数字科技有限公司

书　　号　ISBN 978-7-5744-1363-4
定　　价　98.00元

前言

PREFACE

随着工业现代化的发展，我国已成为世界工厂，而模具是机械、运输、电子、通信及家电等工业产品的基础工艺装备，是现代工业生产中被广泛应用的优质、高效、低耗、适应性很强的生产手段，也是技术含量高、附加值高、使用广泛的新技术产品，是价值很高的社会财富。

利用模具来生产零件的方法已成为工业上进行成批或大批生产的主要技术手段，模具对于保证产品的一致性和产品质量、缩短试制周期进而争先占领市场，以及产品更新换代和新产品开发都具有决定性意义。一个地方制造业的发展离不开模具制造业的发展，地区模具制造水平的高低已经成为衡量这个地区制造业水平的重要标志，在很大程度上决定了产品质量、创新能力和地区产业的经济效益。中国是制造业大国，产品是制造业的主体，模具是制造业的灵魂，模具的发展水平决定了制造业的发展水平。

人才市场上需要大量熟练的模具设计与制造人员，而模具设计与制造岗位是一个需要较长时间积累经验的岗位，综合素质要求高。因此，如何使学生在较短时间内快速上手，达到与企业要求零距离接轨，是模具设计与制造专业教学过程中需要着力解决的问题。鉴于此，机械制造工学一体化设计与专业人才培养模式改革势在必行。教师在指导学生进行模具设计与制造的实训过程中，深知实训环节的重要性，但这方面合适的教材和参考书欠缺，教师教和学生学都遇到了不少问题和困难。为此，作者结合自身多年从事模具设计、制造的教学经验，将模具国家标准与模具设计、制造知识及技巧有机融合，注重实用，着力提高初学者的动手能力。本书较好地贯彻了职业性、实用性的原则，避免大段的文字叙述及公式推导，具有典型的职教特色，将有助于学生技能的训练和专业能力的提高。

以现有的计算机技术为基础，其中加入人工智能技术，从而保证计算机运行的智慧化水平，这样的技术即自动化技术。自动化技术对于电气工程的整体运转来说极为重要，直接体现着科学技术的进步与创新。在工业机械设备领域，电气工程自动化技术的应用也会在很大程度上提高设备的可用性与易用性。

本书围绕“机械制造工学一体化与电气自动化工程”这一主题，以塑料模具设计与实践教学设计为切入点，由浅入深地分析了模具设计与制造专业人才培养模式改革及实践探索、模具设计与制造工学一体化教学设计与实践等，系统地论述了模具设计与制造工学一体化教学改革措施，涵盖了模具专业学生学习力提升的教育教学策略研究、“1+X”证书制度下模具设计与制造专业教学改革的思考、基于OBE理念的数控技术专业“模具设计与制造”课程教学改革与实践等内容。此外，本书对电梯一体化控制系统设计、起重机械自动化进行了探索，介绍了电梯控制系统规划、电梯控制系统设计计算、重机械自动化中物联网技术及其应用，全方位诠释了机械制造工学一体化与电气自动化工程的主题。本书内容翔实、条理清晰、逻辑合理，兼具理论性与实践性，适用于从事相关工作与研究的专业人员。

限于作者的水平，书中难免存在不足之处，衷心希望广大读者和专家学者提出宝贵意见。

CONTENTS

第一章　塑料模具设计与实践教学设计

第一节　整体教学设计

一、课程要求

本课程遵循学生职业能力培养的基本规律，以真实工作任务及其工作过程为依据，整合、序化教学内容，设计了6个学习单元，分别从塑料模具结构的认识与工程图制作实践、塑料成型工艺规程的编制、单分型面注射模设计、多分型面注射模设计、侧向分型与抽芯机构注射模设计、热流道注射模设计、挤出模具设计等方面讲授塑料模具设计的基本理论和设计技能。6个学习单元包含12个学习性工作任务，以课堂方式与上机练习方式组合组织教学，做到理论学习和实践训练相互贯穿、有机融合；以单元强化、综合练习的完整教学设计，使学生具备从事塑料模具设计、成型工艺规程设计的高素质劳动者和高技能应用型人才所必需的知识与技能，同时培养学生爱岗敬业、团结协作、吃苦耐劳的职业精神与创新设计意识。

整体教学设计是塑料模具设计与实践教学中至关重要的一个方面。通过整体教学设计，教师能够系统地组织和安排教学过程，确保学生全面、有序地学习相关知识和技能。

为了有效地进行整体教学设计，教师首先需要明确教学目标。在塑料模具设计与实践教学中，教学目标可以包括学生掌握塑料模具设计的基本原理和方法，熟练运用相关软件进行模具设计，以及具备一定的实践操作能力等。教师可以根据学生的学习需求和课程要求，制定明确的教学目标，为整个教学过程奠定基础。在教学内容的选择上，教师应该注重理论与实践的结合。塑料模具设计与实践是一个综合性较强的学科，需要学生既掌握基本理论知识，又能够灵活应用于实践操作中。因此，教师可以通过设计丰富多样的教学内容，包括理论讲解、案例分析、实际操作等，为学生提供全面的学习体验。

二、整体教学设计背景

（一）我国模具的发展

改革开放以来，国民经济稳健发展，消费市场对家电、汽车、人工智能等产品的需求增多，直接给模具制造行业技术的发展注入新的动力。模具生产的制件因具有低能耗、高效等优点而在机械、军事、轻工等行业被广泛地运用。中国的工业产品质量在世界上能否保持高水准，关键在于模具制造技术的突破。随着模具制造技术的发展日新月异，产品种类的更新速度极快，当下模具企业想要不被行业所淘汰，进行改革是刻不容缓的。而改革的关键是要提升模具从业人员的技术水平和职业素养。

职业教育领域的定位是为企业输送高素质的技能型人才。在模具生产线上，模具的安装、调试及维护等应用型人才在我国主要是由技工院校来培养。如何解决人才短缺，推动模具产业的发展，是我国模具行业密切关注的重要问题。因各地区技工院校的师资条件不一，课程设置的科学性还有待提高，并没有以学生长远职业生涯的规划为出发点，导致职业教育在培养技能型人才上存在缺陷：学生所学知识与就业所需的知识差距较大，甚至滞后于社会发展；模具专业因综合性强，各课程之间联系紧密且难度较大，取得整体效果不太理想，学生对知识掌握不全，学习技能未能满足企业的要求，这就导致企业要耗费大量资源对上岗毕业生进行培训。

我国模具行业的发展虽晚于发达国家，但势头十分强劲。“2022年全球工程机械制造商50强”企业分别来自中国、美国、日本、德国、法国等13个国家，中国12家企业上榜。从榜单来看，中国和日本均有12家企业入围“2022全球工程机械制造商50强”，其次美国有6家企业入围，德国有4家企业入围，瑞典、法国和韩国各有3家企业入围，芬兰有2家企业入围。但我国模具制造的总体水平仍处于世界发达国家水平之下，对于形状复杂的冲压模具，型腔要求精度较高的注塑模具，其制造技术还有很大的上升空间。当前市面上绝大部分高端电子产品的模具还是被外资市场所占据。近年来，高速切削加工技术、快速成型建模技术、虚拟仿真装配等新科技的应用在模具企业的改革中开展得如火如荼，但高技能应用型的人才却是重金难求。

具体到各国入榜企业销售额排名，我国有12家中国制造商入榜，总销售额达578.81亿美元，占总榜份额26.15%，继续保持全球第一；排名第二的是美国，总销售额为532.08亿美元，占总榜份额24.03%；日本企业销售额为455.15亿美元，占比为20.56%，排名第三。

除“2022年全球工程机械制造商50强”外，在当日大会发布的“2022全球移动式起重机制造商10强”“2022全球塔式起重机制造商10强”“2022中国吊装百强榜”“2022中国塔式起重机租赁商100强”等在内的10余份终端用户榜单中，中国制造商的整体规模、业务水平等同样居于领先地位。

近年来，我国模具行业结构，无论是企业组织结构、产品结构、技术结构，还是进出口结构，都在朝着合理化的方向发展。为更新和提高装备水平，模具加工企业每年都需进口几十亿元的设备。在创新开发方面的投入仍显不足，模具行业内综合研发能力的提升已严重滞后于生产能力的提高，主要问题体现在创新能力薄弱；整体效率低；专业化、标准化、商品化的程度低、协作差；模具材料及模具相关技术落后；企业组织结构、产品结构、技术结构和进出口结构都不够合理；与国际先进水平相比，模具企业的管理落后更甚于技术落后。未来十年，中国模具工业的发展趋势是：模具产品朝着大型、精密、复杂、经济、快速的方向发展；模具的技术含量不断提高，模具制造周期不断缩短；模具生产朝着信息化、无图化、精细化、自动化的方向发展；模具企业朝着技术集成化、设备精良化、产品品牌化、管理信息化、经营国际化的方向发展。

目前，全国模具产值过亿元的模具加工企业主要集中在汽车覆盖件模具领域。例如，大型塑料模具方面的海尔模具公司、塑料异型材模具方面的铜陵三佳科技有限公司、橡胶轮胎模具方面的广东巨轮模具股份有限公司和揭阳市天阳模具有限公司、模具标准件方面的香港龙记集团和盘起工业有限公司等。在上亿元的模具企业中，外资占了相当比重。

（二）世界各国模具发展

1.德国

德国一向以精湛的加工技艺和出产精密机械、工具而著称，其模具业也充分体现了这一特点。对于模具这个内涵复杂的工业领域，经过多年的实践探索，德国模具制造厂商形成了一个共识，全行业必须协调一致，群策群力，挖掘开发潜力，共同发扬创新精神，共同技术进步，取长补短，发挥好整体优势，才能取得行业的成功。此外，为适应当今新产品快速发展的需求，在德国，不仅大公司建立了新的开发中心，许多中小企业也都这样做，主动为客户做研发工作。在研究方面，德国始终十分活跃，成为其在国际市场上保持不败的重要基础。在激烈竞争中，德国模具行业多年保持住了在国际市场中的强势地位，出口率一直稳定在33%左右。

2.意大利

意大利模具企业的生产技术水平在国际上是一流的。将高新技术应用于模具设计与制造，已成为意大利快速制造优质模具的有力保证。在意大利模具企业，CAD/CAE/CAM、高速切削加工技术、快速成型技术与快速制模技术已成为普遍应用的技术。

（1）CAD/CAE/CAM的广泛应用显示了用信息技术带动和提升模具工业的优越性。在CAD的应用方面，已经超越了甩掉图板、二维绘图的初级阶段，目前3D设计已达到了70%～89%。PRO/E、UG、CIMATRON等软件的应用很普遍。应用这些软件不仅可完成2D

设计，同时可获得3D模型，为NC编程和CAD/CAM的集成提供了保证。应用3D设计，还可以在设计时进行装配干涉的检查，保证设计和工艺的合理性。数控机床的普遍应用，保证了模具零件的加工精度和质量。30～50人的模具企业，一般拥有数控机床十多台。经过数控机床加工的零件可直接进行装配，使装配钳工的人数大大减少。CAE技术在意大利已经逐渐成熟。在注射模设计中应用CAE分析软件，模拟塑料的冲模过程，分析冷却过程，预测成型过程中可能发生的缺陷。在冲模设计中应用CAE软件，模拟金属变形过程，分析应力应变的分布，预测破裂、起皱和回弹等缺陷。CAE技术在模具设计中的作用越来越大，意大利COMAU公司应用 CAE技术后，试模时间缩短50%以上。

（2）为了缩短制模周期，提高市场竞争力，企业普遍采用高速切削加工技术。高速切削是以高切削速度、高进给速度和高加工质量为主要特征的加工技术，其加工效率比传统的切削工艺要高几倍甚至十几倍。目前，意大利模具企业在生产中广泛应用数控高速铣，三轴联动的比较多，也有一些是五轴联动的，转数一般在1.5万～3万r/min。采用高速铣削技术，可大大缩短制模时间。经高速铣削精加工后的模具型面，仅需略加抛光便可使用，节省了大量修磨、抛光的时间。意大利模具企业十分重视技术进步和设备更新。设备折旧期限一般为4～5年。增加数控高速铣床，是模具企业设备投资的重点之一。

（3）快速成型技术与快速制模技术获得普遍应用。由于市场竞争日益激烈，产品更新换代不断加快，快速成型和快速制模技术应运而生，并迅速获得普遍应用。在意大利等欧美模具展上，快速成型技术和快速制模技术占据了十分突出的位置，有SLA、SLS、FDM和LOM等各种类型的快速成型设备，也有专门提供原型制造服务的机构和公司。

（4）意大利模具企业中，有不少是将快速成型技术和快速制模技术结合起来应用于模具制造，即利用快速成型技术制造产品零件的原型，再基于原型快速地制造出模具。许多塑料模厂家利用快速原型浇制硅橡胶模具，用于少量翻制塑料件，非常适合于产品的试制。

（5）意大利塑料橡胶加工机械和模具制造行业是意大利机械制造联盟10个专用机械制造行业之一，并且意大利塑料橡胶加工机械和模具制造行业拥有500余项欧洲专利，专业化程度高，技术领先，产品多样，同时为客户提供各种增值服务。据罗百辉介绍，意大利的模具企业，人均年销售额在10万美元以上。目前，意大利塑料橡胶加工机械和模具制造行业的产值占到机械制造联盟10个行业总产值的16.5%。同时，意大利塑料橡胶加工机械及模具产品的出口目的地仍以欧盟为主，出口金额占总出口份额的47%。意大利模具企业拥有先进技术和先进管理，使其生产的大型、精密、复杂模具对促进汽车、电子、通信、家电等产业的发展起了极其重要的作用，也给模具企业带来了良好的经济效益。

3.美国

美国现有约7000家模具企业，90%以上为少于50人的小型企业。由于工业化的高度发展，美国模具业早已成为成熟的高技术产业，处于世界前列。美国模具钢已实现标准化生产供应，模具设计制造普遍应用CAD/CAE/CAM技术，加工工艺、检验检测配套了先进设备，大型、复杂、精密、长寿命、高性能模具的发展达到领先水平。但自20世纪90年代以来，美国经济面临后工业化时代的大调整、大变革，也面对强大的国际竞争——成本压力、时间压力和竞争压力。

三、整体教学设计目标

（1）培养目标：以塑料模具设计、塑料产品造型设计为岗位职业能力。

（2）知识目标：掌握塑料的组成与工艺特性；掌握塑料成型原理与工艺特性；掌握塑件的结构工艺性设计；掌握注射模结构与设计；掌握模具装配调试与维修；了解压缩及挤出模具的结构与设计。

（3）能力目标：具备塑料的工艺特性及塑料成型工艺特性分析能力；具备编制塑料成型工艺规程的能力；具备塑件的结构工艺性设计能力；具备注射模、压缩模及挤出模设计能力；积累项目实战经验。

（4）情意态度目标：培养良好的行为习惯和职业道德；培养自主学习能力、沟通协作能力、创新能力；感受模具企业对员工知识结构、技术技能、综合素质的要求，体验企业的文化氛围，加速由学生向员工的身份转变，增强就业能力和信心。

四、整体教学模式设计

按照认知规律和职业能力培养规律，选取了三个学习情境。第一个学习情境为认知模具，此为引导性知识，理论够用就行。用18课时让学生认识模具结构，熟悉模具工作原理，学会选择注塑机。第二个学习情境为简单注射模设计，这是职业能力培养的重点与关键，以3个日常生活用品的注射模设计为工作任务，使学生掌握注射模设计的基本方法和技能，占用40课时。最后一个学习情境是2个中等复杂程度注射模设计，这是职业能力培养的难点，目的是提升学生的综合能力，为职业生涯的可持续发展打下基础，需要分配30课时。三个学习情境由浅入深，循序渐进。在完成任务的过程中，将基本知识点贯穿始终。

教学评价采用阶段评价与目标评价相结合，理论评价与实践考核相结合，设计成果评价与知识点考核相结合，学生自评、学生互评和教师考评相结合。

第二节　单元教学设计

一、单元一：绪论（2学时）

通过对绪论的学习，让学生了解塑料成型的基本概念、掌握各种模塑成型方法的工作原理与特点，能对日常生活用品塑件进行简单的塑料成型工艺分析（模塑成型）。

二、单元二：塑料模具结构的认识与工程图制作实践（20学时）

通过对塑料模具结构的认识与工程图制作实践，让学生了解常规塑料模具结构的基本组成和工作过程，了解塑料模具结构各基本组成的功能，了解模具在不同设备上的安装固定方式。同时，了解现代模具设计的手段和方法，了解模具工程图的制作流程。

该单元在多媒体教室、模具拆装实训室和模具设计实训室完成教学。

三、单元三：塑料成型工艺规程的编制（14学时）

让学生了解塑料的主要成分、分类，塑料的可加工性能，塑料的性能；了解塑料在成型加工中的工艺特征及对材料成型的影响，了解塑件的工艺性；掌握塑料成型工艺规程制定的步骤和方法，了解注射机的使用和注射成型工艺条件的调整方法。

该单元在多媒体教室、模具制造仿真实训室和模具设计实训室完成教学。

四、单元四：注射模设计（52学时）

（一）任务一：单分型面注射模设计（36学时）

通过设计单分型面注射模，让学生掌握典型注射模结构的组成及其作用；掌握浇注系统的设计方法；掌握成型零件设计方法；掌握合模导向机构设计方法；掌握推出机构设计方法；掌握注射模模架的确定方法；掌握注射模与注射机的关系；掌握模具温度调节系统的设计方法；掌握注射模的设计步骤和方法。同时，通过训练，使学生学会设计模具总体结构，学会设计模具零部件结构，学会用二维CAD正确表达单分型面注射模工程图。

该单元在多媒体教室和模具设计实训室完成教学。

（二）任务二：多分型面注射模设计（6学时）

通过多分型面注射模结构分析，让学生了解、掌握多分型机构的设计方法；掌握多分型推顶机构设计方法；学会设计多分型面注射模分型机构和多分型推顶机构。

该单元在多媒体教室和模具设计实训室完成教学。

（三）任务三：侧向分型与抽芯机构注射模设计（10学时）

通过侧向分型与抽芯机构注射模结构分析，掌握抽芯力和抽芯距的分类和计算方法；掌握斜导柱分型与抽芯机构的设计方法；掌握斜滑块分型与抽芯机构的设计方法；学会设计斜导柱分型与抽芯机构和斜滑块分型与抽芯机构。

该单元在多媒体教室和模具设计实训室完成教学。

五、单元五：其他塑料模具设计（24学时）

（一）任务一：压缩模设计（6学时）

通过学习，使学生了解压缩模的结构特点；了解压缩成型工艺；了解压缩模与压机的关系；掌握压缩模的设计方法。

该单元在多媒体教室完成教学。

（二）任务二：挤出模具设计（6学时）

通过学习，使学生了解挤出成型工艺；掌握挤出成型模具的结构特点；掌握挤出机头设计方法。

该单元在多媒体教室完成教学。

（三）任务三：热流道注射模设计（10学时）

通过学习，使学生了解无流道凝料注射成型的优缺点和适用范围；了解绝热流道注射模的设计方法；了解加热流道模具的结构与特点；掌握加热流道注射模浇注系统的设计方法；了解温流道注射模的设计方法。

该单元在多媒体教室完成教学。

六、单元六：模具设计综合实践（40学时）

通过在模具仿真设计室的模具设计综合实践，使学生进一步学会分析设计原始资料、学会编制成型工艺规程、学会设计模具总体结构、学会设计模具零部件、学会合理选择模具材料并确定热处理规范、学会用CAD软件正确绘制模具工程图。

该单元在校企合作企业和模具设计实训室完成教学。

第三节 教学方案设计

一、塑料模具设计课程教学案例设计

塑料模具设计课程采用线上、线下混合式教学模式。

（一）课程导入设计，明确课堂核心内容，融入思想教育和绿色发展理念

学生活动：观察教师给出的图形，想一想，模具如何才能安装到注塑机上？注塑机与模具之间存在怎样的关系？塑料熔体怎样进入模具的型腔的？注射成型为什么要设计浇注系统？通过一系列的问题引导学生思考和互动，启发学生探究模具与注塑机的关系、普通浇注系统的组成和作用，进而明确本节的核心知识内容，激发学生的学习兴趣。

教师活动：通过注射成型模拟动画演示，明确浇注系统的组成（主流道、分流道、浇口等）和相关定义，塑料熔体必须经主流道→分流道→浇口才能进入模具型腔，显然主/分流道是塑件成型的必由之路。此外，教师还引导学生思考浇注系统在生产中产生的废料处理问题，不合适的处理会导致严重的环境污染。因此，浇注系统凝料分类回收是防止环境污染的有效途径，从而将绿色发展理念根植于学生心中。

（二）前测教学设计，纠正偏差，充分获得知识

利用学习通平台，针对学生线上学习内容中的重点、难点和易错的知识点进行测试，了解学生对知识点的掌握情况，对于学生理解有偏差的共性问题进行重点讲解和提示，进一步加深学生对核心知识内容的理解。

（三）任务汇报展示，培养学生的科学思维和专业素养

随机抽取一组学生采用PPT形式展示上次任务的完成情况，包括设计思路、设计过程和设计方案以及设计过程中的计算与校核。通过汇报任务，学生的模具设计能力、口头表达能力以及团队协作能力得到展示、锻炼和提升，以此培养学生的科学思维和专业素养。

（四）生生交流，培养学生求真求实的科学精神

小组汇报结束后，针对汇报设计思路、设计方案以及相关的计算和校核展开生生交流。学生之间提出质疑和开展讨论，达到互相学习、互相进步的目的，同时也培养了学生求真求实的科学精神。

（五）任务点评及布置新任务，知识内化，能力达成

教师指出展示小组任务方案中存在的问题或者有待优化的设计细节，并针对性地就学生自主学习任务相关知识中的重点和难点，结合在测验和设计方案展示过程中出现的问题进行讲解，通过典型案例、三维动画等形式，帮助学生理解相关的知识，并引导学生将知识内化为设计能力。同时，教师就下节课的学习目标、学习任务、作业以及汇报展示的内容进行具体的要求和讲解，使学生明白下节课自主学习的任务，通过任务驱动充分调动学生自主探究式学习的自觉性和积极性，也使学生在学习过程中有的放矢，更好地完成学习任务。

（六）课后教学设计，培养学生的家国情怀和工匠精神

课后，学生根据教师、同学提出的意见和建议，进一步优化设计方案，培养学生严谨细致、精益求精的工匠精神。同时，学生按照新任务要求，进行教学视频学习，以小组的形式完成设计任务，准备下次的课堂展示。

二、课程的定位

“塑料模具设计”是模具设计与制造专业的一门主干重点专业技术课程，是培养模具行业设计、管理、生产和维修等岗位职业能力的核心课程，是一门实践性非常强的综合课程。课程设置的目标是培养服务于模具制造业一线，能利用计算机辅助设计与制造技术进行塑料模具设计、加工制作及进行模具的安装、调试和维护的高技能应用型人才。本课程以理论教学与实践教学内容有机结合为特点，以突出课程的综合性、实用性、实践性为前提，旨在培养学生具备模具行业岗位群所需的基本职业素质、技能操作和应用能力，贯彻“必需、够用”的原则，制定合理的课程方案，执行能力本位教育，强调能力（知识+技能）学习的教育方式，使学生能根据企业实际生产过程进行塑料选择、模具结构设计和制造、模具安装与调试以及顶岗实习、工学交替，最终达到能够设计、制造中等复杂程度的模具，并初步具有分析、解决成型现场技术问题的能力。

“塑料模具设计”是一门理论和实践紧密结合的课程，要求学生既要掌握模塑成型的最基本的理论知识，又要具备一定的实践技能。多层次的实践教学是提高能力的有效途

径，其课程教学必须以工作过程为导向、以产品任务为驱动，将专业理论与实践内容有机融合，引导学生通过实践性学习，提出问题、分析问题、解决问题、达到掌握能力运用的目的，知识服务于实践，在实践中得以提升，提高学生的实践与创新能力。

三、课程设计思路

（一）以市场需求为导向，确定培养目标

依据对长三角地区塑料加工行业的人才需求调研情况，针对模具设计与制造专业的职业能力要求和专科学生的特点，校企合作联合开发、设计，确立《塑料模具设计》课程的教学内容和课时数，使课程内容与模具行业的国家职业资格要求对接、学生的专业技能与模具设计与制造岗位群规范相符，突出专业知识的实用性、综合性、先进性。

（二）以项目化为载体、以任务为驱动，培养学生的岗位职业能力

在全程教学中，本着复杂问题简单化、抽象内容形象化、动态过程可视化的教学理念，寻求学生掌握知识、发展能力的最佳途径。根据教学内容需要，采用灵活多样的教学方法，项目式教学方法贯穿于塑料模具设计教学的全过程，重点内容采用任务驱动教学方法，即重点任务在第一堂课就下达作业或设计任务、讲要求——看实物——随后讲理论——分析案例——做设计——分析“所做设计”——修改设计——完成整个设计。构建基于工作过程系统化，以企业实际项目为载体、以塑料制件的模具设计任务为驱动、以模具行业工作过程为主线的能力培养教育模式，培养学生发现问题、分析问题、解决问题的能力以及探求和深化知识的能力，在任务完成的过程中达到培养目标。教学载体可以随企业的发展进行更换，凸显课程的开发性。

（三）实施模块化教学，适应个体发展

改变目前的教学要求过于统一的现状，以塑料模具职业技能要求和相应的模具知识为模块，实施教学目标分级别、教学内容分级别的模块化教学，适应不同基础和不同发展方向的学生的个体需求。根据模具设计岗位要求，重构课程实践教学体系，形成三个递进层次的训练：岗位操作技能训练、专业技能训练和专业综合能力训练。三个训练层次结构有序，由简单到复杂，由技能操作到系统设计，每一层都尽量贴近工程实际。

（四）创新多元化评价体系，促进学生可持续发展

在项目教学的实施过程中，结合项目中各个任务的特点，设计过程性评价和成果评价、学生间互相评价和教师评价并重的评价体系，同时引入企业对设计成果的评价，促使

学生积极参与并重视项目学习的每一个过程，积极思考，乐于实践，全面提高自身的知识水平和技能水平，培养学生的主动学习能力，激发学生的学习创造性和自信心，引导学生养成终身学习的良好习惯。

（五）重视核心能力的培养，渗透爱岗敬业、自强不息的精神

坚持综合职业能力的课程观，以强化模具设计与制造能力的培养为切入口，重视核心能力培养，渗透爱岗敬业、自强不息的精神，在项目教学设计中，以人们在职业生涯甚至日常生活中必需的、具有最普遍适用性和最广泛可迁移性的核心能力的培养为抓手，努力培养学生在具体职业活动中的最基本的行为能力，培养学生的自我管理能力、团队协作能力和职业沟通能力等核心职业能力，全面提升学生的职业素养，提高学生的综合职业能力。

四、教学内容的设计

模块一为塑料模具设计入门，学生完成本模块后具有一定的模具结构认知和设计能力，对应四级模具设计师中塑料模部分的技能要求。

模块二为塑料模具设计提高，学生完成本模块后具有一定的中等复杂程度塑料模具设计能力，对应三级模具设计师中塑料模部分的技能要求，可根据自己选择的职业岗位进行顶岗实习。

模块三为塑料模具设计精通，针对模具加工技师方向的学生深造，与模具综合实训相结合，学生完成本模块后具有基于CAD/CAM的塑料模具加工能力，可根据自己选择的职业岗位进行顶岗实习。

模块四为塑料模具设计精通，针对模具设计师方向的学生深造，学生完成本模块后可将CAE软件应用于塑料模具设计，具有更广阔的发展前景，可根据自己选择的职业岗位进行顶岗实习。

模块一和模块二为本课程的必选内容，模块三和模块四为可选内容，与后续的实践性教学环节相结合。所有模块融入生产管理知识、生产技术管理知识和职业核心能力培养，为学生今后的可持续发展打下坚实的基础。

五、考核手段多样化

实施考试改革与教学改革相配套，坚持理论联系实际，突出能力评价优先，采取多种方式进行评价。

（1）坚持理论以必需和够用为度、以技术应用为主、以能力教学为核心的原则，重新制订课程方案教学内容，建立过程性考核与期末总结性考试并重，多次、多种考核共存

综合评定成绩的考核模式，使考试更多样化、全面化，突出技能与能力的考核，培养学生学习的灵活性、积极性、创新性。

（2）建立由口试、面试（现场操作）、专题研讨、试卷库组成的考试体系。口试内容尽可能结合基本理论和基本概念的应用，考核学生的工程应用和解决实际问题的能力，培养学生的学习兴趣，提高学习的主动性；面试（现场操作）要求学生自己选用模具，校核模具参数，安装调试模具，设定工艺参数，分析产品质量，最终生产出合格产品，提高学生综合分析问题、解决生产现场实际问题的能力；专题研讨以常用注塑模具成型工艺与模具设计为主，结合企业工程实际问题，从不同方面开展专题研讨，既可提高学生解决工程实际问题的能力，又可巩固本课程及已学过的相关课程的基础知识，激发学生的学习兴趣，提高综合应用能力。

（3）坚持职业技能和核心职业能力双培养，实现课程标准与学生职业生涯可持续发展相协调，引入职业核心能力目标考核，培养学生的自我管理能力、团队协作能力和职业沟通能力等核心职业能力，全面提升学生的职业素养，从而提高学生的综合职业能力。

第二章　模具设计与制造专业人才培养模式改革与实践探索

第一节　模具设计与制造专业人才培养模式改革的背景

随着互联网的快速发展，人与物、物与物乃至万物互联，使得数据、信息、知识汇聚到网络，并在网络空间快速传递，网络所具有的规模连带化、组织系统化、分工精细化、产业协同化、操作专业化、利益链条化等特点，使得数据驱动下的新业态对人才的需求不仅仅是知识和技能，更注重拥有自我学习、快速适应环境和变化、应对挑战、解决问题的思维模式，拓展能力疆界。《中国制造2025》为制造业提供了战略性、建设性指引，加快大数据、云计算、物联网应用，以新技术、新业态、新模式推动模具产业生产、管理和营销模式变革，推进模具智能制造示范区，推动中国制造向中高端迈进。

一、中国模具制造业发展现状与趋势

模具企业内部质量管控，设计、工艺数据库建设，知识巩固、企业标准建设已成为模具企业的提升核心。模具数字化、智能化、模块化、标准化是当今模具行业的一大发展趋势。模具制造方案载有智能化排程系统、智能化执行系统、智能化控制系统和智能化决策系统，能够对包括电极加工、钢料加工、电火花加工以及检测系统和智能物流系统在内的生产车间实现现实虚拟一体化、设计制造一体化、过程管控一体化、生产协同一体化的数字化集成管控。以数字化为核心，模块化、标准化为改进思路，通过机床制造经验与IT技术高度融合形成精准管控、稳定制造。其模块化应用程序能够将企业各要素进行优化整合，以最优产能目标进行高质量运作，提供从生产规划、设备监控与分析、加工过程可视化到维修保养的全方位数字化解决方案。

模具的智能化水平反映在模具搭载传感器实现对成型设备温度场、压力场、合模时间

场、工件导向和定位自控制、运动干涉检查、自修复、自适应的智能化能力及二维码档案的建立；模具制造的智能化则反映在单台模具制造设备的自检测、自修复、自适应、自对刀等方面。

二、智能制造背景下模具设计与制造专业对应的职业岗位分析

2018年的《政府工作报告》再次强调深入实施《中国制造2025》，其中的核心关键是创新驱动、“数字化”和“智能化”两化融合。模具制造更加聚焦“数字互联”和“精准高效”，精准高效制造既是当前世界制造业变革的主流与大势，也是机遇和挑战。装备的精良要实现精细化和高效化广博的内涵就要搭载数字化、互联互通才能实现模具产业的新纪元。模具制造方案载有智能化排程系统、智能化执行系统、智能化控制系统和智能化决策系统，能够对包括电极加工、钢料加工、电火花加工以及检测系统和智能物流系统在内的生产车间实现现实虚拟一体化、设计制造一体化、过程管控一体化、生产协同一体化的数字化集成管控。

为顺应模具技术发展的潮流，模具设计与制造专业在人才培养上应加强在校生基于新一代信息技术、新材料等新兴技术的通识教育与快速适应环境和变化、应对挑战、如何解决问题的思维模式的培养；让学生在学习计算机编程的基础上学习大数据分析、工业软件二次开发、信息技术安全、网络技术、信息检索等，综合业界和学界最佳实践，提升生产效能方面的思维学习，加速数字技术相关研发和应用人才的培养。

三、行业发展需求

随着工业技术的不断发展和制造业的转型升级，模具设计与制造专业人才的需求变得越来越迫切。传统的工匠式培养模式虽然在一定程度上能够培养出具有一定技术水平的人才，但随着时代的发展，这种模式已经难以适应现代工业的需求。

现代制造业对模具设计与制造人才提出了更高的要求，他们除了需要具备扎实的技术基础和专业知识外，还需要具备创新意识、团队合作能力以及跨学科的综合能力。因此，为了培养适应现代制造业需求的高素质、专业化人才，模具设计与制造专业人才培养模式亟须进行改革。在人才培养模式改革中，可以借鉴国外先进的教育理念和培养模式，引入实践教学、项目驱动和产学研结合等现代教育手段，以培养学生的实际操作能力和解决问题的能力。同时，加强实习实训环节，让学生能够更好地与企业接轨，了解行业最新动态，增强综合素质和实战能力。

四、技术发展要求

随着数字化、智能化技术在模具设计与制造领域的广泛应用，传统的模具设计与制造

专业人才培养模式也面临前所未有的挑战。在过去，模具设计与制造专业主要培养学生的工程技能和经验，但随着新技术的迅速发展，这种传统模式已经变得过时。

现在，模具设计与制造领域需要更多具备数字化、智能化技术知识和技能的人才。他们不仅需要掌握传统的工程技术，还需要熟悉CAD/CAM、人工智能、物联网等新技术，能够灵活运用这些技术来优化模具设计和制造过程。因此，我们需要对模具设计与制造专业人才培养模式进行全面改革，使之更加符合当前技术发展的趋势。

新的人才培养模式应该注重理论与实践相结合，注重学生的综合素质和创新能力培养。除了传授基本的工程知识和技能外，还应该开设与数字化、智能化技术相关的课程，引导学生积极参与实践项目，锻炼他们的创新思维和解决问题的能力。同时，学校与企业之间应该加强合作，通过实习、实训等方式，使学生更早地接触到实际工作中的技术和需求，为他们未来的职业发展打下坚实的基础。

五、教育教学改革政策

在当前社会快速发展的背景下，技工院校教学改革已经成为各大高校必须面对的重要任务。相关教育主管部门提出的新要求和政策，旨在培养适应未来社会发展需求的优秀人才。在模具制造领域，实践能力一直被认为是最重要的素质之一。因此，高校需要重新调整培养模式，注重学生的实践能力培养。这意味着学生将有更多的机会参与实际项目、实习实践，从而更好地掌握专业知识和技能。

另外，跨学科知识融合也是当前教育改革的重要方向之一。模具制造不再是一个单一的学科领域，而是需要跨越工程、材料、设计等多个学科领域。因此，高校需要加强各学科之间的整合，为学生提供更全面、多元的知识背景。只有在不同学科领域的知识融合中，学生才能更好地适应未来工作的需求。此外，产学研结合也是技工院校教学改革的重要方向之一。高校需要与相关企业建立更加紧密的合作关系，将教学与实际生产相结合。通过开展联合研究项目、实习培训计划，为学生提供更多的实践机会和就业机会。这种产学研结合的模式不仅可以帮助学生更好地掌握专业知识，还可以有效缩短毕业生就业时间，提高就业率。

高校在模具制造人才培养模式的改革中需要根据实际情况，积极响应相关教育主管部门的新要求和政策。通过注重实践能力培养、跨学科知识融合、产学研结合等方式，为培养更加适应社会发展需求的优秀模具制造人才奠定坚实基础。只有不断调整教育教学模式，与时俱进，高校才能更好地适应社会的发展变化，培养出更多优秀人才。

六、产业需求变化

随着制造业结构的调整和产业需求的变化，模具设计与制造行业也在不断发展和变化。新材料、新工艺、新技术的不断涌现，使得模具设计和制造领域需要更多具备跨学科知识和技能的新型人才。

一方面，现有的人才培养模式可能无法满足当今模具设计与制造行业的需求。传统的技能培训和课程设置已经不能完全涵盖新技术的应用和创新。因此，需要对人才培养模式进行相应的调整和改革，引入新的教学方法和课程设置，培养学生具备跨学科知识和技能，适应当今模具设计与制造行业的发展趋势和需求。另一方面，与行业企业合作也是人才培养模式调整的关键。通过与企业合作开展实训项目、实习机会，学生可以直接接触行业的最新技术和需求，提升实践能力和创新思维。同时，企业也可以借此机会发现并吸引优秀的人才，实现人才培养和用人需求的对接。

随着产业的发展和变化，人才培养模式需要与时俱进，根据当今模具设计与制造行业的发展趋势和需求进行调整和改革，以培养更加适应行业需求的新型人才。只有通过不断创新和改革，才能培养出更多具备竞争力和创新能力的人才，推动模具设计与制造行业的进步和发展。

第二节　模具设计与制造专业人才培养模式改革指导思想和改革思路

一、适应产业需求

指导思想和改革思路的核心是要紧密结合产业需求，确保培养出来的人才能够与市场接轨。

（1）模具设计与制造专业人才培养模式需要更加注重实践能力的培养。在学生学习的过程中，应该注重实践操作，让他们能够熟练掌握各种设计软件和制造工艺。只有通过实际操作，才能真正掌握技能，适应产业需求。

（2）模具设计与制造专业人才培养模式还需要更加注重创新意识和团队合作能力的培养。模具设计与制造行业正处在技术不断更新换代的时代，需要具备创新思维和团队协作能力的人才来推动行业的发展。因此，在培养模具设计与制造专业人才的过程中，应该注重培养学生的创新意识和团队合作精神，使他们能够在实践中不断提升自己，适应产业需求。

二、贯彻工匠精神

学生应该具备对模具设计与制造的热爱和专业技能，这是他们成为优秀专业人才的关键。为了培养学生的实践能力和推动专业技术的传承，可以采取多种方式和措施。

（1）学校可以建立更加现代化和实用的实践基地，让学生能够在真实的工作环境中进行实践操作。通过与企业合作，学生可以参与实际的模具设计与制造项目，从而提高他们的实践能力和专业技术水平。

（2）学校还可以加强对学生的理论知识培训，确保他们在掌握专业技能的同时，也具备扎实的理论基础。培养学生的分析问题和解决问题的能力，让他们能够独立思考和创新设计，这对于模具设计与制造专业人才的培养至关重要。

（3）学校还可以邀请行业内的资深专家和优秀工匠到校指导，分享自己的经验和技术，激发学生的学习热情和求知欲。通过与专业人士的交流互动，学生可以更加深入地了解行业的发展趋势和技术要求，为未来的发展做好准备。

三、跨学科融合

（1）跨学科知识融合是当今社会的发展趋势，不同学科之间的交叉融合能够带来更多的创新和突破。在模具设计与制造专业中，学生需要掌握机械设计、材料科学、信息技术等多方面的知识，才能更好地应对复杂的工程问题。

（2）培养学生的综合应用能力是改革模式的重点之一。仅仅掌握理论知识是不够的，学生需要通过实际操作和项目实践来提升自己的应用能力。这样一来，他们在毕业后就能够更快地适应工作的需要，为企业创造更大的价值。

（3）提高学生的综合素质和跨领域创新能力也是改革的目标之一。在当今竞争激烈的社会中，仅仅有专业知识是不够的，学生还需要具备良好的沟通能力、团队合作能力以及创新精神。只有这样，他们才能在不同领域中脱颖而出，实现自身的发展和价值。

（4）模具设计与制造专业人才培养模式的改革指导思想和思路是非常积极的。通过倡导跨学科知识融合，培养学生的综合应用能力，提高学生的综合素质和跨领域创新能力，可以更好地满足社会的需求，培养出更符合现代产业发展要求的人才。希望未来模具设计与制造专业的学生能够在这样的改革模式下茁壮成长，为社会、企业以及自己的未来做出更大的贡献。

四、实践教学结合

结合理论教学和实践教学，让学生在课堂上学到的知识能够真正应用到实际中去。通过建立校企合作实践基地，可以让学生接触到真实的工作环境，了解行业需求，强化他们的实践能力和沟通技巧。在培养人才的过程中，实习实训环节尤为重要。在实习实训中，学生可以对自己所学的知识进行实践运用，发现问题并解决问题，提升自己的技能和能力。通过实习实训，学生可以更好地适应未来的工作环境，提前积累工作经验，为毕业后的就业打下坚实的基础。

改革模具设计与制造专业人才培养模式不仅仅是为了适应行业发展的需求，更是为了培养更加全面、优秀的人才。只有通过改革和创新，才能更好地满足社会的需求，培养出更加符合时代要求的人才。希望通过不断的努力和创新，我们能够在模具设计与制造领域培养出更多优秀的人才，为行业发展和社会进步贡献自己的力量。

五、创新创业培养

在模具设计与制造领域，创新意识和创业精神是非常关键的素质。随着社会的不断发展，传统的模具设计与制造方式已经不能满足市场的需求，因此必须注重培养学生的创新意识。这就要求我们建立创新创业教育体系，为学生提供更多的机会去实践和探索。

在培养模具设计与制造专业人才的过程中，鼓励学生参与科研和实践项目。通过参与科研项目，学生可以学习到最前沿的技术和理论，培养自己的科学精神和创新能力。而实践项目则可以帮助学生将所学知识应用到实际工作中去，提高他们的解决问题能力和实践能力。改革模具设计与制造专业人才培养模式是一个系统工程，需要全体教师和学生的共同努力。只有注重培养学生的创新意识和创业精神，才能培养出更多具有实践能力和创新能力的优秀人才，为模具设计与制造行业的发展贡献自己的力量。

六、产学研结合

随着经济的不断发展，模具行业作为制造业的重要组成部分，对高素质的技术人才需求日益增长。为了更好地满足模具企业的人才需求，加强学校与模具企业的合作势在必行。

（1）学校可以与模具企业签订合作协议，建立长期稳定的合作关系。通过合作协议，模具企业可以提供专业的实习导师来校指导学生，传授实用技能和经验，帮助学生更好地了解行业需求和实际工作环境。

（2）学校可以建立实习实训基地，提供给学生进行实际操作和技能培训的场所。在实习实训基地内，学生可以接触到最新的模具制造设备和技术，提高实践能力和操作技能，为将来就业做好充分的准备。

（3）学校还可以将模具企业的需求融入模具教学内容中，更新课程设置，开设符合行业需求的课程。通过与模具企业的紧密合作，学校可以更好地了解行业动态和技术发展趋势，及时调整教学内容，培养符合市场需求的毕业生。这样不仅可以提高学生的就业竞争力，也可以促进学校和企业之间的深度合作，实现互利共赢的局面。

第三节　模具设计与制造专业职业能力分析与人才培养目标定位

一、职业能力分析

（1）模具设计能力：包括模具的结构设计、工艺设计、零件设计等，熟悉CAD/CAM/CAE等相关软件的应用。

①模具的结构设计是模具设计中至关重要的一环，它直接影响到模具的质量和生产效率。一个优秀的模具设计师应该具备深厚的专业知识和丰富的实践经验，能够根据产品要求和生产工艺，合理设计模具的结构，确保模具在生产过程中稳定、高效地运行。

②工艺设计是模具设计的另一个重要方面，它涉及模具的加工工艺、装配工艺、调试工艺等，需要设计师考虑周到并具备一定的创新能力。只有在工艺设计方面做到精益求精，才能确保模具的加工精度和生产效率。

③模具设计师还需要具备零件设计的能力，即根据产品的结构和功能要求，设计出适用于模具的零部件。这需要设计师熟练掌握CAD/CAM/CAE等软件，能够灵活运用这些工具进行设计和分析。

（2）模具制造工艺能力：模具设计与制造专业职业能力的形成离不开对模具制造工艺能力的熟练掌握。模具制造工艺涉及各种加工流程和机床的操作，需要对模具加工工艺流程有深刻的理解，以及对机床的使用和调试有熟练的掌握。只有通过不断地学习和实践，才能逐渐掌握模具加工中的各项工艺要求。因此，模具设计与制造专业的学生需要通过实践操作和专业课程学习，不断提升自己的模具制造工艺能力。

对于模具制造工艺能力的学习和掌握，需要系统学习模具制造的基本知识和专业技能。学生在课程学习中应该注重理论结合实践，通过实际操作加深对模具加工工艺流程的理解，熟练掌握不同类型机床的使用和调试方法。此外，还需要注重对模具制造中各项工艺要求的学习，包括材料选择、工艺设计、加工工艺优化等方面的知识。只有全面掌握模具制造工艺能力，才能在实际工作中胜任各种模具设计与制造的任务。

（3）模具制造技术能力：对于模具设计与制造专业来说，掌握模具制造技术是至关重要的。首先，模具材料选择是决定模具质量与使用寿命的关键因素，需要考虑到材料的硬度、耐磨性、导热性等特性。其次，切削加工技术是模具制造中不可或缺的环节，需要熟练掌握车削、铣削、线切割等加工工艺。再次，热处理是提高模具硬度和耐磨性的重要工艺，掌握淬火、回火等热处理方法至关重要。最后，表面处理技术可以有效提升模具的耐腐蚀性和表面光洁度，包括电镀、喷涂、氮化等处理方式。

要成为一名优秀的模具设计与制造专业人员，除了要掌握以上所述的技术能力外，还需要熟悉常用的模具制造设备和工具。这些设备包括数控机床、注塑机、冲压机等，而工具则包括各种刀具、量具、夹具等。只有熟练操作这些设备和工具，才能高效地完成模具设计与制造的工作。总的来说，模具设计与制造专业职业能力的分析涉及多个方面，需要综合运用材料选择、切削加工、热处理、表面处理等技术，同时熟悉常用的设备和工具。只有不断提升自身技能，才能在这个领域取得更大的成就。

（4）项目管理与协调能力：模具设计与制造专业的项目管理与协调能力是该领域中非常重要的一项技能。在模具设计和制造项目中，需要能够有效组织和管理各个阶段的工作，包括设计、制造、检验等环节。只有做好项目管理和协调工作，才能确保项目按时完成，同时达到高质量的要求。要具备良好的项目管理和协调能力，需要具备很多技能和素质。首先，需要具备良好的沟通能力，能够清晰地表达自己的要求和意见，与团队成员、客户进行有效的沟通。其次，需要有良好的时间管理能力，能够合理分配时间和资源，确保项目按时完成。此外，还需要具备团队合作精神，能够与不同领域的专业人员协作，共同完成项目。

在模具设计与制造项目中，项目管理与协调能力的重要性不言而喻。只有具备了这些能力，才能够确保项目的顺利进行，最终取得优秀的成果。因此，无论是从事这一领域的专业人士，还是正在学习相关专业的学生，都应该注重培养和提升自己的项目管理与协调能力，以应对未来的挑战。

（5）创新与问题解决能力：一个优秀的模具设计师不仅需要具备扎实的专业知识和技能，还需要拥有创新意识和解决问题的能力。面对模具设计和制造过程中的各种挑战，只有具备创新性思维和良好的问题解决能力，才能够找到更加高效和可靠的解决方案。创新意识意味着不断尝试新的思路和方法，不满足于现状，积极寻求改进和突破。模具设计与制造领域的技术和工艺不断发展和变化，需要设计师保持敏锐的观察力和学习能力，及时吸收新知识和技术，才能够在竞争激烈的市场中立于不败之地。

解决问题的能力则是评判一个设计师水平的重要标准之一。在实际工作中，模具设计和制造过程中会遇到各种技术和工艺难题，需要设计师能够迅速发现问题所在，分析原因并找到解决方案。只有具备扎实的专业知识和丰富的经验，才能够应对复杂的问题，确保最终的设计方案符合要求。因此，创新与问题解决能力是模具设计与制造专业中不可或缺的核心能力，设计师需要不断提升自己的能力，适应行业的发展变化，才能够在激烈的市场竞争中脱颖而出，实现自身的职业发展目标。

（6）团队合作能力：在模具设计与制造专业领域，团队合作能力是至关重要的。当一个团队能够协调一致地合作，不仅可以提高工作效率，还能够减少误解和冲突，从而更好地完成任务。在这个过程中，良好的沟通协调能力起着关键作用，因为团队成员需要相互交流和协调工作，以确保达成共同的目标。团队合作并不仅仅是简单地分工合作，更重要的是能够理解和尊重每个团队成员的意见和贡献。在模具设计与制造领域，不同领域的人员可能会有不同的专业知识和技能，因此团队成员需要相互借鉴和学习，共同完善设计方案和制造流程。

此外，团队合作还可以激发团队成员的创造力和创新能力。通过不同背景和视角的人员共同合作，可以产生更多的创意和解决问题的方法，从而推动行业的发展和进步。因此，对于模具设计与制造专业的从业者来说，发展团队合作能力是至关重要的。只有具备良好的团队合作精神和沟通协调能力，才能在竞争激烈的市场中脱颖而出，实现个人和团队的共同成功。

二、人才培养目标定位

（1）随着工业化的推进和技术的不断更新，对于具备专业知识和实践技能的模具设计与制造人才的需求也越来越大。在模具设计与制造领域，专业人才需要掌握基本的理论知识，包括材料力学、热处理技术、CAD/CAM等相关知识。同时，他们还需要具备实践技能，如模具加工、装配、调试等方面的能力。只有掌握这些基本知识和技能，专业人才才能在实际工作中胜任各种设计和制造工作。随着制造业的转型升级，对于模具设计与制造专业人才的需求也在不断增加。因此，培养具备相关知识和技能的专业人才，已成为高校教育的重要任务之一。通过有针对性的课程设置和实践教学，学生可以在校期间就掌握相关技能，为将来的工作打下坚实的基础。

（2）随着科技的不断发展和工业的不断进步，对模具设计与制造专业人才的需求也越来越大。因此，培养具备跨学科知识融合能力和解决复杂问题的综合能力，具备创新精神和创业意识的人才显得尤为重要。在模具设计与制造专业的学习过程中，学生需要掌握不仅仅是机械设计和制造的基础知识，更需要学习材料科学、工艺学、电子技术等相关学科知识。只有掌握了这些跨学科知识，才能在实际工作中灵活应对各种复杂情况。

另外，模具设计与制造专业人才还需要具备创新精神和创业意识。只有不断地进行创新，才能在激烈的市场竞争中立于不败之地。同时，创业意识也是必不可少的，只有具备了创业意识，才能在未来的职业道路上不断突破自我，实现个人的职业发展目标。因此，模具设计与制造专业人才的培养目标定位是非常明确的，只有培养具备跨学科知识融合能力和解决复杂问题的综合能力，具备创新精神和创业意识的人才，才能真正适应当前社会发展的需求，为工业的进步和发展贡献自己的力量。

（3）培养具备良好工程伦理和职业道德素养的专业人才显得尤为重要。仅仅具备技术能力是远远不够的，更需要具备良好的沟通协作能力和团队合作精神，这样才能更好地适应行业的变化和需求。在专业人才的培养中，除了注重技术的传授和实践能力的培养，还应该注重塑造学生良好的职业道德和工程伦理。只有具备了良好的道德素养，才能在工作中做出正确的选择和决策，保证产品质量和工程安全。同时，培养学生的沟通协作能力和团队合作精神也是至关重要的。在模具设计与制造领域，往往需要不同专业背景的人员共同合作，才能完成复杂的项目和任务。只有具备良好的沟通能力和团队合作精神，才能在团队中发挥自己的价值，实现个人与团队的共同目标。因此，模具设计与制造专业人才的培养目标定位不仅仅是技术能力的培养，更应该是全方位素质的提升。只有全面发展，才能更好地适应行业的发展和需求，为工程技术的进步做出贡献。

（4）随着科技的不断发展，模具设计与制造也在不断创新和进步。因此，培养具备与时俱进的学习能力和适应能力的专业人才显得尤为重要。他们需要具备对新技术和新材料的学习能力，以及快速适应行业变化的能力。在模具设计与制造领域，创新是推动行业发展的关键。只有不断学习和适应，才能跟上行业的发展步伐，更好地应对市场需求。培养具备与时俱进的学习能力和适应能力的专业人才，不仅可以提高整个行业的竞争力，也可以为企业带来更多的机会和挑战。因此，模具设计与制造专业人才的培养目标定位应当是全面的，既要注重理论知识的传授，也要注重实践能力的培养。只有通过不断学习和实践，才能培养出适应快速发展的模具设计与制造领域需求的人才。这样的人才不仅能够为企业带来创新和发展，也能够为整个社会的进步做出贡献。

（5）随着全球化的发展，模具行业也面临国际化竞争的挑战，因此，培养具备国际视野和国际竞争力的专业人才显得尤为重要。

①具备国际视野的人才应当具备全面的知识结构和深厚的专业技能，能够理解并适应国际市场的需求和标准。他们应当不仅仅关注国内市场的发展，还要积极关注国际模具制造行业的最新动态，拓宽自己的视野，提高自身的竞争力。

②具备与国际同行交流合作的能力是培养目标的另一个重点。只有与国际同行保持紧密的交流合作，才能及时了解先进的生产技术和管理经验，不断提高自身的创新能力和竞争力。通过国际合作，模具设计与制造专业人才可以学习到先进的模具制造技术和工艺流程，为国内模具行业的发展注入新的活力。

第四节　人才培养模式设计与实施

一、智能制造背景下模具设计与制造专业人才培养的路径和方式

当今正是智能制造新时代，中国制造业目前处于数据互联盛行、制造技术不断推陈出新的时代，会产生翻天覆地的变革，其中的核心关键是创新驱动、“数字化”和“智能化”两化融合。目前模具专业没有智能生产线，要满足日新月异的市场需求，贴近工作实际，最好能够建一条模具智能生产线，为人才培养提供更有力的保障。

学生培养要以市场需求、技术发展为导向，走校企合作之路，把提高学生的职业能力放在首要位置，要以能力为本位构建培养方案，全面开展技能型紧缺人才的培养，才能不仅仅解决技工学生的就业问题，而且满足社会对人才的需要。具体需从以下几个方面进行调整：

（1）专业课程的调整。以现代职业教育相关政策为导向，以当今模具制造业发展趋势和模具相关企业的需求为依据，分析职业工作过程，确立职业核心能力，增设《岗位认知实习》《模具生产信息化管理》《机械创新设计与实践》《智能生产线的运营与维护》等专业课程，培养适应智能制造时代特征的专业人才。

（2）教学目标的调整。根据职业岗位的知识、能力、职业素养要求，着眼于学生的职业生涯和可持续发展，分析职业工作过程，确立职业核心能力的课程体系，体现并确保知识、技能、态度、规格与目标定位相一致。教学目标可以确定为：面向模具企业生产一线，培养具有创新意识和较强的工作能力，掌握模具专业技术知识，能够用电脑、专业软件等辅助工具完成模具产品工艺分析、模具结构设计、模具零件制造工艺的编制、模具设备操作、模具生成信息化管理，适应冲压模具数字化、智能化、标准化发展的高技能应用型人才。

（3）教材内容的调整。编写与企业需求相关的著作或教材。通过调研模具企业职业工作过程和职业能力要求，分析判断要适应这些企业，学生应具备哪些专业知识和业务能力。由此选择企业典型的工作案例进行教学方面的优化，获得贴近企业实例的教学项目，实现从职业行动领域到课程学习领域的转换。将这些教学案例编写在教材中，用模具行业中的典型案例作为教学项目进行讲授，培养符合模具行业职业能力要求的专门型人才。

（4）注重学生非智力因素的培养。企业用人标准是责任感强、品德高、能力强、勤

奋用功、业绩好等方面的人才。然而，当前技工教育中对上述非智力因素和人文素养能力的培养重视不够，面向学生的综合发展、面向学生的可持续发展。因此，课程教学也必须加强学生非智力因素的培养。

（5）改变终极教育的旧观念，养成“活到老，学到老”的新观念。要养成“活到老，学到老”的新观念，全面提高学生的素质，特别是培养学生的自主学习和不断更新知识的能力，让学生掌握继续学习的能力和就业技能，培养具有综合职业能力，能直接在生产、服务、技术和管理等一线工作的技能型、应用型人才。

二、模具专业课程人才培养模式设计与实施

在深入分析模具专业毕业生面向的职业岗位以及所需的关键技能的基础上，倒推毕业生应具备的知识、技能与素质，以岗位能力的要求来设置模具专业课程。

（一）模具专业课程体系的整体架构

模具专业课程体系由通用能力课程、行业基本能力课程、岗位专项能力课程、岗位方向能力课程、创新创业与素质提高课程、智能制造能力拓展课程六大教学模块构成。

（二）模具专业课程体系的特点

1.通用能力课程模块

本模块的课程，主要根据教育部对技工教育提出的要求，以及模具专业学生必须具备的文化基础和素质确定。

2.行业基本能力课程模块

本模块主要围绕装备制造业所必需的基本理论和基本技能展开，主要包括机械工程的基础课程。智能制造必然是机械与电气的结合，所以开设电工电子基础课程。

3.岗位专项能力课程模块

本模块主要培养学生模具设计所必需的基础理论和专门技能以及数控机床操作与编程能力。同时，引入液压与气压传动、机床电气控制及PLC，为学生后续学习智能制造类课程打下基础。

4.岗位方向能力课程模块

模具专业毕业生就业岗位分为模具设计和模具制造（包括模具加工与装配、模具设备使用与维护、模具加工质量检验等岗位）两个方向，所以本模块的课程也对应分为两个方向，都突出了课程内容与智能制造的融合；并且这两个方向的课程的学分相同，供模具专业学生根据自己的职业规划选择其中一个方向的课程学习。

（1）模具设计方向。开设《模具CAD技术》《模具CAE技术》《逆向设计与3D打

印》《C语言程序设计》等课程。CAE技术对模具成形（型）过程进行仿真和分析，可以对不同的成型方案进行反复的评测对比，寻求最优设计，是模具专业的学生应该掌握的一门新技术。为了应对企业模具数字化设计的需求，教学中应该将CAD与CAE融合为一体。

《逆向设计与3D打印》课程。逆向设计过程是指对产品实物样件表面进行数字化处理（数据采集、数据处理），并利用可实现逆向三维造型设计的软件来重新构造实物的三维CAD模型的过程。逆向设计可以帮助模具企业缩短设计流程。3D打印技术是一项与逆向设计结合紧密的新型快速成型技术，3D打印以其高效灵活的优势，近年来在制造业领域得以快速广泛应用。虽然就目前的3D打印技术发展现状而言，要将其大范围应用在模具生产和制造方面，尚需时日，但模具专业学生熟悉和掌握3D打印技术是一个必要的知识储备。

《C语言程序设计》课程可以帮助学生打下编程的基础，因为C语言是一种普适性较强的高级语言，在许多计算机操作系统中都能够得到适用，且效率显著。

（2）模具制造方向。开设《模具电加工》《模具装配》《机器人应用技术》《多轴编程与加工技术》等课程。在《模具电加工》课程中应该加入“慢走丝线切割加工”模块。在《模具装配》课程中增加自动检测设备及检具应用维护、工装夹具应用维护的内容，指导学生熟悉智能制造生产线的有关要求。

《机器人应用技术》课程。智能制造企业机器人、机械手的应用已经成为企业转型升级的重要着力点，模具制造工将转变为机器人的操作和维护人员，所以数控技术专业学生只有掌握机器人技术，才能操作和管理维护机器人。

《多轴编程与加工技术》课程。多轴数控加工技术代表高速、高精、复合、柔性和多功能的发展方向，是智能制造技术中的核心环节。

5.创新创业与素质提高课程模块

本模块主要学生“双创”意识和能力，以及指导学生就业和提升学生人文素养。

6.智能制造能力拓展课程模块

本模块主要面向智能制造方向，如《自动控制原理》课程，学生通过学习这门课程，可以掌握自动控制的基本概念及相关知识、简单自动控制系统的组成和工作原理，理解自动控制原理在实际自动控制系统中起到的作用，为适应智能制造岗位需求打下基础。

《传感器与检测技术》是智能制造关键技术的课程。传感器是自动化设备上的检测装置，能感受到被测量的信息，并能将感受到的信息，按一定规律变换成为电信号或其他所需形式的信息输出，以满足信息的传输、处理、存储、显示、记录和控制等要求。

《自动化生产线安装与调试》是液压与气动、机床电气控制及PLC、自动控制原理、传感器与检测技术、机器人应用技术等课程的综合应用。

《企业信息化管理平台》课程可以帮助学生熟悉企业信息化管理技术，因为在智能制造企业信息化管理平台（ERP）管理软件应用得越来越普遍，大大提高了企业管理水平。

本模块课程较多，教学学时有限可能会制约这些课程的开设，但技工学生的“双休日”和业余时间很充裕，大量的课外时间并没有得到有效利用。所以，这些课程主要以选修课形式开设，供那些毕业后有意愿从事智能制造岗位的学生选修。

三、模具设计软件实训

模具工业的发展可用日新月异来形容，新技术、新材料、新工艺不断涌现。由于CAD/CAM/CAE的快速发展，模具设计软件在现代模具设计和制造过程中的应用越来越广泛，许多学校的模具专业也开设了相应的模具设计软件课程，如AutoCAD、Pro/ENGINEER、Unigraphics MasterCAM、PressCAD、MouldFlow 等。

这些模具设计软件给模具设计带来了很大的方便，极大地提高了模具设计的效率。例如，在 Pro/ENGINEER中就可以实现产品设计、产品分析、产品出图、零件装配、机构运动仿真、产品分模等。这些模具设计软件帮助模具行业极大地提高了工作效率、降低了工作成本。以模具零件装配为例。以前，在模具设计阶段只有将模具的各个零件都制造出来，然后再进行试装配，但在装配过程中一些零件难免会出现问题，导致一些零件成为废品，最后还要对出现问题的零件进行修改，直到装配成功为止。这种装配方式不但会浪费大量的人力、物力，而且会浪费企业宝贵的时间。随着模具设计软件的发展和推广，许多企业开始利用模具设计软件来帮助装配。设计人员在软件中就可以进行装配并对装配进行分析，从而可以及时地对出现的问题进行解决，所以大大提高了零件的合格率。另外，模具设计软件的学习可增强学生的学习兴趣。总体而言，技工院校的学生一般对理论课的学习不大感兴趣，因为职校生大多是高考和中考的落榜生，理论基础知识不扎实，抽象思维能力不强。但许多学生的动手能力却很强，所以大多数学生学习模具设计软件的积极性很高。

尽管许多学校的模具专业开设了模具设计软件实训课程，但笔者经过调查发现，许多模具专业的教师在教授学生模具设计软件时，只教学生一些基本操作和少部分模块。学生实训完后，对软件的掌握不够熟练，对所学的软件缺乏一个系统的认识，进入公司工作后难以适应公司工作环境。所以，在进行模具软件方面的教学时，必须将典型模具的设计融入实训课题中。

例如，学生在学习完模具专业基础理论知识和AutoCAD、Pro/ENGINEER的基本操作后，就可以对一整套典型的简单模具进行设计。第一步，先在Pro/ENGINEER中进行产品模型设计，然后再利用Pro/ENGINEER的分模功能对产品进行分模。在这个过程中，实训指导老师要重点教学生如何设计分型面以便学生顺利地将型芯和型腔分出。第二步，分完模后可将型芯和型腔的视图导入AutoCAD中，然后在AutoCAD中完成模具的浇注系统、冷却系统、顶出机构等的设计。在这个过程中，实训指导老师要重点教学生如何调用模架、如何设计浇注系统、如何设计冷却系统、如何设计顶出机构。最后出来的是一整套典型模具的设计图。实训指导教师既要掌握模具专业的理论知识又要熟练运用软件，在教学过程中，既要对学生进行指导，又要根据学生的模具设计图进行成绩评定，但在这种教学模式下，学生既可以深入学习模具设计软件的相关知识，又可以将新旧知识联系起来，同时也可以加深对模具设计的认识。所以，这种教学模式实为学生学好模具专业知识和技能的一条捷径。

四、模具制造专业实训场地的建设与管理

模具专业的实训教学，除了要做好实训课题建设外，还要做好实训场地的建设与管理。模具制造专业要依靠实训来提高学生的技能水平就必须有合乎现代生产工艺要求的实训场地。实训场地要拥有从普通制造到精密制造、从普通加工到特种加工各种不同类型的设备设施，能实现高低搭配、精细结合，从而基本满足不同工种的实训要求。实训场地也要实现科学管理，依靠科学管理提高设备设施的使用效率和使用寿命，依靠科学管理来减少实训场地的事故发生率和提高实训场地的经济效益。

（一）模具技术实训中心建设

针对模具专业培训目标主要为高级工和技师层次的特点，模具专业实训场地要有能体现模具从设计到制造中各个环节的实训室，最终形成完整的实训教学硬件体系，即模具技术实训中心。学生在中心内的各个实训室内学习不同的教学模块，掌握模具设计与制造所要求的各项知识与技能，以此达到用人单位对模具专业从业者专业技能的全面要求。模具技术实训中心应包括以下8个实训室：

1.模具钳工实训室

钳工可以说一门古老的工种，虽然随着时代的发展，钳工的作用一定程度上降低了，但从目前来说，钳工依然是模具专业的一门必修课。这里的“模具钳工实训室”是模具钳工掌握所需基本操作技能的专业教室。

2.机加工实训车间

模具制造专业要求学生应熟练掌握典型模具零部件常用的机械加工方法和加工工艺的编排，如铣削、钳工、电加工、磨削加工、注塑机与冲床操作、模具的安装调试、模具综合制造等。由于牵涉工种较多，实习内容复杂程度不一，所以必须在学期初就仔细、周密地做好各相关工种的实习教学计划和工量具、实习材料计划。

3.数控加工仿真实训室

为了让学生在真正操作数控机床及电火花线切割机床之前对其有充分的认识和知识准

备，从安全和满足实训工种角度出发，配备计算机仿真模拟软件的数控加工仿真实训室也是必要的。学生将在数控加工仿真实训室中先完成以上机床系统操作界面的了解，掌握模具零件相应加工的编程方法，进而在计算机上完成机床操作的模拟演练。当在这些方面做好充分的准备后，再实际操控数控机床进行零件加工练习，不仅可以提高实践操作教学的效率，同时减少了机床误操作事故的发生。

4.数控加工实训室

由于现代模具零件制造更多地依赖于数控加工方法，所以设立能让模具专业学生进行数控机床操作练习的数控加工实训室就很有必要。在实训室中，学生可以学习数控车床、数控铣床、数控加工中心的相关操作技能。

5.电加工实训室

现代模具制造中，相当部分零件的加工离不开电加工方法，认真掌握相关机床的工作原理、加工过程和基本操作方法非常必要。在电加工实训室中，学生主要学习电火花和线切割机床的相关操作技能。

6.模具设计实训室

对于培养较高层次的模具专业技能人才，学习模具设计的知识，掌握模具设计软件的操作方法是非常必要的。在实训室中，学生主要学习各种模具设计软件的应用，如AutoCAD、Pro/ENGINEER、Unigraphics MasterCAM、PressCAD、MouldFlow等。

7.精密检测实训室

模具的加工制造及由模具加工制造出的零件，在其生产、调试、检验等各个环节中，都离不开精密检测仪器的检验。学生学习先进精密测量仪器、量具的使用是模具制造教学中的重要环节。

8.冲压与注塑实训室

对于模具制造专业的学生来说，学习冲压与注塑工艺是提高自身专业知识和技能的重要途径。在冲压与注塑工艺学习的过程中，学生不仅可以学习典型模具的模具结构，还可以学习冲压和注塑机床的工作流程，所以设立冲压与注塑实训室是非常必要的。

（二）模具专业实训场地的科学管理

实训的场地和设备离不开科学的管理，只有依靠科学管理才能优化教学资源，才能降低办学成本，才能提高学生的实训效果。模具专业实训场地和科学管理主要有以下两个方面：

1.合理配置专业设备

模具专业学生在校期间一般要进行以下工种的实训：钳工实训，普通铣床实训，电火花线切割实训，工具磨床实训，数控铣床、加工中心实训，注塑机/冲压实训。在模具制造过程中，在普通铣床、电火花线切割、钳工这三个工种上所耗工时是最多的，因此实训安排时，普通铣床实训、电火花线切割实训、钳工实训所占比例较高，每个工种通常会安排十周左右时间较为合理。数控铣床和加工中心由于价位高，投入大，且占地面积较大，数量不能太多。从安全角度考虑，工具磨床、注塑冲压危险系数较高，学生实训时间不能安排太多。综合以上因素，无论从安全角度、教学工位安排还是从经济角度考虑，在设备投入时，首先要确保普通铣床、电火花线切割、钳工实训室的建设和投入，从先进制造业的角度考虑，应该适当增加数控机床的投入。其次，在经济和场地允许的情况下，才考虑安排其他设备的投入。一般情况下，模具制造实训车间普通铣床、电火花线切割机床、数控铣床/加工中心、工具磨床的比例最好在4：2：1：4，同时考虑到安全和设备特殊要求，注塑/冲压设备、工具磨床必须单独放置。钳工实训由于投入少，且能一次性解决50人左右的学生实习。因此，钳工实训室除了单独设立外，一般需配3～4间以满足教学和分流的需要。

2.做好实训设备的维护保养工作

搞好实训设备的维护保养工作是确保生产实习教学平稳、有序、安全进行的重要保障。实训设备的维护保养工作通常包括实训设备机械和电器部分的日常维护和保养，以及机械设备的一级保养、二级保养和三级保养。通常，由于学校设备少、学生人数多的矛盾比较突出，为确保实训的质量，一般学校的做法是采用两班制，所以设备使用率较高。同时，由于学生的操作水平是一个从低到高的必然过程，因此，在实训期间因为操作不熟练的原因，经常会发生加工工件与机床发生碰撞或发生刀具与加工工件发生碰撞的情况，其结果就会造成机床或夹具的损害，严重的还会造成机床变形。因此，对机床进行维护保养就显得尤为重要。在实训期间，教师必须督促学生养成良好的工作习惯：上机操作时一定要保证机床主轴空运行3～5分钟，同时要仔细观察机床主轴箱的油位标志是否正常；对正在维修保养期的机床绝对不能擅自开机或强行开机；对工作过程中机床出现的异常情况，操作者必须马上停机，不能让设备带病工作，否则极易造成人身和机床损害；加工完毕后，必须立即清扫机床并按要求加注润滑液。同时，做好机床日志的填写和交接班工作。

第五节　人才培养的实施与保障

一、模具设计与制造专业人才培养与实施的保障措施

（一）建设智能制造类“双师型”教师队伍，为课程体系建设提供师资保障

基于智能制造的模具专业课程体系建设必须有一批理论知识和专业技能兼备的“双师型”教师来参与和实施。模具专业的“双师型”教师不仅要能熟悉模具设计、模具加工、模具生产工艺流程，还应该了解智能化、信息化等新技术，所以综合素质要求较高。

技工院校模具智能制造的相关课程主要由青年教师担当。他们在研究生阶段对智能制造有一些了解和接触，但对于模具专业的教学内容是不熟悉的，胜任模具专业常规教学尚需一个较长过程，所以很难将智能制造贯穿于模具专业教学中。技工院校对模具专业教师的培养不仅需要制订科学的培训规划，同时也应该出台一定的倾斜和奖励措施，引导青年教师投入时间和精力朝模具专业方向发展。

建设智能制造类“双师型”教师队伍，最重要的是多方面创造条件，提高教师的实践技能，借助校企合作机制是有效途径。技工院校在当地紧密合作企业中挑选出智能制造关系密切的专业企业，建立师资培养基地，由学校和企业制订师资培训计划，共同培养“双师型”教师。

（二）完善校内的模具实训环境，为课程体系建设提供硬件保障

校内良好的实训环境，可以保证学生比较从容和方便地接受职业技能基本训练，同时也是培养模具专业学生实践技能的重要保证。在智能制造背景下，技工院校除了保障模具基本技能训练条件以外，应该结合模具智能制造要求，加快对校内实训设备改造升级，有计划地添置多轴加工机床、慢走丝线切割机床、三坐标测量仪等先进实训设备，建设模具柔性智能制造生产线、工业机器人实训中心、逆向设计与3D打印实训室等，有条件的学校可以建设集“教学、培训、生产、技术开发与服务”等功能为一体的“模具智能制造中心”，并从合作企业引入大量实际课题让实训内容与先进生产模式对接。

另外，模具专业在有些智能制造设备还不具备的情况下，必须依靠信息化教学手段来

保障课程体系的有效实施。笔者所在学校与滁州周边地区模具企业合作开发虚拟工艺、虚拟生产等数字化教学资源，将模具智能制造的工作流程实时传送到课堂，破解校企对接的时空障碍，使学生在课堂也能了解到模具领域新技术、新工艺、新设备的最新发展状况。

（三）重视“1+X”试点工作，确保课程体系建设与“1+X”职业技能等级培训有效衔接

从2018年开始，人社部相继取消了大批职业资格证书，技工院校原先组织学生参加鉴定的“模具设计师”“模具工”等证书已不存在，对学生技能水平评价失去了依据。

2019年，《国家职业教育改革实施方案》明确提出了“启动1+X证书制度试点工作”，教育部等四部门也出台了《关于在院校实施“学历证书+若干职业技能等级证书”制度试点方案》（教职成〔2019〕6号），从以上文件可以得出：职业技能等级证书将是学校人才培养质量的重要指标。

目前数控车铣加工、多轴数控加工等职业技能等级标准已获教育部批准实施，已有企业在积极申报“模具设计”类职业技能等级标准。技工院校模具专业应该抢抓机遇，积极参加“1+X”试点工作，将职业技能等级标准作为模具专业人才培养方案和专业课程标准的参考，将培训和考核内容与模具专业课程的日常教学有效衔接，通过职业技能等级证书来检验和提高学生的实践技能。

二、寻找模具制造专业复合型技能人才教学体系

（一）实施准备

1.教材选择

教材的选择是一体化教学开展的核心。冷冲压模具设计与制造一体化校本课程是为贯彻落实技工教育“十四五”规划文件精神，加强高技能人才培养，实现技工教育的创新发展，建立现代技术工人培养体系而编制的。结合地区先进制造业发展趋势和学校实际，本教材通过引进真实的企业产品进行教学化改造，并开发了工作页供一体化教学使用，符合技工院校学生的基本学情和企业用人需求，有利于扎实推进一体化教学的开展。

2.教学资源

紧扣学习任务，优化资源配置，以企业真实的工作过程为导向、以校本一体化课程为基础，全方位、深层次地改变教学过程。一是硬件资源。模拟企业真实生产环境，配置车床、铣床、磨床、钻床、钳工桌、展示柜、一体机、计算机、会议桌等硬件设施，充分利用一体化综合实训室，构建了包括集中教学区、分组学习区、资料查询区、综合加工区、模具装配区、质检评价区、成品展示区7个区在内的多元化学习空间。

二是软件资源。灵活利用课堂派、技工教育网、问卷星、某编程软件等平台，构建交流、仿真、查询等信息化教学平台，提高教学效率。

3.教学组织形式

模具制造专业一体化教学采用整体式教学与小组式学习相结合的组织形式，参照企业班组编制模式，由实习指导教师担任车间主任，学生编入技术工人班组。整体教学主要在课中针对重难点集中进行讲解和点评。小组式学习是指各组在各个环节，按照同质异组的分配原则，以学生为主体，调动学生的学习兴趣，引导学生自主学习、合作学习。另外，教师要将个别指导贯穿于各个环节，按照学情特征，关注学习基础薄弱的学生。

（二）一体化教学实践过程

一体化教学的过程秉承思想工作引领、德技并修、学生为主、能力本位、工学一体的“五育”并举教育理念。根据思想教育和学生特点，采用相关教学策略，充分体现学生作为学习过程主体的主动性、积极性和创造性。以企业化的工作流程为导向，模拟企业工作情境，按照“六步法”以一体化课程的工作任务为载体，让学生参与工作过程，在模具制作中学习掌握知识和技能，从而获得更接近岗位要求的综合职业能力。

1.课前导学阶段

学生以课前准备、自主探究为主要任务，根据一体化课程工作页引导查询相关知识，在课堂派等平台交流学习体会。教师与学生在线互动，检查学生预习情况，提高了学习和沟通效率，并根据学情组织学生进行分组，为课程的实施做好准备。

2.课中实施阶段

依据“六步法”，课中实施分6个步骤进行。

（1）获取资讯：学生汇报课前获取知识的情况，根据教师发布的工作任务和工作要求进行讨论，了解学习任务。教师则结合学生的报告进行点评，引导学生明确学习任务，锻炼学生发现问题、分析问题、解决问题的能力。

（2）制订计划：各组学生利用头脑风暴等方式，通过查阅资料和开展讨论，促进学生之间相互启发，形成思想上的碰撞。小组讨论后形成工作计划表，提升学生的社会能力和执行能力。

（3）确定方案：学生自主查阅资料、观看视频微课等，合作解决问题。各组在信息化平台上传方案，并选派代表展示汇报，结合教师点评确定方案，做好实操准备。组内学生相互促进完成学习任务，提升专业能力。

（4）组织实施：各组学生参照企业班组构成形式，配齐组长、技术员、质检员、安全员等岗位，配合完成学习任务，提高岗位意识、劳动意识、责任意识等职业素养，使学生的岗位角色分配更符合企业的生产实际。在实施过程中，将学生作为时间和空间的主体，通过教师引导，以学生活动为主导，将课堂时间留给学生，将实训设施交给学生，让学生做课堂的主人。

（5）检查指导：在模具制作过程中，设有学生自检和质检员检查环节，也可通过角色互换的方式进行互检。教师给予过程性指导和评价，引导学生正确、规范、严谨地完成学习任务，强化学生的岗位意识、责任意识和安全意识。

（6）评价反馈：学生将加工成果进行展示，并以小组为单位分享模具制作经验，提高学生的表达能力。通过组织学生自评、互评、教师评价等方式，评选优胜团队和技术能手，引导学生厚植技能报国情怀，增强自我意识，培养学生的学习兴趣，让学生更加客观地了解自己的优势与不足。

3.课后延学阶段

课后，学生进行总结反思，这也是知识延伸的最佳时间。教师布置并指导课后延学任务，提升学生自主学习的能力，开阔学生的视野。

（三）学习评价

一体化教学模式培养复合型技能人才的评价考核方式以学习目标和综合职业能力的发展为导向，采用自评与互评相结合、过程性和结果性评价相结合、线上与线下相结合的方式进行评价，紧紧围绕一体化教学的全过程，使评价维度和指标多元化。

课程以一体化学习过程和冷冲压模具的制作要求为主要评价内容，包括学习过程中的自主学习、交流合作、过程操作、6S管理、安全文明等内容；完成任务输出的工作计划、工艺卡片、数控编程、零件加工、装配试模等成果内容。操作规范等过程性评价由教师在巡回指导中进行。在课题结束时，教师指导学生进行自评和互评，在肯定优点的同时指出问题所在，并提出改进建议等。

（四）一体化教学的特点

1.思想教育引领技能学习全过程

学生通过一体化教学了解模具工的职业特点，在技能学习和劳动实践中培养质量意识、效益意识、责任意识和自强意识等职业素养，厚植家国情怀，培养吃苦耐劳的精神，落实立德树人根本任务。

2.学习过程以企业实际生产过程为导向

学生以技术工人的角色完成完整的工作过程，提升了自身适应企业岗位要求的能力，增长了实践经验，使学习与工作过程相统一，能够将习得的技能独立应用到多个场合，满足先进制造业对自身技能水平的要求，通过技工院校的培养使自己成为复合型技能人才。

3.学习内容体现本地区先进制造产业发展趋势

模具制造专业一体化课程方案中明确该专业学生的就业方向，一体化教学充分结合模具类企业的生产实际，使实践过程贴近本地企业真实生产需求，让学生接受职业入门教育，并了解产业发展方向，为本地产业发展提供高技能人才。

4.一体化教学促进青年教师的全面成长

在一体化教学过程中，青年教师可以跟随骨干教师学习计划、教学、组织、统筹、评价等一系列一体化教学技能，提升教学水平。青年教师缺乏企业实践经验，往往对模具制造专业综合实践性、系统性要求较高的教学方式无所适从。因此，一体化教学能够促使青年教师积极进入企业学习，从设计建模到生产装配，参与到产品制作的全过程，使青年教师接触到更加丰富的产品案例。这样可以提升青年教师自身综合实践能力，扩大知识和技能储备，使青年教师更好地将其应用到一体化教学中，让学生更多地接触到企业案例转化的成果，提升实践技能。

三、建立多元化的技能型人才评价机制

技能型人才的培养应有一定的评价机制，健全的技能型人才评价机制有利于技能型人才的培养，有利于用人单位聘用到合乎要求的人才，有利于提高学生的学习积极性。当今技能型人才的评价主要是依靠学校和政府主导的技能鉴定进行，但评价显得过于单一，且技能鉴定本身也存在不小的问题，所以建立健全多元化的技能型人才评价机制已成为培养技能型人才过程中的重要问题。笔者认为，建立多元化的技能型人才评价机制应让学校、政府、企业、社会多方参与。

（一）职业技能鉴定的建设与完善

1.技能鉴定的意义

我国《中华人民共和国劳动法》第六十九条规定：“国家确定职业分类，对规定的职业制定职业技能标准，实行职业资格证书制度，由经备案的考核鉴定机构负责对劳动者实施职业技能考核鉴定。”《职业教育法》第十一条明确指出：“实施职业教育应当根据经济社会发展需要，结合职业分类、职业标准、职业发展需求，制定教育标准或者培训方案，实行学历证书及其他学业证书、培训证书、职业资格证书和职业技能等级证书制度。”职业资格证书制度的核心内容是必须严格依照国家颁布的相关职业技能标准，由有资质的技能鉴定机构，对符合申报条件的人员通过组织相关理论知识的培训和技能培训，技师和高级技师还需有“四新”理论和论文辅导等环节，在指定的符合技能鉴定的场所对相关技能水平对客观、公正的鉴定，对合格者授予相应的国家职业资格证书。职业资格证书是准确反映劳动者具有从事某一职业以及能达到何种操作技能的证明。同时，从另一个

层面也反映出了持证者在该工种解决实际问题的能力，以及劳动者从事该职业所达到的实际工作能力水平。

2.技能鉴定存在的问题

（1）技师和高级技师考证按照国际惯例通常采取实际操作技能为主、理论考试为辅，无论文答辩环节。为完成任务，有的地方又出台了让人匪夷所思的相关政策：规定只要有相关专业本科文凭和高级职称，并参加相关工种理论考试，即可评定为技师或高级技师，至于其有没有该工种实践经验则根本不做要求。因此，许多完全不具有实际操作技能的人员可以轻松拿到相关职业资格证书。技能鉴定不够规范和证书的泛滥，客观上造成了技术等级证在人们心目中一落千丈，许多企业不认可职业资格证书也就不足为奇了。

（2）考评员素质较低现象非常普遍。目前，职业技能鉴定考评员准入门槛很低的现象很普遍，通常主办方的培训及考试时间总共只有几天，且都采用开卷考试，培训和考试完全流于形式。其结果也显而易见：很多考评员对鉴定考核的具体要求、相关专业的理论不甚了解或一知半解，极易造成对于技能鉴定中出现的问题不能及时或正确地解决，人们形象地称这类考评员为“南郭先生”。

（3）能鉴定内容与所学专业内容不太吻合。模具制造工业作为一个国家非常重要的产业，模具制造工的职业资格证却定位为工具钳工，实在让人费解。根据劳动部规定，拿不到规定工种的技术等级证也就意味着拿不到技校毕业证。因此，模具制造专业的学生在实训时只能按照大纲规定的要求进行大量的钳工实训，而真正与模具制造紧密相关的工种，如铣工、电加工、数控机床操作等的实训时间便被大大压缩。因此，很多学校模具专业开了十几年，学生的职业资格鉴定却只能用工具钳工证代替，且造成了模具专业培养的学生与企业的岗位技术要求严重脱节，这种现象与我国模具工业的发展显得极其不相适应，并在客观上严重影响了学生报读模具制造专业的积极性。

3.完善我国职业技能鉴定的策略

（1）全力推行劳动准入制度。不可否认，由于种种原因，我国劳动准入制度还没有深入人心，各种安全事故的频繁发生也从一个侧面反映了目前我国各行各业无证上岗现象非常严重，由此给国家和人民的生命财产造成重大损失的案例比比皆是，让人触目惊心。造成这种现象的主要原因，是相关行业没有从战略高度来思考这个问题，没有意识到加强劳动准入制度是规范企业管理、稳定企业员工队伍、提升企业核心竞争力的有效途径。

（2）由于各级政府的宣传力度和推行力度不够，造成企业和企业员工对此认识不足，同时缺乏相应的激励机制和惩罚措施，造成相当多的企业无视国家规定，对于严格执行劳动准入制度阳奉阴违。“先培训，后上岗”的就业政策在许多地方仍然停留在口号阶段。因此，笔者认为非常有必要通过国家立法强制实行劳动准入制度，并由此树立劳动准入制度的权威性。同时加强宣传，从国家和社会层面进行引导。

（3）努力提升考评员素质。按照国家职业技能鉴定的规定，我国职业资格鉴定中，初级、中级、高级工、预备技师四个等级技能鉴定分为理论和实操考试两个环节，技师和高级技师这两个层次的鉴定分为理论、实操考核和论文答辩三个环节。考评员的职业道德、敬业精神及专业素养将直接影响到技能鉴定的公平、公正、客观、科学。目前由于种种原因，考评员队伍鱼龙混杂、参差不齐的现象非常突出。所以，完善考评员管理工作，提高考评员素质是一件刻不容缓的大事。评聘考评员时，应注意以下两点：一是要严格资格认定，提高准入门槛，强化考评员的职业道德、敬业精神；二是要对相关工种的考评员进行严肃、认真、规范的岗前培训，并要确保培训的时间和考评员考试的严肃性，坚决杜绝走过场，确保考评员培训的质量。

然后是周密部署、精心准备并严格规范鉴定环节。技能鉴定中每个环节工作的好坏将直接影响到技能鉴定的结果，在鉴定考试前必须未雨绸缪，周密部署。鉴定承办方必须根据相关工种的鉴定要求，提前做好考场的布置、工量具和材料的准备，对考证设备进行必要的检查、测试和维护。考评员要严格对考生进行资质认定，同时要加大考场巡查力度，坚决做到考教分离。发现弄虚作假者，应按照相关规定立即予以查处。

（二）构建多元化技能型评价机制的其他策略

1.学校与企业共同参与学生的评价

现在的职校学生在校一般为两年，第三年要去企业顶岗实习。由于学生第三年不在学校，学校对学生采取考评存在一定的难度，所以许多学校对学生第三年顶岗实习的考评存在一定缺漏。学生在校期间，学校可以按实习课和理论课分门别类地对学生进行考核，考核的内容应该贴近就业实际、工作实际。实习课程的考核可采用模块化、过程式考核，以考查学生的动手能力为主要方向。学校还要关注学生第三年顶岗实习阶段的考评，与相关企业签订顶岗实习协议，共同管理学生，共同制定实习计划与大纲，共同考核评价学生的实习情况。

2.积极组织学生参加各类技能大赛

我国著名职业教育专家、北京大学职业教育研究所所长陈宇说："普通教育有高考，职业教育有技能大赛，它们都是考核和评价学生的有效方式。"我国每年都会举行由政、企、校举办的各种技能大赛，积极参加各类级的技能大赛能激发学生的学习兴趣，提高教师的业务能力，提升学生的技能水平。以模具专业为例，比赛项目有装配钳工、车工、CAD机械设计等，这些项目都非常贴近工作实际，并侧重考核选手的操作技能。由于技能大赛的奖励非常丰厚，学生和老师在准备比赛的过程中能保持较高的积极性并有效提升自己的技能水平，从而起到以赛促教、以赛促学的效果。技能大赛还有评价功能和一定的导向性，通过比赛的结果和参赛师生的反馈，各校可以直观地看到所培养人才的优点和缺点，从而帮助学校认识到本校技能型人才培养模式上的优势和缺陷。

第三章 模具设计与制造工学一体化教学设计与实践

第一节 模具设计与制造一体化教学体系的构建

学校注重培养应用型人才，就要为学生创造良好的学习环境。为了保证模具设计与制造一体化教学质量，将相关的体系构建起来是必不可少的，这也是当前学校教学发展的一个重要途径。在进行模具设计与制造一体化教学体系建设的过程中，主要的目的是让学生有实践操作的空间，提高学生的综合素质。学校对此要深入研究，更好地发挥教学体系的作用，提高学校办学能力。当前的学校重在培养创新人才，就需要将模具设计与制造教学体系建立起来，在教学中实现课堂教学与实践教学相结合、学生的知识理论教育与技术能力培养相结合，激发学生的自主学习意识和技术操作自我培养意识，由此可以提高人才培养质量。

一、模具设计与制造一体化教学体系的现状

（一）模具设计与制造一体化教学体系建设缺乏资金的支持

学校构建模具设计与制造一体化教学体系时需要投入大量的资金，而且在体系的调整过程中还需要持续投入资金。当前这项工作不到位，主要的原因是缺乏资金的支持。正因为如此，在建设模具设计与制造一体化教学体系时存在一些问题。出现这种现象的主要原因是由于经费来源单一，不能通过多个渠道筹措资金，在建设模具设计与制造一体化教学体系的时候不能从长远的角度展开规划，导致该体系不能满足教学要求，学生的实践能力不能得到培养。

（二）没有树立一体化教学观念

模具设计与制造教学中如果采用传统教学模式，教师发挥主体作用，主要传递理论知

识，教学内容缺乏应用性。有一些错误的观念认为，实践教学就是开展实验、实训活动，在活动中依然以理论教学内容为主，导致实践功能弱化。模具设计与制造一体化教学，将与教学有关的元素纳入其中，做到理论与实践相结合，注重对学生综合能力的培养，但是从目前来看，实践教学独立存在，没有做到教育元素的综合运用，导致教学质量受到影响。

（三）校外实践教学基地建设不能落实

在模具设计与制造一体化教学体系建设中，校外实践教学基地建设是重要的内容，一些学校受到地方社会经济环境的影响，建设资金严重匮乏，多数的企事业单位重在提高经济效益。所以，更多地考虑安全生产、专业技术及管理模式等，不愿意为学生提供实践操作的机会，也不愿意与学校合作建立实训基地，导致实训环节成为一种形式，学生实践教学质量无法保证。

二、模具设计与制造一体化教学体系的构建要点

（一）循序善诱，注重细节

模具设计与制造一体化教学体系运行的过程中，要能够做到循序善诱，立足于模具设计与制造专业教育这个根本，由浅到深设置实践教学内容，保证学生未来能够很好地适应理论知识与实践技能的学习环境，由此可以提高专业能力。

（二）以“就业”为重点导向

建立以学生就业为中心的教学体系，基于对职业市场需求调查对有关模具设计与制造一体化的职业准确定位，做好职业分析工作，与专业岗位群的特点结合，指导学生提高职业素质。教学围绕着职业能力这个中心展开，发挥市场需求的引导作用进行课程开发，并组织一体化教学，采用模块式课程教学模式，以就业为导向做好多元评价工作。根据岗位需求开展实践教学，明确职业目标，对学生的从业能力进行培养，在教学组织上整合课程内容，采用一体化教学模式，重点培养学生的技术能力，使得学生的实践能力得到培养。

（三）完善实践内容，注意学生出勤

模具设计与制造一体化教学体系运行的过程中，要使得实践教学内容更为完善，就需要注重学生管理，对学生的学习行为予以约束，注意学生的出勤是非常必要的，让学生意识到遵守规范的重要性，对其未来职业成长非常有利。

三、模具设计与制造一体化教学体系的构建策略

（一）关注校企合作，积极建立实践基地

校企合作将校外实践基地建立起来，让学生有机会在校外接受实践教学，就学生而言是重要的学习途径。学生在实践基地学习，不仅可以提高创新能力和创造能力，同时知识素养和职业素养也会得到培养。学校需要将原有的教育资源优势充分发挥出来，整合企业教育资源，采用协议签订的方式与企业之间建立合作关系。校外实践基地中研究模具设计与制造一体化教学课题，让学生有机会参与企业的技术课题研究，并在此过程中巩固所学习的模具设计与制造一体化教学知识，从而使学生的理论学习与实践学习保持一致。在实践基地设置课题的时候，可以将企业生产活动纳入其中，组织学生开展课题研究活动，使学生通过解决各种实际问题获得经验性知识，对课内知识进行有效补充。

（二）立足教学基础，多法促进师资建设

教师更好地开展模具设计与制造一体化教学，需要梳理相关的专业知识，树立一体化教学意识，学校所采用的方法是定期组织教师接受培训或者开展专家讲座，激发教师的一体化教学意识。此外，教师要具备创新意识，根据教学的需要自学，实现自我成长，从而在教学中不断提高模具设计与制造知识的应用水平，具备良好的素养，在课堂教学中能够灵活应用专业知识，采用形式多样的教学模式，使得教学更加完善。模具设计与制造一体化专业教师具备较高的信息素养，能够针对课程教学内容制作多媒体课件、慕课及微课等，合理运用各种教学软件，使得教学更加完善，学生的学习质量有所提高。

（三）增加实践课时，辅助学生积累经验

在模具设计与制造一体化教学中，引导学生在实践课中不断积累经验是非常重要的。企业的技术人员发挥导师的作用对学生实施教育管理，让学生在实习场地遵守规范，懂得抓住机会并为自己的成长创造机会，使学生更快融入企业环境中。发挥实践课的作用，对学生进行经验性培养，引导学生从积累经验的角度出发与自身已经掌握的理论知识结合起来，由此提高学生的专业知识应用能力。教学与产业联系在一起展开实践教学，可以辅助学生积累经验，由此实现学习、产业和研究一体化。

实践教学是教育工作中的重要内容，这也是模具设计与制造一体化教学工作的重点内容。在开展教学工作中，通过运行一体化教学体系，教师树立教学改革思想，认真学习教学改革经验，发挥工作过程的导向作用。实践教学之前开展校内外调研工作是非常必要的，重在对实践教学方式积极探索，发挥文件精神的指导作用，还要与新的人才培养工作

评估方案相结合，做好调查研究工作，将校内实训课教学质量评价指标制定出来，据此做好校内实训课听课记录，制定教学质量评价表。

四、模具设计与制造一体化教学体系应用实践

模具设计与制造一体化教学体系应用中要保证合理运行，请校外教授专家参与到这项工作中，建立一体化教学团队，检查教学体系运行情况，以更好地发挥其价值。

（一）模具设计与制造一体化教学体系要合理运行

其一，将模具设计与制造一体化教学体系建立起来并有效运行，保证体系的完善，人员配置充足，确保教学工作全面开展起来。发挥院长和主管副院长的指导作用，教务部门发挥监督作用，在模具设计与制造一体化教学体系运行中要保证合理性，不会受到其他部门的干扰。将模具设计与制造一体化教学体系建立起来，各系部要成立教学小组，将这项工作落到实处，更好地发挥其作用。

其二，采用建章立制的方式对模具设计与制造一体化教学体系予以规范。将有关教学工作的规章制度建立起来，完善教学条例，制定实施教学工作的办法。同时，还要将工作人员的津贴方案制定出来，要求所有的教师都要认真履行职责，发挥制度的指导作用，做到各项工作合法合规，遵循有关的规章制度，让工作人员对于工作指导思想明确，符合有观点原则，监控教学质量，保证各项工作符合规范，更加专业化。

（二）聘请校外教授专家建立一体化教学团队

将模具设计与制造一体化教学体系建立起来，特色化运行；将教学专家团队建立起来，发挥其教育教学的指导作用，且教学方式能够满足学校的教学需求，保证学生的培养质量，才能获得良好的工作效果。学校要聘请校外教授，这些教授来自不同的学校和专业，行业背景与学校相似，教学经验丰富，且有丰富的实际工作经验。所构建的教学专业团队成员要在教育领域中有较高的声望，掌握了扎实的专业知识，有着丰富的教学经验。由于教学实践来自校外，不会受到组织内部各项因素的干扰，在工作中敢于发言，能够对教育教学工作客观评价，有针对性地开展工作。通过构建模具设计与制造一体化教学体系，教学质量大大提高，而且可以注入新思想和新观点，采用新的方法开展工作，使得学校的教育教学改革充满新的活力。

（三）检查模具设计与制造一体化教学体系运行情况

模具设计与制造一体化教学体系运行情况的主要目标是提高教学水平。做好教学体系运行的检查工作，可以采取随机听课的方法，做好课后评价，还要发挥指导作用，对于外

聘的教师工作做好检查工作，重点检查新任课的教师以及新上岗的教师工作情况。采用听课的方法可以获得一定的成效，在此基础上将校级督导员组织起来，建立系教学体系研究小组，展开集体听课的方式，且做到具有针对性，针对课堂上所获得的信息进行研究，同时还要做好评议工作和反馈工作。听课检查工作具有长期性和指导性，让任课教师积极投入教学中，模具设计与制造一体化教学体系运行要获得良好的效果，无论是思想上，还是行动上，都需要不断地创新。在教学体系运行的过程中，教师可以结合使用项目推动法、讨论法、案例分析教学法、启发式的教学方法等，在教学的过程中发挥学生的主体作用，以提高教学水平。

（四）将学生教学信息员队伍组建起来协助一体化教学体系运行

将学生教学信息员工作机构建立起来，制定科学有效的制度，对一体化教学体系运行发挥指导作用，让学生参与到教学管理工作中，并实施自我管理，保证一体化教学体系运行的过程中信息反馈渠道顺畅，对于教学的情况及时了解。将学生教学信息员团队组建起来，采用开展座谈会的方式将教学信息员选拔出来，对于教学信息进行定期反馈和不定期反馈，对学生的学习情况充分了解，积极听取学院在教学方面的意见及建议，对于信息进行综合分析，划分为不同的类别，向有关部门的人员进行反馈，向教学工作委员会报告，对整改措施进行定期检查，调整和控制教学情况，使得学院领导、教师和学生之间促进交流，使得各项工作不断改进，教学质量控制体系得以完善。

（五）开展专项教学活动以提高教学质量

校级督导员要与教务处合作，开展教学经验交流会，让课堂教学更加精彩。比如，采用开展教学竞赛活动的方式，强化精品课程建设工作，提高教学质量。在教学中采用互动的方式，教师之间相互交流，可以从中获得启迪，推进教学全面展开，以获得良好的效果。

（六）针对教学督导工作进行研究讨论并做好宣传工作

将教师工作例会建立起来，开展教师管理工作中，基于教学的体系情况与学生和教师进行有效沟通。关于一体化教学体系运行的监督工作要做到位，教学例会要定期举行，用这种方式强化学习、交流，并针对问题实施讨论。一体化教学体系运行的过程中要做好调整工作，教学资源优化配置，可以获得良好的效果。学校每个学期都要编制好《教学工作简报》，对于教学创新方法深入挖掘，推广成功经验。在实际教学督导工作中，对于特色教学方法要积极使用。将专门的一体化教学体系建立起来，并在网络平台上运行，根据教学实际不断更新，并在日常应用中做好维护工作。此外，做好宣传工作，帮助教师提高教育意识。采用这种方式宣传教育教学知识，可以强化师德师风建设工作，以使教师对一体化教学体系运行的情况予以理解并提供支持。

通过以上的研究可以明确，学校将模具设计与制造一体化教学体系建立起来，使得学生的创新能力得到培养、实际操作能力有所提高、实践能力增强。加大模具设计与制造一体化教学体系建设的力度，不是简单地基于学科建设有关教育设施，而是成为培养学生教学实践能力和创新能力的重要部分。学生在基地接受实践训练，职业素养得到培养，而且还可以提高学生的就业竞争力。通过强化模具设计与制造一体化教学体系建设，做到实践教学科学化、规范化，使得教学改革的步伐加快，提高学生的培养质量。

第二节 产教融合下模具设计与制造专业教学分析

经由多年的探索与总结，技工教育基本上形成了清晰的发展方向与目标，具体表现为依托就业，围绕服务，培养出综合素质较高的人才，满足社会的不同需求。而实践教学是达成上述目标的关键环节，它在实践技能增强、岗位职责能力培养方面发挥巨大的意义，还是发扬技工教育特色和提升教学品质的有效手段。

一、模具设计与制造专业当前的教学现状

模具设计与制造专业具有一定的实践性，毕业生不仅要掌握一定的文化基础知识与充足的专业技术知识，而且应具备突出的技术应用能力与较高的职业素养。由此可知，实践教学在整体教学中尤为重要，它是毕业生学有所用的基础保障。当前，绝大多数技工院校都已采用校企联合这种模式，教师依照不同专业岗位的实际需求调整课程结构，优化了教学内容，面向学生提供有针对性的实习机会。模具设计与制造专业还引入了产教融合这种模式，它借助本地优势，联合中小企业，创建校企合作模式，一起培养专业人才，不断向企业输入人才。

二、采用产教融合模式的现实意义

（一）满足产业转型人才需求

从现有经济发展状况来说，模具设计制造业开始从传统型一点点升级，而产教融合教学模式的应用，可促进新型人才培养。在模具设计与制造专业组织教育教学，不要单纯让

学校参与进来，相关企业与行业也应加入这一活动中，携手推动教育改革进程。经由产教融合，既能共同组建实践平台，也能满足学生知识与实践层面的需求。在产教融合这种模式中，最突出的特点便是企业与学校携手参与人才培养目标的制定，学生在完成人才培养方案以后，便完成了企业的首轮培养，对应技能素质也和企业的要求相符。众所周知，模具设计与制造专业具有一定的实践性和应用性，所培养的人才也具有突出的实践能力。而实践能力高的人可有效满足产业升级的需求，并能帮助学生快速融入当前的产业结构中。

（二）增强学生专业能力

对于模具设计与制造专业而言，应用产教融合这种模式的显著优势便是能增强学生的专业能力。经由产教融合可获得更多理论内容，全面增强实践能力。就现有情况而言，在人才培养方面，技工院校表现出了不足。例如，应用的培养方法和目标不是十分合理，有待优化。特别是模具设计与制造专业，它具有较强的专业性，若采用陈旧的教学方法，则不利于专业发展，亟待改进与提升。

在模具设计与制造专业，以往的教学大多经由学习活动来培养学生成为劳动密集型产业所需人才，此种人才目标是依照传统制造业的标准加以培养。然而，现下中国经济高度发展，现代化水平不断提升，这要求提供更多现代化、综合型人才，以符合高素质人才标准。若以往的教学方式与当前的具体需求背离，则最终培养的学生步入社会便代表着失业，涌现出大量就业困难问题。为此，在模具设计与制造专业务必采用产教融合这一模式，优化教育教学活动，逐步增强专业能力，不断满足社会发展需求。

三、实践教学策略

（一）调整课程设置，采用模块化教学

依照市场所提需求，围绕教学内容、专业素质发展和社会岗位需求进行全面探索和深入调研，进行了多项改革，并筛掉了许多重复性的内容，把课程理论有效整合到实践课程，增加实践教学所在比重，并在质量评价机制中，权衡实践与理论之间的作用，若实践教学不及格，便无法毕业，全面贯彻落实上述措施，有效提升专业改革效果。

模具专业的前进发展促使模具从业人员整体的能力和水平不断提升，且教学模式整改也折射出模具行业开始朝着多元化方向前进。在此过程中务必扭转理论高于实践的陈旧思想，逐步加快模块化教学的发展步伐，将实践能力培养贯彻到整个教学活动，把知识与技能有机联系到一起，并把教学环节划分为教学内容与综合能力这两个模块，基于各个模块提出针对性的要求，以此帮助学生形成清晰认知，切实提升学习效率。

（二）优化教学内容，推进内容改革

1.基本技能训练

在模具设计与制造专业，其基本技能训练主要包含机械制图测绘实操训练、热处理实操训练、钳工实操训练和切削加工实操训练。旨在通过上述活动来提升学生的绘图能力与计算能力等，从而让学生借助理论与实践知识完成内容设计，学会基本设计方法，具备基本的操作技能。

2.专业技能训练

在模具设计与制造专业，其专业技能训练包含冷冲压模具一般设计、模具拆卸安装实操训练、模具制造实操训练、电火花加工实操训练、模具数控加工实操训练。旨在借此培养学生学会塑料及冲压模具的一般设计方法，合理应用机械完成工具拆装，灵活操作常用模具进行加工的能力，科学挑选电极材料并能灵活应用电火花成型机床，独立操控测控机床，现场科学分析和有效处理各种工艺问题的能力。

3.综合技能训练

在模具设计与制造专业，其综合技能培养应遵循由浅入深、逐层递进的方式，凸显核心能力和综合能力的紧密结合。以“汽车某塑料成型工艺及模具设计”为例，以下是实训课程流程。

（1）模具拆装实训目的：模具拆装实训，培养学生的动手能力、分析问题和解决问题的能力，使学生能够综合实训运用已学知识和技能，对模具典型结构设计安装调试有全面的认识，为理论课的学习和课程设计奠定良好的基础。

（2）模具拆装实训的要求：掌握典型塑料模具的工作原理、结构组成、模具零部件的功用、互相间的配合关系以及模具安装调试过程；能正确地使用模具装配常用的工具和辅具；能正确地绘制模具结构图、部件图和零件图；能对所拆装的模具结构提出自己的改进方案；能正确描述出该模具的动作过程。

（3）装配步骤及方法

①确定装配基准。

②装配各组件，如导向系统、型芯、口套、加热和冷却系统、顶出系统等。

③拟定装配顺序，按顺序将动模和定模装配起来。

4.工作原理

将已熔融状态（黏流态）的塑料注射入闭合好的模腔内，经固化定型后取得制品的工艺过程。

注射成型是一个循环的过程，每一周期主要包括：定量加料——熔融塑化——施压注射——充模冷却——启模取件。取出塑件后再闭模，进行下一个循环。

5.社会实践

社会实践主要包含顶岗实习与毕业实践等。在社会实践中务必保证专业对口，并选择生产技术水平较高、管理科学的企业，让学生通过实习获得成套的企业生产流程与组织管理架构。培养学生的职业道德，增强学生的自信心，以此实现思想道德素质和劳动素质的双重提升。

（三）建立实验实训基地，提升学生专业技能

做好实训和实习基地建设，加大相关资金投入，全面提升模具专业的整体教学水平，切实提升学生的专业技能。同时，还可与优秀的企业签订合作协议，为学生提供顶岗实习的平台。

在开展实训项目前，应做好动员，讲明本次实训的根本目标、现实意义和具体作用。首期培训可设定为计算机应用基础方面的实训，为学生配备电脑，一边讲授一边演练，增加教学活动的趣味性。第二期实训项目为模具结构零件基础加工训练，经由模具零件制作，学会不同的加工方法。第三期实训包含三项内容。其一，制图测绘是经由测量来绘制一般的装配图与零件图，教师讲述测量方法与绘图标准，合理指导，增强学生的绘图能力。其二，计算机绘图。经由绘图软件学习学会不同的画法。其三，模具成型零件一般加工训练。第四期实训项目为冲塑模具单元教学。在此环节，先围绕冷冲压模具与塑料模具加以拆装，明确模具的一般结构，再设计对应的模具。第五期实训项目为模具设计软件实训及模具制作实训。在设计软件实训中，利用三维CAD软件对三维实体模型加以设计和加工处理，以此提升设计成效，改进设计方案。第六期实训项目为顶岗实习。学生深入企业，与企业员工共同上班，体会企业文化氛围，完成岗前培训与岗中培训，经由定岗实习，提升自身的职业素养与操作技能。

（四）强化教师队伍建设，提升教学水平

为强化教师队伍建设，可从两个层面着手。一方面，招聘和引进紧密结合。在完善现有教师结构之上，不断引入专业知识扎实、实践经验丰富、业务水平较高的专业人士担任专职指导教师，也可从生产企业招聘已退休的优秀技术人员担任兼职教师，还可从实训基地招聘资历较高的技术人员担任实训指导教师。另一方面，进修与内部培训紧密整合。关心中青年教师，并为其创造充裕的培训与进修机会，条件允许可以到国外进行学习，以此提升其业务水平。具体可把新入职的教师指派到企业进行顶岗锻炼，一段时间以后再回归校园授课。

综上可知，依托当前的社会发展现状，技工院校为构建产教全面融合的教育模式，应从不同层面着手，借助各方力量，整合所有的育人资源，培养出越来越多的综合型人才。

广大教师可应用分类教学模式，结合市场发展走向，创设对应的教学环境，改善产教融合育人状况，进而满足企业的用人需求。

第三节　新工科建设背景下模具设计与制造课程教学探索

新工科建设已在我国高等工程教育中全面展开。新工科创新人才应该具备扎实的专业知识和“学科交叉融合”的知识结构，能熟练运用所学知识去分析、解决工程实际问题。为满足国家战略和新兴产业发展需求，培养专业知识丰富、创新能力突出的高素质复合型人才，新工科建设背景下，高校应注重学生与自身专业相近甚至跨度较大的学科知识的掌握，而不再在工程实践中产生“隔行如隔山”的现象。模具作为一种大批量制造产品的特殊工艺装备，有着适应性强、制件互换性好、高效低耗和社会效益高的优点，模具制品在社会各个领域广泛应用。因此，模具技术是衡量一个国家机械制造水平的重要标志。模具设计与制造，涉及知识面极为广泛，包括金属材料、高分子材料、流体力学、传热学、物理、化学、电子和计算机技术以及各种加工技术等。通常，工科院校中只在材料成型与控制工程专业和机械类专业开设模具相关课程。近年来，越来越多的工科专业开设了《模具设计与制造》课程，以适应社会对跨学科创新人才的需要。本节以笔者所在学校金属材料专业《模具设计与制造》课程教学为例，探讨本课程的教学方法。

一、《模具设计与制造》课程教学特点

《模具设计与制造》课程内容涉及多学科知识，主要针对广泛应用于生产电子电器、汽车、家电、仪表等领域产品的冲压模和注塑模以及模具制造与装配进行介绍，工科院校中多在非模具专业开设，以满足社会对复合型人才的需求。非机械类专业的教学与机械类专业的教学存在差异，其特点主要体现在如下两方面：

（1）专业基础课程的学习不系统。金属材料专业不像机械类专业或材料成型专业学生那样系统学习相关课程，课程学时有限，相关知识的掌握不够扎实和深入。

（2）受专业背景的影响，学生对模具设计与制造认识不足。金属材料专业的专业课程主要围绕金属材料的制备与后续加工来开设，学生认为模具设计属于纯粹的机械专业，而模具的加工也是以机械加工为主，与金属的塑性成型是两码事，导致学生对模具相关知

识的学习积极性不大。

二、《模具设计与制造》课程教学方法探索

金属材料专业开设的《模具设计与制造》课程，共32课时，前期开设的相关课程主要有《工程制图及CAD》《材料科学基础》《材料力学》《机械设计基础》《材料加工工艺》《金属热处理》等。应该说，上述课程可以为模具设计与制造课程的学习提供必要的专业知识的支撑，但与模具设计与制造密切相关课程的学习不够深入，要在有限的学时内较好地掌握模具设计与制造知识并不容易。为此，我们在教学过程中进行了探索，以期提高教学效果。

（一）加强教学过程中相关知识点的关联与补充

随着科学技术的发展，人们越来越认识到复合型人才对社会发展的重要性。各个行业不仅需要具有单一知识结构的专业技术人员，还需要具有更加宽广交叉学科基础的创新人才，以适时调整产品结构，应对日益激烈的市场竞争。金属材料专业没有开设公差课程，而《工程制图及CAD》和《机械设计基础》课程中有关机构和零件设计的介绍也并不详尽，因此，需要在教学过程中适当补充零部件尺寸和形位精度设计的相关知识，加强学生对工程设计的理解。此外，必要的机械加工工艺基本知识对本专业学生毕业后在金属材料热处理、材料成型等领域从事工艺和设备设计、技术开发与改造、生产及经营管理等方面的工作大有裨益。如何在教学过程中适当补充相关知识？一方面，要求教师具备扎实的机械设计、材料加工专业知识和生产实践常识，从而可以在授课过程中适当穿插、补充模具设计与加工知识。另一方面，引导学生通过互联网获取必要的知识进一步了解模具及模具技术。

（二）强化学科知识的交叉与融合

由于专业培养目标不同，金属材料专业的学生对模具设计与制造课程认识不足，认为将来从事的工作与模具关系不大，因此缺乏学习兴趣。对此，在教学过程中可以将本专业主要专业课程内容与模具设计与制造过程有机联系起来讲解。教学过程中注意体现本专业的专业特色，如模具零件的选材要求包括材料种类、组织均匀致密程度、冷热和机加工性能、抛光性能、淬透性、耐磨性及耐腐蚀性等，涉及模板、工作零件、导向定位零件、脱模零件、侧向抽芯零件等在工作中的功能要求。注意根据工作环境要求来设计相应的模具零件，如冷冲模工作零件应该有足够的强硬度和耐磨性，而注塑模工作零件对耐热性和耐腐蚀性有更高的要求。又如，在模具零件的制造过程中，将材料的力学性能和加工性能以及使用要求联系起来，体现本专业熟知的毛坯锻造和热处理在零件制造过程中的重要性。

而学习模具的装配对其工作状态的影响让学生懂得，一套设备的优劣不仅取决于其组成零件的制造精度，也取决于这些零件的装配精度。

模具设计与制造是一门工程实践性强的课程，对于非模具专业学生的教学，应根据专业背景结合本课程特点改进教学方法，保证课程教学效果，有效激发学生对跨学科课程学习的积极性，更好地适应社会需求。

第四节　模具设计与制造专业教学模式探索

在院校中，模具专业属于重点专业，该学科对学生实践能力与操作能力有着较高要求。基于院校“将能力作为根本，将就业作为导向，将服务作为宗旨”的办学理念，要求教师在教学中不仅需要对理论知识讲解加以重视，而且需要注重学生实践能力培养，激发学生学习兴趣，调动学生主动性，提高学生操作水平。

一、模具教学现状

（一）模具专业所面临的问题

1.设备停置

学校采购大量设备，然而由于院校无法将理论课与实训课有机结合，导致理论教学时间长，忽略了实训教学，致使教学设备停置。

2.学生基础薄弱

学生年龄较小，缺少理论基础，学习习惯不好，缺乏自主学习能力与学习动力，同时未制定明确的学习目标。

3.师资力量不足

本科教师基于高校教育水平，有着良好的理论基础，然而实操经验不足；专科教师虽然有着较高的实训水平，但院校对其理论教学存在质疑。院校无法将两股力量进行有机结合，导致理论教学与实操教学存在脱节现象。

（二）传统教学模式影响

在院校中，一些院校设立模具专业主要受模具行业良好的发展前景所影响，各地院校相继设立模具专业。然而，模具教学体系并不完善，师资力量并不充足，一些教师属于转岗任教，其并未经系统、专业的模具知识培训，只是短期培训之后开始任教。另外，安排课程的教务人员专业素质不足，一般由基础课教师负责排课，其对课程特点不够了解，为提高排课效率，基本上将两节课作为一个单位开展排课工作。这就导致理论教学和实训教学的联系不够紧密，甚至出现脱节现象，对教学效果造成严重影响，使学生无法进行系统学习。

基于这些现状，模具专业主要存在对学生能力培养不够重视、教学设备浪费、师资力量浪费等问题，教学活动无法与学生能力进行有机结合，导致学生学习兴趣较低，致使模具专业处于实训教学和理论教学分开的模式中。

二、新型教学模式重要性

结合教学特点，科学制定教学模式。可以制定任务引领教学模式，形成分层化教学及模块化教学等模式，在教学活动中，充分体现学生主体地位。

构建健全课程机制，将自身办学特色体现出来。在一些院校中，模具专业已经发展成为品牌专业，并且师资队伍已经具备一定规模，其课程体系建设已经开始与社会需求、企业需求等积极靠拢，将教学目标设定为提高学生就业能力，提高教学课时合理性，保证学生职业能力得到有效强化。

解决实训教师和理论教师脱节问题。此种脱节问题较为严重，以模具专业角度分析，学生参与模具装配与模具加工实训课程时，根据理论教师设计的方案，以当前的教材投入与设备投入，基本上无法顺利开展加工作业，实际加工与理论设计存在一定差异，应该避免由于此种差异所造成的教学脱节问题，会严重影响学生的学习热情。需要通过优化教学模式，实现统一化教学目标。

将教学首要目标设定为学生素质教育，院校需要提高学生职业技能与竞争力，在社会发展中，对机械加工以及模具专业人才的需求量日益增加，应该通过科学的教学模式提高人才培养效率。

三、模具专业教学模式开展策略

（一）设置模块化课程体系

传统课程安排较为简单，基本上为基础课程，为对专业特点进行有效突出，应充分认识到理工类专业特点，对一些文科类基础课程应适当减少。开展专业教学前，首先需要帮助学生设计职业规划，使其能将自身管理、生涯计划与发展进行有机结合，主要培养学生的就业能力、基本素质及专业素质等。

1.基础模块

该模块是模具专业的重要组成部分，主要涵盖刀具、材料、UG软件与Pro/e软件应用、CAD绘图等课程。在此模块中，应将软件课程有机结合为软件设计课程。另外，需要设置模具工业课程，与企业相结合，该课程内容涵盖冷冲模具应用及模具标准件等。

2.实训模块

当前，模具专业实训课程一般涵盖数控中级、钳工及铣工等实训内容，实训课程较为丰富，然而模具制造实践训练略显不足，课程设置不够系统，需要进行优化，提高学生的专业素质。

（二）加强项目化教学

在模具专业领域快速发展过程中，加工方法出现较大变化，然而车加工方法在教学中仍然有着重要作用，无论模具专业如何发展，均需要手动加工。在教学中，应该让学生了解这一道理，以提高学生的积极性。一些学生认为，当前模具加工已经得到飞速发展，进行手工操作学习会与时代脱轨。教师需要纠正学生错误的观念，使其认识到车加工在模具专业中的重要作用。另外，需要对传统教学模式加以改进。课堂教学属于一门科学，同时也属于一门艺术。教师应积极了解学生情况，并结合车工特点，合理确定教学方法，使学生技能得到有效提升。通过项目驱动与任务引入模式，能有效提高车工教学效率。比如，在开展模具车加工教学时，可以将5人分为一组进行分组教学，让学生先行讨论加工流程，之后教师与学生共同讨论加工方法，学生通过对比分析发现自身问题，使其印象得到强化。基于前期加工手段，组织学生开展实操训练。在具体加工时，教师可以通过答疑与询问等方式，提高学生主体地位，并重视探究式学习方式，进而提高教学效果。在学生完成车加工之后，教师应与学生共同评价作品与实际操作中的不足与优点，对学生车加工实操训练进行综合打分。另外，可以将相关企业零件作为载体，引导学生在学中做、做中学，使其可以结合案例展开训练与学习，进而将其职业素养、理论知识及实践技能与具体应用环境进行结合，提升学生的综合素质。

（三）运用多媒体，营造课堂氛围

课堂教学在教学活动中有着重要地位。然而，传统教学形式与学生发展存在严重不符，所以教师要在课堂教学中引入新方法与新观念，积极转变传统教学观念。教师应竭尽所能提高课堂气氛，为学生营造轻松的学习氛围，进而提高学生车加工学习兴趣。车加工本身非常枯燥，教师可以轻松为学生讲解相关知识，然而学生理解较为困难，尤其初次接触该课程时，对车床组成部件功能、含义及主轴箱等无法进行有效理解。若是采用传统教学形式，将难以达到预期效果。因此，教师应结合多媒体教学，营造课堂氛围。

教师可以将车床主要零部件设计成立体动画，逐一为学生讲解，加深学生对车床的理解，将枯燥的课程变得更加生动有趣。在教学中，教师可以借助比喻，将生活事例引入教学中。通过多种教学手段结合的模式，可以使学生学习更加轻松，有效提升学生兴趣，促进教学效果。

（四）注重实践性教学，强化实践实习基地建设

对于模具专业，在实践性和逻辑性方面有着较高的要求。在模具教学中，实践性教学的作用非常重要。基于学生实习机会少与模具专业在人才方面的要求等，教师开展实践性教学时，需要将该教学模式的效能充分发挥出来，强化实训基地建设，优化教学设备，为学生建立现代化教学实验室，给学生实践的机会，帮助学生树立自信心。另外，结合模具专业学生就业状况，院校应该积极与相关企业建立合作关系，为学生寻找实习机会，使学生对本专业情况有所认知，进而提高学习动力，不断巩固所学知识。

比如，在进行“塑料模具设计制造”教学时，教师应该结合塑料模具和模具基本概念开展教学，可以利用实物教具为学生讲解。在模具发展史、塑料性能及塑料成型方法等方面，教师可以借助多媒体，为学生进行直观展示，使学生能充分理解相关知识。在塑料用途、塑料成型收缩、成型收缩原因等方面，教师可以设置实训周，借助工程提供的模具，让学生动手实践，不仅可以提高学生模具专业自信心，使教学活动更加生动，还可有效调动学生的主动性，进而提高学习效率。

（五）建设多元化教师队伍

为满足当前模具专业教学要求，应该结合模具专业特点，积极培养双师型教师。在教学中，学生为教学主体，教师只需对学生进行有效引导即可。因此，需要教师不断学习现代化教学理论与技术，不断提高自身综合素质，不仅可以开展理论教学，还可以进行实训教学。双师型教师的主要优势就是，可以结合学生实际学习情况，合理为学生设计实训任务，同时结合学生自身特点，科学制订实训方案，摆脱传统教学束缚，提高教学灵活性。同时，院校应该积极聘请实干型教师，如企业工程师等。外出教师应该积极与企业进行联系，为学生提供工厂参观机会，让学生感受本专业实际作业情况，促进其知识吸收与理解。

在新教学模式中，要求教师理论知识扎实、实操技能熟练，同时需要对两者进行有机结合。教师应该积极下企业学习、参加培训，以丰富自身知识，成为加工型教师、设计型教师。

综上所述，在模具专业教学改革中，需要院校全体的共同努力。结合模具专业所面临的问题、传统教学模式影响等现状，借助设置模块化课程体系、加强项目化教学、注重实

践性教学、建设多元化教师队伍等策略，提高教学有效性，加大技能型人才培养力度，以满足社会发展的需要。

第五节 模具设计与制造专业项目化实训教学的设计与实践

模具设计与制造专业课程的教学具有实践与理论结合、重视技能训练、突出实用性等特点。在该专业的实训中引入项目化教学理念，能够更好地突出学生的主体地位，发挥学生的主体作用，引导学生积极参与到实训活动中，让学生通过自主探究与团队协作，自主完成项目任务。教师在此过程中，可指导学生自主安排学习进度，收集、整理资料，并解决学习过程中遇到的问题，从而锻炼其自主解决问题的能力，促进教师与学生之间的交流，培养学生的团队协作精神。

一、项目化实训教学的内容

项目化实训教学是一种以实践为导向，将理论与实际相结合的教学模式。在模具设计与制造专业实训中应用项目实训教学，能够引导学生对学科知识进行深层次的探索，提升专业技能，保证育人效果。一般有以下5个关键步骤：

（1）项目设计。教师需要根据教学目标和学生实际情况，设计一个或多个完整的、具有实际应用价值的教学项目。项目应该包含课程中的各种知识点和技能点，同时具有一定的挑战性和趣味性，以激发学生的学习兴趣。

（2）制订计划。教师在实训教学中，指导学生根据实训项目制订后续实施计划，包括时间安排、任务分配、工作流程等。这有助于学生在制订计划的过程中了解项目背景、理解项目要求，并做好处理预案。

（3）项目实施。学生在教师的指导下，运用课程中所学知识，按照计划，分工合作，解决实际操作中遇到的问题，并在此过程中完成自我管理和团队管理。

（4）成果展示与评估。项目完成后，由学生进行成果展示，教师根据项目的实施过程和成果，对学生的专业知识、技能运用、团队协作、自我管理等方面进行综合评价。

（5）反馈与改进。教师根据评价结果，对学生完成项目的情况进行反馈和总结，帮助学生找出问题，提出改进措施，同时还可以相应调整教学方法。

二、项目化教学的特征

（一）实践性

实训项目的设计和开发以真实的工作任务为依据，学生通过实训能更好地掌握模具设计与制造专业技能，采用小组合作的方式运用所学知识解决实训中遇到的问题，可更好地提升专业技能，同时还可培养他们的沟通能力和团队协作能力。

（二）拓展性

教师在实施项目化实训教学时，会引导学生完成子项目任务后，再让学生进行项目任务整体性解决方案的探索和实践。学生通过参与短期子项目，逐步提升自身专业素养和实践能力，在长期项目的实践中，可将实践经验与专业知识进行整合和应用，实现知识和技能的螺旋式上升，不断提高自身的专业素养和实践能力。

（三）开放性

一是项目化实训教学通常会涉及模具设计与制造以外的其他学科知识，如模具设计项目可能包括材料科学、机械工程、计算机科学等方面的知识，具有很强的跨学科性；二是项目化实训教学强调知识的综合运用，通过解决项目实施过程中的问题，培养学生综合运用多学科知识的能力；三是项目化实训教学活动不仅限于教材所提供的知识，而是通过引入开放性的教育思想和内容，使学生能够接触到更广泛的专业知识，有助于培养学生的综合素质和适应能力。

三、项目化实训教学的设计要点

实训方案的设计要与专业人才培养目标紧密结合，注重理论和实践的融合，将理论知识贯穿于实训项目中，从而让学生在实践中掌握模具设计与制造的基本理论和实践技能。实训项目的设计，一是要基于专业实训条件，构建真实的工作环境，凸显项目的实用性，有针对性地培养学生的动手能力、创新能力和思维能力，通过创新设计提高学生的综合素质；二是要能让学生通过项目实训，掌握专业技能、启发创新思维、端正学习态度，帮助学生发现自身短板，提高综合素质，提升就业竞争力。

四、项目化实训教学的实践措施

（一）布置项目任务，组织学生讨论

教师在布置项目任务时，要引导和组织学生进行分析和讨论，为后续的实训打好基

础。例如，在布置“冲压模具测绘”实训项目时，教师可向学生事先展示两种不同类型的轨道模具装配图，发布相关任务，要求学生结合模具装配图完成实训操作，以帮助学生更好地掌握模具的类型、结构、工作原理以及模具零件之间的装配关系等知识。

（二）制订项目方案，教师讲解指导

教师可要求学生结合课堂知识，依据主视图、俯视图、制件图、排样图等操作要求进行项目实施方案的制订，并针对学生在完成项目过程中出现的共性问题，以及知识重点、难点进行讲解和指导，通过案例分析、模具装配图示例等方式，帮助学生更好地理解专业知识、掌握关键技能。

（三）学生分工合作，共同完成任务

教师按照学生的特长和兴趣，引导学生主动选择在团队中扮演的角色，充分发挥学生的个人优势。如有些学生可以负责收集和整理资料，有些可以负责绘制主视图、俯视图、零件图等，有些可以负责进行排样图的规划和设计等。引导学生通过合作寻找解决方案，帮助学生加深对实训项目的理解，同时提升自身的思维能力和团队合作能力。

在模具设计与制造专业实训中引入项目化教学理念，能够更好地突出学生的主体地位，发挥学生的主体作用。教师引导学生通过团队合作完成项目任务，不仅可使学生的实践能力得到进一步提高，还可培养其团队协作精神和责任感，进而全面提升教学效果。

第六节　以“赛”引领的模具设计与制造专业模块化课程开发实践

以“岗课赛证”综合育人为引领，着眼全国职业技能竞赛模具数字化设计与制造工艺赛项，把竞赛的标准、模式、资源、内容与企业工作岗位、行业职业能力标准、专业人才培养体系进行融合，重组知识模块，开发了以“赛→岗→证→课”为轴线的5门主干和7门专业核心课程，利用第一课堂、第二课堂的形式，分别采用四步教学法、任务驱动教学法和项目教学法完成教学的实施，并且评价主体多元化、方式灵活多变、过程与结果评价相结合，采用学分置换的形式，激发了广大师生的积极性、参与度和学习热情。全国技工院校技能竞赛是国家职业教育制度的设计与创新，也是贯彻落实全国职业教育大会和《国家

职业教育改革实施方案》的一项重要活动，是进一步促进技工院校与行业、企业的产教深度融合，更好地为经济建设和服务社会发展的重要举措，更是充分展示职业教育改革发展的丰硕成果和集中展现技工院校师生风采的舞台。

一、实施思路

全国职业教育大会明确提出“岗课赛证”综合育人，提升教育质量；《国家职业教育改革实施方案》指出要构建职业教育的国家标准，进一步完善教育教学相关指标，要求专业设置与产业需求对接、课程内容与职业标准对接、教学过程与生产过程对接。竞赛的设置连接行业、企业和职业教育，以企业产品为载体，融入职业能力标准、企业岗位能力和专业教学标准；以工作过程为导向，提取企业生产项目的教学因子，具有可操作性、实用性，为职业教育的教学改革提供可靠的方向。

以“赛”引领的模具设计与制造专业人才培养模式的研究与实践项目，研究的重点是以竞赛的项目为载体，以“赛→岗→证→课”为思路，加强赛项资源的转化，把职业标准、岗位标准融入人才培养体系中，开发以赛引领的课程体系，全面服务于人才的培养。研究的难点集中在人才培养模式的实践，也就是课程的实施，尤其在实施过程中的教学成本会大幅增加，导致受益学生范围缩小。

二、开发实践

（一）打造行业专家主导的教学团队

1.“外引内培、行校企共聘”，做实专家型的团队带头人

各职业学院模具教学团队通过“外引内培、行校企共聘”等方式，确立了以行业专家为主导的教学团队。聘请行业专家为技能竞赛金牌教练、技能竞赛知名的裁判和专家，在行业专家的主持下，制定与赛、与产与时俱进的专业核心课程标准，定期到学校开展专业座谈会、研讨会，提炼生产实际中的教学因子作为融课程教学的载体，完善教学过程中存在的一些产教不协调的问题。

2.“参赛带赛、以身示范”，打造德技双馨的师资团队

带领选手参加技能竞赛，要求教师要有又专又长的技能水平，尤其对竞赛引领教学改革的教师，还要有过硬的教学功底。

（二）构建模块化课程体系

根据模具产业的发展方向及人才需求，结合国家级一类竞赛赛项的优势和特色，选取模具专业特色鲜明的竞赛赛项，主要有模具数字化设计与制造工艺赛项、冲模设计与制

造、工业产品数字化设计与制造。

（三）开发模块化课程内容

1.明确典型岗位

以模具数字化设计与制造工艺赛项为例，根据竞赛的技术规格和评分体系，通过人才需求企业的调研与分析，以“赛→岗→证→课”为轴线，确定模具设计与制造专业的主要职业岗位，对应职业资格证书及典型工作任务，明确典型岗位的发掘流程为：竞赛评分标准→职业岗位→职业标准→职业资格证书→典型工作任务。

2.提炼完成任务的能力

通过岗位群工作任务的分析，明确职业岗位群的主要工作任务，结合《模具制造工职业标准》《铣工职业标准》《钳工职业标准》的要求，确定职业岗位任职所需要的基本能力和岗位纵向发展所需的提升能力。

3.发掘代表性项目和任务

竞赛模式给教学提供了价值较高的案例参考，把实际竞赛的试题经过处理、改造和再加工，作为教学因子引入课程教学，首先用竞赛的考核指标对接教学的目标。

4.优选课程内容

根据竞赛考核指标与教学目标的对接，打破原有知识体系化的教学特点，按竞赛提倡的重技能、看应用、推创新的特点重塑教学内容，以“赛→岗→证→课”为轴线，提取课程体系标准。以能力目标工作过程化为途径，重组知识体系，打造5门课程——《塑料产品的数字化设计》《注塑模具设计》《注塑模具关键零件数控编程与加工》《注塑模具拆装》《注塑成型技术》。

以“赛”引领的模具设计与制造专业人才培养模式的研究与实践项目，开发了与竞赛紧密对接的课程，形成了既定方向的人才培养课程体系，并且以此为平台，在全国和湖南省的职业技能竞赛中取得了优异的成绩，为同类别制造类专业的人才培养模式和课程开发提供了参考。

第七节　项目教学法在技工院校模具设计与制造专业高级工班一体化教学中的应用

现代职业教育要求技工院校模具设计与制造高级工班专业培养出来的学生能从事模具制造行业的模具加工、装配、维修、试模工作，具有从事模具制造的实际操作技能，具有对模具及成型设备的调试、维护及故障分析能力，具有对模具新工艺、新技术和新设备的接受及应用能力，能参与一般的模具制造行业的试制工作，能制定模具成型工艺和模具制造工艺的一般技术能力。因此，在技工院校模具设计与制造专业高级工班一体化教学中应用项目教学法，以模具设计制造为主线，以教师授课为引导，以学生自主设计制造模具为主题，师生共同完成项目，共同取得进步。

模具设计与制造专业高级工班将专业课程的理论和实习融为一体，设计与实习模具制造交替进行。教师上课可以在制图设计教室，也可以在实习车间，能够实现从设计、加工到装配的一体化指导。学生可以在制图设计教室设计好模具图纸并进行审核，然后在车间把自己设计好的模具加工完成，并装配生产。这种师生之间边教边学边做，感性认识与理性思考相互结合、理论学习与实践应用有机融合的一体化教学，能加强学生的动手能力与专业技能，充分调动和激发学生的学习兴趣。模具设计与制造专业高级，工班组织施行一体化教学，结合采用项目教学法，具体做法：在老师指导下，将一个零件的模具设计与制造交由一组学生自己处理，从零件技术参数的收集，模具设计方案的制定、模具加工工艺规程、模具加工、模具装配及最终模具评价，都由学生自己负责。学生通过自己独立参与设计和制作模具整个过程，能够理解和把握课程要求的知识和技能，培养分析问题和解决问题的能力。

一、激发兴趣，确定项目

教师上新课，第一堂课教学质量尤其重要。第一堂课课前要求每个学生选择一个生活中常见的塑料件带到课堂，教师会向学生分析塑料件的结构和它们的制作过程，启发学生对塑料模具的兴趣，使他们感受模具在日常生活中无处不在，提高他们的学习积极性。学生自由分组，选择一个塑料件作为模塑工艺课程一体化教学的模具设计与制造的项目。以塑料件为例，教师先对每个工件结构工艺和精度进行分析，然后让各个小组在规定的时间把工件图纸和模具制造工艺确定。

本产品是充电器上侧盒盖，单个塑件的重量是50g，其基本尺寸是：长120mm、宽65～72mm、高25～30mm、壁厚为2mm。该产品主要是要求有良好的绝缘性、耐热性和一定的强度，对尺寸精度的要求不是很高，为五级精度，不需要标注公差。

二、科学严谨，制订计划

工作计划的制订需要项目小组通过学习材料的学习，针对工作任务的要求，选择具体的实施方案，再通过小组的讨论，制订详细的项目实施方案。通过对塑料件的结构工艺性分析和精度要求，指导每组学生进行分工合作，使每个学生都参与项目开发。确定工作内容有：选择塑料种类，确定模具类型，分析塑料件结构特点，选择塑料模具模架结构，设计型腔和型芯、设计浇注系统等。让学生自己收集塑料模具资料，结合自己选择塑料件特点和对选择模具种类分析，制订模具设计工作计划，确定每一步的实施方案。

在这个阶段中，每组学生会根据课前的资料，按照实际模具设计与制造的工作任务制订各种不同的实施计划，课堂中学生根据实施计划按步骤完成任务。教师可以根据学生制订工作计划可能会遇到的问题，提出意见和建议，也不指定学生使用什么模具设计或模具制造方案，要尽量鼓励学生在制订工作计划中有所创新。同时，教师应对学生制订的工作计划做一定的监督保证。例如，在模塑工艺一体化教学模具设计项目实施计划的设计项目内容中要体现塑件选材理由，塑件结构分析、模具的机构选择、选择注射机，确定型腔数目，浇注系统的设计、模具成型零部件设计、合模导向和定位机构、塑件脱模机构、侧向分型与抽芯机构、模温调节系统设计等步骤，同时每个小组填报出实施步骤的完成时间。在模塑工艺一体化教学模具制造项目实施计划的制造项目内容中，要体现模架加工、浇注系统的设计、模具成型零部件设计、合模导向和定位机构、塑件脱模机构、侧向分型与抽芯机构、模温调节系统设计等步骤，同时每个小组填报出实施步骤的完成时间。

三、有条不紊，实施计划

首先要明确模具设计与制造专业高级工班每个学生在各自小组中的分工，然后按照制定的工作计划和流程工作。学生通过翻阅资料、上网搜索、教师辅导等形式自主获取课题的相关知识、资料，并整理资料。在塑料模具设计阶段，每个学生都要拿出自己的设计图纸，小组集中讨论得出最佳方案并用装配图和零件图表达出来。模具制造阶段，要根据模具种类，选择最优机械加工工艺方案，制定每个零件机械加工工艺规程，选择适合的机床来进行加工，最后集中装配试模。

教师在计划实施过程中引导监督学生完成计划，适时讲解学生在项目实施过程中出现的问题并提出新问题，让学生去应用解决。及时对学生的偏差和失误予以指导纠正，解答学生难题，而不是完全主宰活动。

四、展示成果，完善自我

各个小组在模具装配试模成功之后，组长要向全班汇报本组模具设计和制造的经验。在交流中要求各组组长详细介绍塑料件的结构工艺、模具设计流程和模具制造工艺规程等实施过程和在这个项目中可能会出现什么问题，这些问题是如何解决的。同时，其他学生可以提问，让项目实施者解释项目所用的技术及特点。最后，各组之间进行互评，互相学习，通过相互评价进一步完善各自的项目，评选出最满意的模具。要把自己的作品摆放在模具车间作品展示柜里面，作为学校一体化教学的成果，这对学生来说是个很好的激励方法。

五、项目总结，知识升华

在最后一堂课，要设置检测环节进行效果评估。每个组的学生把模具设计图纸和模具加工工艺规程等文件材料整理成册，重新评估自己的设计思路和方法，制作一套项目优化方案。使用制作好的模具生产出塑料制品，检测塑料件的结构和精度，分析设计模具、制造模具和试模三个阶段对工件质量的影响。

教师要根据各个小组项目完成过程的具体情况，指出做得好的地方，同时指出问题所在，另外还要对学生的职业素质进行讲评，包括汇报片制作能力、语言表达能力、回答问题的能力、组织协调能力、总结能力等。在项目测评体系中的考核项目分为模具设计阶段、模具制造阶段、试模阶段、总结阶段四个阶段。模具设计阶段的考核要求是零件图纸、总装配图、技术要求；模具制造阶段的考核要求是工艺流程卡和机床使用；试模阶段的考核要求是模具装配；总结阶段的考核要求是职业素养；每个考核项目还分为教师考核、自己测评与同学测评。

技工院校高级技工教育是较高层次的职业技能教育，是我国经济发展和现代化建设的需要，也是提高劳动者素质的需要。技工院校高级技工教育必须以人的健康成长和全面发展为宗旨，突出技能培养的特色。在教学方法上，主张“教、学、做合一”，即“事情怎样做就怎样学，怎样学就怎样教”。在“教学做一体化”的教学模式中突出学生自主学习能力和解决实际问题能力的培养训练，在实践教学中突出以学生做为主的项目任务驱动模式。

一体化教学中，通过实施一个完整的模具设计制造装配项目，把课堂教学中的理论与设计制造实习教学有机地结合起来，充分发掘学生的创造潜能，提高学生解决实际问题的综合能力。经过实际教学检验，在技工院校模具设计与制造专业高级工班一体化教学中，坚持实施项目教学法，取得很好的教学效果。

第四章　模具设计与制造工学一体化教学改革措施研究

第一节　新工科背景下《塑料模设计》课程的教学改革

新型工科专业是面向产业未来发展需要，通过信息化、智能化或其他学科对传统工科专业的渗透、转型、改造和升级更新而成。在此背景下，传统工科专业课程《塑料模设计》在教学内容、教学模式、教学方法及考核方式等各方面均已不再适应新工科专业的需求，进行相应的改革措施势在必行。

模具设计是传统工科专业的一个重要方向，近几十年，由于塑料工业迅猛发展，塑料模具的应用范围十分广泛，塑料模具的比重也日益增大。由于塑料具有轻质高强度的特性及其他一些特殊性能，在各行各业都有广泛的应用。以我们熟悉的交通工具汽车为例，上面的发动机配件、水箱配件、空调配件、仪表盘配件、后视镜以及各种卡扣和固定件等都是塑料制品。据统计，目前国内汽车用塑料已经占到了总材料的7%，而德国的这一比例高达15%，因此塑料模具工业具有非常好的发展前景。塑料模作为成型各种塑料制品的模具，是一种技术密集型产品，具有高附加值。塑料工业的迅猛发展，导致塑料模具从业人员尤其是具备现代化模具设计制造技术的从业人员的需求缺口巨大。各高校机械设计类专业正是基于这一目的，开设了塑料模具设计课程，积极适应社会发展需要。随着中国模具制造业的发展，模具现代化设计新技术，即CAD/CAE/CAM技术在我国模具企业的应用已成为现实，CAD/CAE/CAM集成技术更是发展趋势。新工科背景下的现代化模具设计制造应用型人才正是企业所急需。

一、目前模具设计教学中存在的问题

目前各高校普遍的教学模式基本都是采用线下理论课堂，塑料模设计课程与模具

CAD/CAM 课程独立开设。学生在不同时间段先后完成了《塑料模设计》理论课程的学习和模具CAD/CAM技术实践课程的学习，造成理论与技能操作脱节，学生学不好理论知识，也不能灵活运用模具CAD/CAM进行模具设计制造，逐渐失去学习兴趣，毕业就业也不能很好地适应现代化模具企业的要求。即使在塑料模理论教学后安排了专业综合实训或毕业设计对模具设计制造能力进行训练，也达不到理想的教学效果。最好的方式就是将塑料模设计课程融于模具CAD/CAM课程，让学生在模具现代化的设计技术手段中掌握设计理论，实现模具CAD/CAM课程和塑料模设计理论课程理实一体化教学，提高学生模具CAD/CAM技能，缩短毕业生与新工科背景下的现代化模具企业人才需求的距离，提高毕业生的就业竞争力，从而达到提高办学质量的目的。

（一）模具CAD/CAM课程与塑料模设计理论课程相互独立，互无关联

某学校开设了塑料模设计课程《塑料模设计》计算机辅助设计软件课程《Solidworks机械产品设计》和计算机辅助制造《MsterCAM》，但3门课程分开开设，互无关联，多数学生学完3门课程，仍不知晓模具CAD/CAM技术。

1.《塑料模设计》课程介绍

该课程是一门综合性较强的专业课程，涉及的理论知识面广，实践性和实用性都较强，同时更新也较快。目前多数学校都是以传统的课堂讲解为主，辅以典型模具结构的实物或动画演示讲解，学生虽然比以往的纯理论讲解较容易理解些，但仍然是空对空的讲解，感官意识不强，学习效果并不理想。如模架的选择，课本一口气介绍了直浇口、点浇口和简化点浇口模架三种类型共36种模架类型，没有实际的设计应用案例，多数学生懵懵懂懂，混乱不堪，学着学着学习兴趣就没了。

同时，学校该方向毕业生就业主要是面向当地地区，而大部分外地区的模具生产企业，特别是“三资”模具企业，早已普遍采用现代化的模具CAD/CAE/CAM技术进行模具设计制造。而该课程观念陈旧，设计理念仍然是传统的根据塑件尺寸进行计算绘图的方式，早已不能满足现代化模具设计人才的需要，跟不上新工科背景下现代化模具企业的形势要求。

2.模具CAD/CAM 课程介绍

模具CAD/CAM技术涉及的内容较多，主要包含造型设计、工艺设计及数控编程加工三大部分，因此人才培养模式中专业课程设置既要涵盖CAD/CAM技术的所有教学内容，又要强调CAD/CAM 技术各部分之间的联系。

某学校目前开设的三维设计软件课程是《Solidworks机械产品设计》，计算机辅助制造课程是《MsterCAM》。Solidworks相比其他三维设计软件应用起来更简单，容易上手。

目前这两门课程的教学主要是立足于软件课程教学，讲授软件的基本操作，综合运用主要是在机械产品设计制造方面，基本不涉及模具设计，而模具设计相比一般机械产品设计相应更复杂。

因此，虽然开设了模具设计、CAD软件教学及数控加工等相关课程，但各课程之间互相独立，各自为政，几乎没有交集。在讲授软件时，学生多数时候只是学习软件的基本操作，学习一个又一个的特征造型，没有具体的结构设计。特征与特征之间也没有什么联系，结果造成了大量学生开始兴趣较浓，学习积极性较高，慢慢地因为没有成果，没有成就感，学习兴趣就消失了，没有了学习主动性和积极性，只是机械地完成每一节课的学习任务，不练习、不思索，不能做到融会贯通。即使掌握了软件的基本操作，也难以掌握模具CAD/CAM技术的综合应用，做不到将软件设计技术与模具设计理论、数控加工制造技术有机地结合，达到综合运用CAD/CAM 技术进行模具设计制造的目的，造成与社会现代化的企业脱节，不能适应新工科背景下的人才培养要求。

（二）实践教学环节与理论教学脱节，学生实际适应能力较差

应用型本科教育主要面向企业培养技能型应用人才，对模具专业来说，企业需要的技术人才应该是新型工科人才，能熟练应用模具设计与制造新技术进行模具设计与制造。为达到这一培养目标，课程设置了为期6周的专业综合实训，分为2周CAD/CAM 实训和2周专业模块实训，合并起来作为一个综合性实训项目。在此实训项目中，学生需要单独或协作对一个项目进行分析计算，再利用现代化的设计技术完成设计，同时需利用普通机床、数控机床、CAM技术等进行实际加工训练，通过此项目进行全方位的综合性训练，达到对专业知识综合运用的目的。但由于模具理论知识讲解与模具CAD/CAM技术分离教学，割裂了CAD/CAM 软件和模具设计模具制造之间的关系，学生没有经过这方面的专业练习，导致专业综合实训期间，很多学生拿到设计题目后无从下手，分析和解决实际问题的能力不足，专业综合实训的教学效果不显著。

（三）教师缺乏实战经验

目前，由于本科院校没有模具专业，而学校的教师基本都是从技工院校毕业的青年教师相应来讲，教师团队虽然基础理论知识都比较扎实，软件运用一般也都比较熟练，但没有企业实际模具设计与制造方面的经验，所以在教学时也是主要以理论讲解为主，实践经验不足，不能带领学生真正领悟CAD/CAM模具技术的魅力。因此，应用型本科院校的师资培训不仅是理论教育教学技术的培训，还要多多引领青年教师下厂实践锻炼学习，一方面巩固教师理论知识体系，另一方面提高教师的实践教学能力，缩短院校与企业的差距。

（四）考核方式不合理

由于课程设置的分离，导致考核方式也不合理，不能真正考核学生的模具设计能力与水平。传统的考核方式为塑料模具设计理论课程采用笔试，笔试主要为模具设计方面的理论知识、基本概念等。模具CAD/CAM主要采用上机考试的形式，上机考试一般都是给出几个有一定综合性要求的机器产品的建模或装配的题目，要求学生在规定的时间内完成图形的创建、装配，然后保存上交。这种考核方式只是单纯地检验学生三维软件的操作能力，完全不能检验学生利用模具CAD/CAM技术进行模具设计的专业能力，因此必须以具有模具CAD/CAM技能为考核目标改革考核方式。

二、新工科背景下《塑料模设计》课程的教学改革

（一）教学内容设计

新工科的专业教学必须满足新工科产业的需要，模具设计人才必须具备信息化、智能化的现代模具设计制造新技术，能适应现代化模具企业对模具设计人才的要求。不仅能熟练操作三维设计软件，更重要的是能熟练地运用模具CAD/CAM技术进行模具设计与制造，并逐渐深入学习，向模具CAD/CAM集成技术方向发展，所以塑料模课程的改革必须以具备模具CAD/CAM能力为能力目标进行教学内容设计。

针对应用型本科模具专业的这一培养目标，将塑料模设计课程的教学内容进行改革。针对传统教学只有理论设计知识这一弊端，融入模具设计信息化、智能化技术，将现代智能设计技术模具CAD/CAM与传统设计理论知识教学内容融为一体。以信息化、智能化的塑料模具设计为主线，采用理实一体化教学技术，通过讲解利用Solidworks软件进行模具产品设计，熟练塑料模具的信息化设计、智能化设计；另一方面又把模具的类型、结构、装配等理论知识穿插教学过程中，让模具CAD/CAM技术真正与模具设计相结合，实现模具CAD/CAM设计理实一体化教学，使学生在做中学、学中做，在真正掌握模具CAD/CAM技术的同时，对模具设计基础理论知识也牢固掌握。学习过程由枯燥、难学转变为乐学、愿学、主动学。模具计算机辅助制造CAM这一部分，我们主要选择简单易上手的Solidworks及Master CAM软件为教学基础。

（二）教学方法设计

1.塑料模具设计理实一体化教学

为了使学生真正掌握模具CAD/CAM技术，在重点章节注射模设计部分采用理实一体化教学模式。选取企业典型模具的实际案例，利用模具CAD/CAM 技术，主要采用Solidworks软件进行模具设计。在讲授Solidworks 软件进行模具零件设计的基础上，融入模

具设计理论知识和相关加工工艺。如在进行浇注系统设计时插入浇口的类型、应用，在模架设计时，讲解各种模架的结构形式及应用范围。这样，学生一方面在模具CAD/CAM软件技术的实践运用中学习理论知识点，对理论知识点的理解更透彻、更清晰，做到真正掌握模具设计基本理论知识，同时又达到了在模具CAD/CAM技术软件设计工程实践中灵活运用理论知识的目的；另一方面，学生在设计过程中也进一步熟练了掌握模具CAD/CAM技术，在教学实践中收到了良好的教学效果，学生的综合技能得以迅速提高，理论知识掌握也更加牢固，就业即能上岗。通过实践，这种教学方法教学效果显著，《塑料模具设计》课程这种理实一体化教学方法值得在应用型本科院校专业课程教学中推广。

2.项目教学法

项目教育模式是建立在工业社会、信息社会基础上的现代教育的一种形式，它以大生产和社会性的统一为内容，以将受教育者社会化，以使受教育者适应现代生产力和生产关系相统一的社会现实与发展为目的，即为社会培养实用型人才为直接目的的一种人才培养模式。因此，为了适应新形势下现代化模具企业对模具技术人才的要求，提高学生的职业工作能力，项目教学法成为教学方法首选。

《塑料模设计》课程开设了30学时的CAD/CAM综合实训，采取项目教学的形式，通过选取具有一定代表意义的项目让学生以小组的形式，在教师的指导下，协作完成一个模具产品的设计制造项目。项目内容主要利用Solidworks软件完成模具设计、导出工程图，利用MasterCAM完成模具零件数控加工生产，并完成模具零件质量检验、模具装配及检验等生产流程，从中学习理解并最终达到掌握模具现代化设计基本原理、操作，模具零件工艺分析及加工，模具装配及检验、模具零件制造工艺以及各种普通机床、数控机床、加工中心的使用与操作等各方面的知识，达到综合训练的目的。通过这样的项目式训练，学生以企业模具设计人员的角色进入项目，对现代化模具企业的模具设计工作人员的工作流程基本了解，对模具专业人才的技能要求更加熟练，大大提升了毕业生完成工作任务的能力，更加适应新工科背景下现代模具企业对人才培养的要求。

3.线上线下混合教学

随着科技的发展、信息时代的到来，互联网和大数据时代催生了新的学习空间、新的认知场景、新的交互形式、新的心理氛围、新的评价模式等。面对这些新事物，最重要的就是学会学习。面对互联网下成长的新一代青少年，教育必然发生变革。结合疫情期间线上教学的广泛实践可以发现，线上线下混合教学把线下课堂授课的群体学习优势与网络学习个性化融为一体，凸显了学习者的中心地位，实现了个性化的线上自主学习，线下重点、难点的集中讨论，能够提供更加丰富、更有针对性的教育环境和教学内容，通过线上讨论答疑及课堂难点解疑，实现深度学习及全面而有个性的发展。本课程结合课程目标，科学地运用这一新颖教学模式，充分利用超星学习通、雨课堂等智慧教学平台和工具，给予学生全面性、多方面的督学、促学、助学信息，并对学生进行有效管理。这一教学模式大大改善了因为专业性强、知识点繁多、学习强度大导致的上课玩手机、睡觉等问题，学生真正参与、融入教学设计中，形成主动、有效的学习，提高了学习质量，丰富了学生知识，拓宽了学生视野，促进了学生成长成才，开创新的教学格局。

本课程线上线下混合教学，主要分为课前准备、课堂教学、课后巩固3个阶段。课前准备主要包含了在线学习资源及督学促学助学资源准备。课堂教学主要根据在线学习数据及统计情况为学生讲解重要知识点，解答问题。课后巩固主要通过作业、测试等对该次课教学内容进行加深、巩固。对于重点章节注射模设计部分主要采用线下课堂、理实一体化教学，提高学生对新工科专业的适应能力。

（三）改革传统考核方式

全新的教学模式，必然催生全新的考核方式，传统的考核方式已经不能满足新的教学模式教学效果的检验目的。

传统的考核模式是以纯笔试为主，主要检验学生各个知识点的掌握情况。《塑料模具设计》是一门实践性非常强的专业课程，培养具备模具CAD/CAM技能的学生是基本目标。因此，该门课程传统的考核方式根本达不到综合检验学生知识、能力和专业综合素质的目的，必须改革考核方式，以具有模具设计“软件化”，模具制造“数控化”能力为考核目标，侧重学生能力考核。本课程采用形成性评价与结果性评价相结合的学习评价考核方式，增大了平时成绩的比例，形成性评价与终结性评价权重为分别50%和50%。其中学习态度占5%、知识巩固占30%、技能应用占35%，突出了“能力本位、就业导向”的教学理念，充分发挥了学生的主观能动性，学生的团结协作精神得以体现，学习的成就感明显增强，参与的自觉性得到提高，培养了创新思维，实践应用能力得到高效持续发展，实现应用型本科应用型人才培养的终极目标。同时，在教学过程中融入考证知识点，要求学生积极报考国家级模具设计师（塑料模）职业资格证书，可以证代考，使学生能在就业前获得敲门砖，就业后能在新工科背景下的现代化塑料模具企业或制造生产企业中胜任模具设计或产品与制造工作。

综上所述，通过对《塑料模具设计》课程教学内容的重新设置、大胆改革教学方法、教学模式及考核方式，达到了充分激发学生的学习兴趣，大大调动学生的学习积极性的目的，并通过线上线下混合教学实现了以学生为中心的个性化学习。经实践，获得了学生好评，取得了较好的教学效果，获得了学院和社会的肯定。学校立足地方经济，积极适应地方经济新形势，在新工科背景下，根据企业和社会需求准确定位课程方向，合理设置课程内容，为社会培养现代化高素质应用型人才。

在此背景下，研究探索了新形势下的工科专业课程教学模式，结合现代化的教育教学技术，采用线上线下混合教学，线下理实一体化教学及项目教学法，将现代化的模具设计制造新技术与传统理论知识交叉融合，理实一体。以自学为主、以教师为辅，做到学中做、做中学，达到学生乐学、愿学、主动地学的效果，通过信息化、智能化对传统工科专业的渗透，为产业转型升级培养出具有一定视野、综合素质高的新工科专业应用型技能人才，缩短应用型本科院校毕业生与现代化行业需求的距离。

第二节　模具专业学生学习力提升的教育教学策略研究

对技工院校模具专业学生学习力进行研究，何谓学习力，根据百度百科解释就是学习动力、学习毅力和学习能力三要素的集合。学习力也是个人、企业或组织学习动力、毅力和能力的综合体现。同时，学习力也是把知识资源转化为知识资本的一种能力。而把知识资源转换为知识资本的重要体现还在于是否具有创造力，通过创造力来解决实际的问题，实现价值转化，所以这里把学习创造力也作为衡量学习力的一个重要指标。学生学习力的强弱是学习质量高低的决定因素，潜在影响着学生学习活动的开展。作为技工院校的学生要想在就业市场和人生职场有核心竞争力，就必须拥有较强的学习力。就中国教育状况而言，技工院校入学门槛相对较低，技工院校的学生学习动力、学习毅力、学习能力、学习创造力等学习力均有所不足。对于模具专业学生来说，除了要学习文化基础知识外，还要学习模具专业的专业理论知识，如机械识图（含实践）、公差与配合、金属切削刀具、工程力学、机械设计工程学（含实践）、机械制造工艺基础、机械工程测试技术、液压传动与控制（实践）、电工基础、电工与电子技术（实践）、可编程控制器（实践）、电气控制与PLC实验（实践）、常用模具材料及热处理、CAD/CAM、注塑模具设计、注塑模具设计与制造、冲压模具设计与制造、模具成型设备、模具表面处理与调试、模具组装与调试、模具试模及样品检测等课程，此外还要学习模具设计与制造的操作技能，如车工技能、钳工技能、铣工技能、磨工技能、数控加工技能、线切割加工技能，电火花成型加工技能、模具制造工综合技能等。这些课程的专业性和实践性非常强，要求学生具备相当的基础知识储备，如数学、物理、化学基础知识，较强的空间想象能力和动手实践能力，学习起来难度还是非常大的，因此必须具备相当的学习力。

一、模具专业学生学习力现状

根据模具专业学生的学习特点和现状，从学习动力、学习毅力、学习能力、学习创造力四个维度，围绕模具专业学生学习力现状设计了调查问卷。调查的目的是了解技工院校模具专业学生学习力的现状，探索激发技工院校学生提升学习力的途径，有针对性地改变教育教学策略，提升教学效果，通过问卷调查，发现存在以下问题。

（1）学生初中的数理化成绩不好，专业基础素质普遍不高，同时学生没有明确的学习目标，生活生存的压力不大，因此学习动力也不足。

（2）学生对专业了解程度不深，缺乏学习兴趣，自主学习意愿不足，自我控制能力弱，容易被外界事物干扰，缺乏恒心，学习往往不能持久和稳定，学习毅力不够。

（3）学生对于未来的就业前景缺乏了解，常常会感到迷茫和不知所措。他们获取知识的主动性差，加之专业知识和技能学习难度大，大部分学生学习能力薄弱，学习效率不高。

（4）学生的创造力不足，几乎没有创新的想法，也不愿意花费时间和精力来创造性解决问题，只有极少部分学生愿意去主动了解模具专业的前沿知识，有创造性地去解决问题。

这些都是技工院校学生的学习力不足的表现。在应试教育模式下，进入技工院校的学生绝大多数都是中考成绩未达普通高中学籍线，无法进入普高学习的学生。在社会上这部分学生一直处于被忽视、漠视甚至鄙视的状态之下，因此他们的学习力受到严重压抑，更加迫切需要得到肯定和认同。

二、针对模具专业学生学习力提升进行的教育教学策略调整

作为学生的引路人，教师对于提升学生学习力的作用是尤为明显的。因此，我们积极搭建平等合作、协商对话、和谐共进的学习氛围，通过教师的人格魅力，激发学生学习力的提升。改变教育教学策略，主要从师生关系和教育理念这两方面入手，推进教育教学改革，构建适合学生的教学策略，努力促进模具专业学生学习力全面快速提升。从教师层面来说，教育者应转变教育理念，做到有教无类，尊重学生，同时关注其心理需求。在课堂教学时，根据学科特点和学生的情况，设置教学的内容和提问的对象。在举例时，尽量挑选贴近生活实际以及学生关注的例子，来激发学生的兴趣，引起学生的学习思考。在课堂提问环节，让基础薄弱的学生回答相对简单的问题，让基础稍好的学生回答有一定难度的问题。采用有针对性的举例和提问，适应大部分学生的知识水平，使其在心理上产生一定的成就感。这样一来，学生就会逐渐对课堂产生兴趣，学习目标也会逐渐明确，学习力就可以得到提升。

为培养学生学习力，应该调整教育教学策略：改变学生的理念，让学生理解现在学习对未来个人发展的重要性；改变学习的内容，提供给学生符合他们的年龄特征和认知水平的学习内容；改变学习的环境，在授课的过程中积极营造和谐融洽的课堂环境。针对目前模具专业学生学习力存在的问题，采取了以下几点改进措施。

（1）引导学生采用信息化手段来进行有效学习。增加一些跟模具专业相关的主题活动，让学生积极参与，并以该主题为契机，让学生自己去搜索、统计与分析，同时也能增强学生的逻辑思维能力和信息技术应用能力。

（2）端正学生的学习态度，磨炼学生的学习毅力。端正的学习态度能提升学习效果，顽强的学习毅力能促进学生智力发展，有利于培养学生的健全人格和创造能力。我们借助大数据技术帮助学生选择合适的学习资源，合理安排学习时间，让学生养成持续学习、终身学习的习惯，进一步磨炼学生的学习毅力。

班级创设良好的学习氛围，通过每天一阅读，引导学生养成“爱读书、会读书、读好书”的好习惯，加强对学生习惯、能力的培养，使学生具备很好的文学素养，并养成爱读书的习惯。

（3）让学生时刻关注模具行业发展前沿动态，从而深入了解模具专业的发展和社会的需求，产生强烈的学习动力。引导学生制定合理的学习目标，形成一种压力，建立学习激励机制，帮助学生树立正确的职业观、人生观和价值观，合理规划职业生涯，体验到学习的价值。

帮助家庭比较困难的学生申请国家助学金（2人）、国家励志奖学金（1人）；积极响应上级组织部门号召，认真扎实开展“我为群众办实事”党员结对助学帮扶活动，主动与孙浩同学结对帮扶，及时关心他的学习和生活，引导他树立正确的职业观、就业观，以积极、乐观、向上的心态迎接生活和工作中的各种挑战。

企业专家以真实的产品导入，详尽介绍了汽车冲压模设计、制造及控制方面的技术难点及解决方案。通过学习，坚定了学生学好模具专业的信心，为他们更好地投入今后的学习奠定了基础。

（4）加强模具专业学生创新创业的教育。开设创新、创业课程，组织兴趣小组，鼓励学生多参加创新创业竞赛活动，提供相应的场所和政策支持，以此来培养并提高学生的学习创造力。

为备战首届全国技工院校学生创业创新大赛，促进师生创业创新工作能力的整体提升，模具专业学生积极参加学院组织的“技工院校学生创业创新大赛”讲座，通过培训，学生收获颇多，激发了师生创业创新的热情，开阔了选题思路，优化了构思与设计，提高了项目开发计划书撰写的规范性。

为了提升学生学习力，借助数字资源，不断提升信息化教学能力，将模具专业中某些知识点或技能点设计成微课资源或短视频课程，发布在云班课中，以线上作业或者采用反转课堂的形式训练学生，让学生自我学习，培养学生理解、分析、归纳、总结的能力。同时大力开展项目教学法、任务驱动法等形式教学，培养学生自己解决问题的能力，让学生的学习力得到提升。在教学中，我们实施“鼓励教育”“赏识教育”，对学生微小的进步都及时鼓励和表扬，对于学习能力弱或之前表现不佳的学生，可以适当放大他们的进步，从而激发他们的学习兴趣，增强自信心、培养学习毅力。构建良好的育人环境，充分激发和提升学生的学习力。

三、实施教育教学策略调整后的效果

为了进一步提升学生学习力，我们教师和学院职能部门还从文化熏陶、职业生涯规划、价值观引领、教育理念等多方面共同开展了一系列校园文化活动，激发学生的学习兴趣，增加学生的学习感性认识。

在总结以往课程体系改革经验和吸收国内外职业教育课程建设先进思想与理念的基础上，分析了模具专业课程工学一体化改革背景，开始了模具专业课程“工学一体”化教学改革与实践，撰写了《模具设计与制造专业一体化课程改革综述》。围绕课程改革目标，根据学院发展改革的实际情况，制订《模具设计与制造专业一体化课程实施方案》，并对计划和行动方案组织审核以确保课程改革有效开展。教师通过实施教学策略改变的一系列措施，使模具专业学生学习力明显改善，主要表现在以下几个方面。

（1）明确了学习的目标，有了学习动力，学习的主动性增强了，特别是到了高年级之后，能够进行自主的学习，课堂上有不懂的问题，能够向老师提出问题并进行讨论。在实施项目教学的过程中，学生能够自主完成收集信息、计划、决策、执行、检查、评价的全过程自主学习。

（2）在学习中畏难情绪减少了，绝大部分学生对于困难的课程不再是逃避，而是通过反复学习和坚持练习掌握学习内容，学习态度端正了，学习毅力明显增强。

（3）学习能力有了较大幅度的提高，这一点从考试和技能考核的合格率可以看出，到高年级后学生考试和技能考核合格率明显提升，一次性通过率由原来的不足70%提升到90%以上。

（4）学习创造力也有所提升，在专业课程学习过程中，有学生主动提出不同于老师的解决方案。在学校每年的创新作品大赛中都有模具专业学生的身影，并且有学生参加省市职业教育创新大赛，取得了较好的成绩。

第三节 “1+X”证书制度下模具设计与制造专业教学改革的思考

“1+X”证书制度对技术技能人才有了新的评价依据，技工院校必须重视“1+X”职业技能等级证书对模具专业发展的促进作用。目前模具专业教学中还存在与“1+X”证书试点工作不适应的现实障碍，从构建模具专业人才培养方案，以“1+X”证书制度引领教师提高技能、创新“现代学徒制”教学新内容、校企共同开发教学资源等方面探讨了模具专业教学改革的路径。

2018年，人力资源和社会保障部相继取消了大批职业资格证书，技工院校原先对学生开展的“模具工”“模具设计师”等工种的技能考核处于停滞状态。2019年国务院颁发了《国家职业教育改革实施方案》，提出在技工院校、应用型本科高校启动“1+X”证书制度试点。“1”为学历证书，“X”为若干职业技能等级证书，合格的毕业生应该具有毕业证书和一个或几个反映职业技能水平的职业技能等级证书。“1+X”证书制度的出台让技工院校对学生技能水平评价又有了新的依据。

教育部已经批准并公布了四批职业技能等级标准，其中有一些与模具专业对应以及模具专业相关的机械类、数控类职业技能等级证书，为技工院校模具专业实施教学改革创造了条件。技工院校模具专业应该抓住机遇，加快课程证书融合，提高模具专业人才培养质量。

一、“1+X”证书制度对模具专业发展的促进作用

（一）“1+X”证书制度引导模具专业教学改革

模具技术发展和更新快，“中国制造2025”战略的实施也要求模具行业技术全面提升，促进了模具企业对复合型技能人才的旺盛需求。“1+X”证书制度提倡和鼓励学生在取得毕业证书的同时，考取多类职业技能等级证书，增强未来岗位“迁移”能力。所以，“1+X”证书制度具有鲜明的导向性，为模具专业教学改革指明了方向。

（二）“1+X”证书制度有利于学生自我评价技能水平

“1+X”职业技能等级标准对模具设计类岗位及模具制造类岗位的典型工作任务有明

确要求，为学生在校期间学习模具专业知识和技能提供"向导"，同时也有利于学生对自我职业技能水平有准确认知，促使学生更好地进行个人职业选择、职业生涯设计和发展。

（三）"1+X"证书制度促进院校与模具企业紧密结合

全国开设模具专业的院校较多，模具专业建设离不开当地模具产业的发展，模具专业推行"1+X"职业技能等级证书可以为区域经济发展提供大批模具技术技能人才。为了能与"1+X"职业技能等级证书的培训内容相适应，要求试点学校加快模具专业教学改革，专业培养方案对接职业岗位，课程主动对接技术进步，达到产教融合更加深入、校企合作更加紧密的目标。

二、"1+X"证书制度下模具专业教学的现实障碍

（一）人才培养方案与职业岗位衔接不紧密

目前，模具专业人才培养方案要求学生熟悉模具生产全流程，培养通识人才。尽管模具专业人才培养方案中也提到了毕业生就业面向模具设计、模具零部件加工、模具装配和调试等工作岗位，但教学内容面面俱到、浅尝辄止，致使学生到模具企业的岗位只能简单应对，不精通，增加了企业再培训的负担。与模具专业相关的"X"证书有多种，如"拉延模具数字化设计""机械数字化设计与制造""多轴数控加工"等，这些职业技能等级标准都是围绕某一职业岗位而开展，而该岗位所要求的知识和技能分布在几门课程中。目前，模具专业人才培养方案的教学仍然是以单门课程的内容呈现，缺少对标职业技能等级标准要求的综合能力课程。

（二）具备"教、评、鉴"一体化能力的教师缺乏

学生参加"1+X"证书考核的通过率依赖于教师的水平，教师的专业技能水平不仅要达到或高于职业技能等级的水平，而且还要承担技能等级培训、考评、鉴定工作。由于"1+X"证书目前处于试点阶段，教师对提高适应"1+X"证书的教学能力和实践能力缺乏主动性和紧迫感，也鲜有能自觉深入研究"1+X"证书相关政策和职业技能等级标准的教师。因此，具备"教、评、鉴"一体化能力的教师缺乏，制约了"1+X"证书培训和考核的实效。

（三）校内实训设备未达到"1+X"证书考核要求

技工院校模具专业一般都建立了满足实训教学的硬件环境，但"1+X"职业技能等级标准体现的是企业新设备、新技术、新工艺的要求，模具专业的每项"1+X"证书均要求

有对应的设备或软件作为学生培训和考核平台。目前，技工院校普遍缺乏开展“1+X”证书培训、考核的设备条件，即使有的项目可以用现有设备替代使用，但由于设备长期使用和老化问题，有的设备早已达不到精度要求。而新设备和软件的采购即使经费满足，仍然面临项目立项、场地规划、财政部门审批等工作流程，有的技工院校不得不暂缓或推迟“1+X”证书试点工作。

（四）“1+X”证书配套培训教材滞后

在教育部已批准的四批职业技能等级证书名单中，仍然有部分职业技能等级证书没有正规的配套培训教材。一方面，因为职业技能培训评价组织主要是企业，对编写教材不精通，需要联络高校承担编写任务，工作流程较长；另一方面，即使教材编写完成，但出版周期较长。在“1+X”证书培训工作中，教材的指导作用不容忽视。目前，有的技工院校模具专业教师也尝试总结实操经验和技能大赛样题编写了校本实训教材，但这类教材对“1+X”证书针对性不强，缺乏对职业技能等级标准的深入理解和把握；同时，由于缺乏企业技术人员参与，与新设备、新技术、新工艺的契合度也不高。

三、“1+X”证书制度下模具专业教学改革的路径

（一）对标“1+X”证书构建模具专业人才培养方案

在“1+X”证书制度的背景下，技工院校要转变教学观念，构建新的人才培养方案。在学校层面，组织专家团队研究和分析职业技能等级标准，针对本校的“1+X”试点专业开展人才培养的研究论证工作，为修改专业人才培养方案奠定基调；在专业层面，充分发挥专业带头人的引领作用，组织专业教师深入企业调研和参加实践，了解“1+X”职业岗位对学生的能力要求；在二级学院层面，组建模具专业建设指导委员会，委员会中企业工程师、行业专家应占有一定比例，与专业教师共同制定人才培养方案。

针对模具专业，结合院校实际情况，选定2～3个职业技能等级证书作为模具专业学生的考证方向。在模具专业人才培养方案中，明确这些职业技能等级证书对应的职业岗位作为学生主要就业方向，并在每门课程中细化职业岗位的能力要求，在课程体系中加强课程整合，建设符合职业技能等级标准要求的综合能力课程，以实现课证融通目标。

如模具专业所对应的“拉延模具数字化设计”职业技能等级证书，要求学生能运用数字化设计与分析软件完成冲压零件的CAE分析、冲模的数字化设计等工作。该职业技能等级标准与企业中模具设计岗位使用数字化设计与分析工具的要求相符。模具专业必须建立《冲压模具设计》综合课程，将冲模设计基础知识与UG建模、计算机辅助分析（CAE）融为一体，以培养学生具备CAD/CAE一体化的冲模设计能力。

（二）以"1+X"证书制度建设"双师型"教师队伍

模具专业相关的"1+X"职业技能等级证书具有较强的实践性，推进"1+X"证书制度试点工作必须要有一批高素质"双师型"教师作为人才储备，因此技工院校应采取多种措施以确保模具专业"双师型"教师队伍达到"1+X"证书的教学要求。

（1）加强对"双师型"教师的持续培训工作，将教师定期派到企业实践锻炼作为常态化工作，促进教师通过接触企业新技术和新设备不断更新知识结构、拓展能力范围。

（2）通过专家讲座、报告会的形式，提高教师团队对"1+X"证书制度背景、意义的认识，理解和把握职业技能等级证书的内涵，主动更新教学观念，积极开展教学改革。

（3）将"1+X"证书考评员资格作为"双师型"教师的条件之一，以此引导和鼓励青年教师积极投身于"1+X"证书的培训和考核工作。

（三）校企协同育人创新"现代学徒制"教学内容

国内较多技工院校模具专业都与企业开展"现代学徒制"教育，相比较常规的校企合作，由于学生具备"准员工"身份，企业对"现代学徒制"具有更高的积极性。模具专业在教学方面要积极创新，可以将"1+X"证书纳入"现代学徒制"教学体系，将学生获取一个或几个职业技能证书作为完成学业的必要条件，以此促进学生加强实践训练。学生获得某个职业技能证书后，反映了其具备从事特定岗位工作所需要的综合能力，就业后可以与企业相应岗位实现"零距离"对接，这也是企业所希望的。校企双方紧密配合，共同开展"1+X"证书培训和考核工作，具备条件时可以将课堂转移到生产一线，不仅可以发挥企业先进设备优势，同时企业生产技术人员也可以担任培训教师，提高了实训效果。

（四）加强校企合作共同开发教学资源

信息化教学可以打破校内课堂教学和企业生产一线脱节的时空障碍，模具专业教学团队应积极申请教学资源库建设项目，如果有项目作为保障，不仅能调动教师的工作积极性，还能申请一定项目经费作为开展工作的资金保障。教学团队可以与企业技术人员合作开发有关模具设计、模具分析工艺等新技术的教学资源，在真实或仿真的生产环境中拍摄"模具加工"教学视频。通过信息化教学方式，教师在课堂教学中也能向学生介绍模具行业的最新技术和设备发展状况。

实训教材建设也是教学资源建设的重要方面，结合学校实训条件和企业先进设备，校企双方共同开发"1+X"职业技能培训教材和模具专业实训指导手册等，其中应加强案例分析和插图展示。自编教材以活页形式呈现，可以随着企业设备和技术更新而随时增补。

"1+X"证书制度的试点，是国家推动职业教育改革的一项重大举措，"1+X"证书试点工作在技工院校已经开展并将继续深入，技工院校模具专业必须主动进行教学改革，以适应“1+X”证书制度对模具专业技术技能人才提出的新要求。将“1+X”证书作为模具专业人才培养的重要依据，对于缩小模具专业毕业生技能水平与企业对应岗位技能需求之间的差距具有积极意义。

第四节 基于“工匠精神”培养的模具设计与制造专业核心课程教学模式研究

在模具的制造和制造产业中，冲压模具的设计和制造是一切的根本和核心，自身的质量直接影响未来的发展。因此，教师需要构建一套完善、系统的核心课程资源体系，在不影响素质教育的情况下，需要完善学生的知识技能模式，更需要加大“工匠精神”的培养力度，这是不可缺少的核心关键，可以全面推动教育教学目标的发展。“工匠精神”是一种态度，更是一种职业精神。随着新时代教育教学改革的不断深入，模具设计与制造专业在培养人才方面必须融入“工匠精神”的理念，这是行业发展对人才的强烈需求，也是技工院校专业教学的方向与最终目标。因此，相关人员必须对模具设计与制造专业核心课程教学模式给予重视，唯有核心课程教学足够系统且科学，其育人价值才会达到最佳状态，从而将大量的优秀人才送入社会。

一、“工匠精神”的重要性

从古至今，“工匠精神”一直是中国传统文化所传承的重要精神，如闻名世界的四大发明和巧夺天工的古典建筑等，将华夏人民的“工匠精神”展现得淋漓尽致。但是，随着社会的发展越来越快，国内制造业未来的发展将是史无前例的，但基本没有体现出“工匠精神”。虽然我国在制造业领域处于世界前列，但还远远达不到制造强国的理想目标，对此，需要将“工匠精神”充分贯彻在制造业中。在政府工作报告中，把“工匠精神”提升到了国家战略的层面，鼓励企业重视对产品质量的改善，创品牌，促进“工匠精神”的形成。作为培养人才的第一战线，技工院校必须肩负起自身的责任，在培养专业学生的“工匠精神”方面予以重点关注，以此助力中国制造业的发展，使我国制造强国的目标尽早实现。

二、模具设计与制造专业“工匠精神”缺失的原因

在现阶段模具设计与制造专业的教育教学中，有很多因素会造成学生“工匠精神”缺失，主要有以下因素：

（一）学生因素

吃苦耐劳、持之以恒精神在“工匠精神”的诸多内涵中具有很强的代表性，地位十分突出。但是，从现阶段模具设计与制造专业学生的综合素质来看，具备以上精神的学生只有很少的一部分。这显然与学科特点有着直接联系。如今，在模具设计与制造专业方面，技工院校的理论体系并不完善，学生只能通过积累实践经验来提高自身的知识、技能水平，因此他们必须坚守一线，前提是要有“工匠精神”作为支撑。很多学生只是知道“工匠精神”的表面含义，没有深究其内涵的意识。从模具设计与制造专业学生的报告不难看出，学生自身因素是导致其“工匠精神”缺失的根本原因，刚出校门的学生对工作的难度难以提前知晓，也就无法理解“工匠精神”的真正内涵。

（二）学校因素

在传统教育理念的长期影响下，现阶段许多技工院校依旧认为加强学生的专业技能是培养的第一要务，在设置核心课程时注重培养其动手实践能力，希望他们在大量的实践积累后达到一定的技能水平，这样毕业时才能有机会进入理想的单位。然而，在设置核心课程方面，却不能在教育教学中有效融入“工匠精神”。

作为学生“工匠精神”培养的第一战线，若高校在“工匠精神”培养对学生发展的重要性上未能树立强烈的意识，学生“工匠精神”的缺失便会成为必然结果。因此，从高校的角度分析，要在素质教育理念背景下重新定位人才培养的实施路径，参照高校的教育教学目标，提高“工匠精神”在职业素质教育内容中的地位，改善其在课程教学中的渗透效果，这样在不知不觉中将对模具设计与制造专业学生起到极大的促进作用。

（三）社会因素

在我国社会经济转型的初级阶段，工厂要更加注重产品的数量、规模，而非质量与结构，这种思想的转变会在产品制造环节有直接的体现。另外，随着我国社会经济的发展速度不断加快，很多方面要达到精益求精和尽善尽美的效果就会比较困难。在这样的社会背景下，部分企业为了将利益最大化，就会选择制造山寨产品、偷工减料等捷径。这些歪风邪气势必会对年青一代造成负面影响，导致许多年轻人产生一夜暴富和不劳而获的不良心态，对于“工匠精神”不够重视。

三、基于“工匠精神”培养的模具设计与制造专业核心课程教学模式

结合以上内容可以总结出，会有一系列因素造成学生“工匠精神”缺失，在这些因素里，最重要的还是学校因素。技工院校是培养人才的核心阵地，必须高度重视“工匠精神”培养这项工作，同时加强其在核心课程教学中的渗透效果，构建一套完善且科学化的教学模式。就现阶段模具设计与制造专业的教学现状分析，学生应该重点做好以下几个方面的工作。

（一）提高核心课程内容的完善度，真正做到理论结合实践

现阶段技工院校模具设计与制造专业在理论内容方面还有很大的改进空间。在具体实践中，如果能够有针对性地完善该教学体系中的核心课程内容，对实现人才培养目标将会起到很大的促进作用。结合现阶段模具设计与制造专业的状况分析，掌握冲压模具的设计与制造是对该专业学生的基本要求，教师把它制定成核心课程后，下一步就是要确定教学模式了。

为了尽可能缩小教学活动与预期之间的差距，对核心课程的教学必须坚持按“全面、系统”的原则贯彻落实，用模块教学的模式把零散的知识点串成一条线，设置不同阶段的教学目标，或是结合实际情况在核心任务下把其他的分支任务设置到位，如此学生对学习内容的理解会更加深刻。最后，必须对理论结合实践予以关注。模具设计与制造专业的特点就决定了实践课程的关键作用，然而现阶段的教学环节非常欠缺实践课程。另外，无论讲解理论知识还是实践技能，都必须贯彻“工匠精神”，唯有如此，方可将学生的综合能力真正提提升。

（二）深化校企合作，在真实环境中培养学生的“工匠精神”

在现阶段技工院校采用的众多人才培养模式中，校企合作是最具代表性的一种，通过学校联合企业的形式，让学生在更多的学习平台上锻炼自己，在理论结合实践的模式下，促进学生综合素质的培养。模具设计与制造专业的特点比较突出，学生要想学习到理论知识，就得增加操作实践的积累量，然而部分学校却无法为学生提供合适的场所进行实践操作，虽然学校可以通过建设实训基地的方式模拟出企业的日常运营，但整体看，还是有一系列问题存在。因此，学校的培养需要和企业联起手来，让学生在真实的职业环境中磨砺自身的“工匠精神”。可见，深化校企间的合作关系，让学生在一个真实的企业环境中成长极其关键。

在校企合作中，校方对人才培养的目标要和企业统一，在企业文化的影响下，学生

一方面可以接触到业内的先进设备，熟悉相关的生产工艺、技术路线等，促进模具专业相关专业知识、技能水平的提升；另一方面，通过大量的实践积累，可以增强学生的文化素质、道德修养，在真实环境中逐渐形成“工匠精神”。

（三）积极参加技能竞赛，让学生进一步了解“工匠精神”的内涵

技工院校所开展的理论、实践教学固然重要，但相关的专业技能竞赛是必不可少的，无论赛事规模有多大，只要学生积极参与，通过彼此的学习、交流，双方的知识、技能水平都会有显著的提高。学生经常参加竞赛可以积累丰富的实践经验，进一步了解“工匠精神”的内涵，从而全身心投入今后的工作，同时具备创新精神。

四、基于“工匠精神”培养的模具设计与制造专业核心教育教学资源构建途径

现阶段，我国技工院校中的教育教学需要满足学生对专业技能和知识的需求，全面培养和实现专业技能的培养目标体系。学校人才需要实现综合化培养，全面提高学生的知识和专业技能水平，即“工匠精神”培养。

（一）围绕核心课程实现课程的建设

现阶段，我国技工院校模具的课程建设体系是较为完善的，在这样的模式下需要融入“工匠精神”以深化教育体系，直接导致一部分的课程建设内容需要进行优化和替换，需要做好多样化的研究，其本身是课程建设的核心部分。当下学校需要充分了解“工匠精神”的实际理念，才可以实现“工匠精神”的建设，实现教育教学内容的完善和融合。寻找到一个良好的途径，让“工匠精神”可以融入实际的教育教学活动模式。在具体的操作过程中，学校本身需要围绕核心课程教育建设培养学生的实干精神，让其核心课程融入和渗透“工匠精神”，这样才能达到实际的实践意义和效果。

（二）加强“工匠精神”与课程的融合

学校需要将“工匠精神”纳入核心的课程建设体系中，使课程体系得到完善，后续的任务以目标实现为主要方向，实现多个教学课程的实施。在具体的教学过程中，需要实现“工匠精神”与课程的融合，不只是一味地要求培养“工匠精神”，导致学生的专业技能学习时间不足。结合教育教学的内容实现对部分较为典型的工匠案例进行表达，需要培养“工匠精神”，让学生全面了解“工匠精神”，也可以增加学生对专业技能的了解，提高教育教学的效果。在这个阶段，首先需要保证教学活动开展的多样化。如果活动的开展存在局限，会导致学生对“工匠精神”的认知不足。通过相关的研究，需要全方位开展教育

教学活动，全面推动“工匠精神”的渗透，潜移默化地培养“工匠精神”。

（三）坚持以三个原则为主进行课程体系建设

坚持以三个原则为主的建设模式，也是模具设计与制造专业基于“工匠精神”培养的核心基础内容。首先，基于“工匠精神”的课程优化，教师需要遵守实际原则，对教学模式和方法不断创新和优化，在模具专业课程的建设中需要充分融入“工匠精神”。其次，如果教师只是一味地延续传统的教育教学模式，就会导致教学质量不高。在这样的情况下，教师需要遵守教学模式不断完善的原则，结合实际的教学需求，促进教学目标的实现。最后，教师需要遵守定期调整教学体系的原则，随着市场发展对人才需求的改变，课程体系在建设完成后不是一成不变的，需要根据市场的实际发展，对课程进行调整和完善，保证人才的培养满足市场的发展需求，这样才能为社会提供德智体美劳全面发展的综合素养人才，从而保证“工匠精神”培养具有良好的效果和价值。

总而言之，对于模具设计与制造专业，学生“工匠精神”及其自身的养成是非常关键的，其本身不单单可以体现行业的发展，也可以将其看作一种人生态度。目前技工院校模具设计与制造专业中存在专业性和“工匠精神”不足的情况，对此，技工院校需要结合学校自身地区情况，做好教程和课程的优化与完善，潜移默化地培养学生的“工匠精神”。

第五节　基于OBE理念的数控技术专业“模具设计与制造”课程教学改革与实践

一、OBE理念内涵

成果导向教育（Outcome Based Education，OBE，亦称产出导向教育），作为一种先进的教育理念，于1981年由Spady等人提出后，很快得到重视与认可，并已成为美国、英国、加拿大等国家教育改革的主流理念。OBE理念的核心是“以成果为导向、以学生为中心、以持续改进为重点”。“以成果为导向”，就是把学生通过学习后能获得什么样的学习成果作为教育教学开展的方向，一切的教学活动都是为了达成学生能力的培养，使其能够适应未来社会的需求。“以学生为中心”，就是一切教育教学均围绕学生如何获得学习成果展开，据此进行教学设计，合理配置教师、课程等教学资源，学生的学习成果作为教学的唯一评价标准。“以持续改进为重点”，就是教育教学是一个动态改进过程，所有的教学参与者要进行评价，按照评价机制定期开展评价，根据评价结果改进教学过程，实现一个闭环的控制和螺旋式的上升。

基于OBE理念开展课程教学改革，首先需要清楚三个关系，即培养目标与毕业要求的关系、毕业要求与课程体系的关系、毕业要求与课程目标的关系；然后依据OBE理念的“反向设计、正向实施”理论，进行教学改革。从教学设计层面来讲，专业培养目标决定学生毕业要求，学生毕业要求决定专业课程体系和课程目标；从教学实施层面讲，课程目标决定学生毕业要求的达成，学生毕业要求决定专业培养目标的达成。由此可知，学生通过学习达成本专业培养目标是我们期待的结果，而课程教学是实现这一结果的起始环节，怎样进行课程教学设计，对于学生的培养是至关重要的。

二、数控技术专业“模具设计与制造”课程教学现状

在制造行业，模具起着十分重要的作用，模具的加工要求比较高，传统的加工手段难以达到加工要求。目前，模具各组成零件基本采用数控加工的方式来制造。数控专业的学生通过学习“模具设计与制造”课程，不仅为其从事数控加工工作储备了大量专业知识，而且扩大了就业面，使其能够从事模具制造、模具设计等相关工作。

“模具设计与制造”，该课程是一门理论性和实践性都比较强的课程，需要学生能够掌握模具设计思想，进行简单制件的模具设计，具备制定模具零件加工工艺的初步能力。在教学中，该课程采用项目教学法，以典型的简单冲裁零件和注塑零件为成型对象，开展教学。整个教学过程中，受到课时和实践教学条件的限制，基本上以课内的理论讲述为主，实践部分仅对模具的工作零件进行简单的计算和设计。由于是开设在非模具专业，课时少，内容多，学生对该门课程不够重视，学起来感觉理论枯燥无味，计算和设计复杂难懂，学习兴趣缺乏，教学效果不理想。目前考试考核方法主要是平时成绩（出勤、作业）+期末考试成绩，没有注重过程考核，不能准确反映学生对于知识和技能的掌握，也不能将学生的知识、能力、素养等学习成果动态反馈给学生，使学生无法感受到自我效能，缺乏努力提升的动力，教师也不能定量地根据学生学习情况进行教学调整。综上所述，对于“模具设计与制造”课程的改革势在必行。

三、基于OBE理念的课程改革

（一）确定教学目标

基于OBE理念，课程的教学目标是指学生通过课程学习能够获得的最终学习成果，包括知识、能力和情感价值等，这一目标能够对应该专业的毕业要求，从而实现专业人才培

养目标的达成。课程目标设置合理，学生会有明确的学习目标，可以激发学生的学习动力。课程目标是课程标准的核心要素，决定着教学内容、教学模式和教学评价。依据数控技术专业学生的人才培养目标及毕业要求，确定“模具设计与制造”课程的教学目标是：掌握冲压工艺及模具设计的基本知识；掌握注塑工艺及模具设计的基本知识；掌握冲压模具注塑模具的加工工艺；熟悉模具制造与装配；具备查阅机械手册、模具手册的能力；能够进行简单冲裁模设计。

（二）重构教学内容

教学内容是课程目标的载体。在“以学生为中心”的BOE理念中，解决学生“为什么学、学什么、怎么学”的问题，贯穿整个课程设计的始终。课程教学目标的确定，解决了“为什么学”的问题，为课程设计确定了依据。“学什么”，就是要根据教学目标重构教学内容，明确要进行哪些知识和技能的学习，从而达成课程教学目标。

传统教学是以章、节的架构介绍课程的主要知识点，课程的学科逻辑性很强。教师以教材作为主要参考开展教学，学生在学习的过程中，获得的是一个个独立的知识点，只有在学习完毕才能搞清楚各知识点之间的相互关系和在课程中的作用。这会造成学习枯燥、学习效果差的后果。所以，在教学内容重构时，采用项目化的方式，将教学内容以“项目”作为载体，通过项目实施的全过程，呈现知识点。对于相对“庞大”的项目，可以分解成若干个子项目，将知识点融入各子项目中。这样，学生在学习时，为了完成项目，会用到各种理论知识和实践技能，就会有目标地学习相关内容。通过教学内容重构，可以让学生理解各知识点之间的相互关系，明确知识点在生产实践中的实际意义，使学生学习脉络清晰，学习效果提升。

（三）改革教学模式

解决了“为什么学”“学什么”的问题，最后就需要解决“怎么学”的问题。“怎么学”是方法问题，包括两个方面：教师怎么教、学生怎样学。要改变传统课堂上教师满堂灌的教学方式，“以学生为中心”，充分调动学生的学习主动性，自主进行学习，教师起引导、答疑解惑和评价的作用。针对“模具设计与制造课程”理论知识和实践能力均要求高、教学课时数少的特点，结合实践教学条件的特点，采用“线上+线下”的混合式教学。教师在每一个项目实施之前，要使学生明白学习该项目的意义，拆分成若干个子项目的原因，每一个项目要达成的教学目标，怎样学习本项目。

1.线上教学

教师使用超星学习通课程平台，发放学习任务单，并将与该项目相关的知识点讲解微课、实操视频、课程重难点分析等相关学习资源放到课程平台内，将国家职业教育教学资源库、中国大学MOOC等在线共享教学平台的教学资源链接推送给学生。学生在超星学习通平台可以进行预习、自学、测验、讨论、项目呈现等。线上学习过程主要体现学生的自主学习，教师主要是做好学习引导，在线解答学生问题，鼓励学生参与互动，并对学生的学习成果进行积极评价，激发学生的学习动力。线上学习是线下学习的课前准备和课后补充。

2.线下教学

线下教学包括理论教学和实践教学两部分，要充分体现“以学生为中心”的教学理念。理论教学主要在多媒体教室内完成，分为三个方面：一是教师解答学生线上学习提出的共性问题，讲解课程中的重点和难点，帮助学生建立完整的解决实际问题的思路；二是以学习小组为单位，进行项目完成情况汇报或阶段学习成果展示，可以采取单个学生汇报或小组成员配合共同展示的方式进行，然后小组间根据各小组的汇报情况，针对某些不同的设计方法、理念进行讨论和辩论，提升学生的协作能力和思辨能力；三是在课堂内完成过程评价，包括教师对小组的评价、学生自我评价、小组内成员互评、小组间互评等。实践教学是利用现有实训设备、设计软件进行制件的加工工艺设计和模具设计，仍然是以小组为单位，选取同一学习项目下的不同工作任务（制件形状、加工要求不同），进行分工合作，完成相关的工艺计算和设计。

（四）完善评价体系

科学合理的评价体系，可以准确反映学生的学习成效，判断学生在课程教学目标上的达成度，同时可以为教师教学反思提供依据，以便及时进行教学调整，对课程教学持续改进。传统以考试为主的教学评价体系，只能静态反映学生学习结果，学生只需通过短时机械记忆也能取得较好的考试成绩，既不能激发学生学习动力，也不能真实反馈学生解决问题的能力，教师也无客观依据进行教学改进。

基于OBE理念和混合教学模式，本课程建立多维度课程评价体系，评价主客体依教学环节发生变化，主要包括教师评价、学生自评、小组内学生互评和小组之间互评，采用过程性评价和结果性评价相结合的方式给出本课程的成绩，其中过程性评价占比70%、结果性评价占比30%。

1.过程性评价

在线上教学部分，主要是教师对学生的评价。教师可以利用学习通平台的统计功能，根据学生微课、视频观看情况、问题讨论参与度、到课率、作业完成情况、项目成果提交率等做出评价，及时掌握学生的学习动态，给予学生正向反馈。

在线下教学部分，学生作为评价的主客体，有更多的参与度。每完成一个项目或子项目后，学生要对自己的学习情况、学习成果进行自我评价，找出自己的优势和劣势，及时进行查缺补漏，在后续的学习中不断完善和提高自己。小组在项目实施过程中和项目完成后要在班内展示、汇报，根据小组成员在项目中承担的任务、贡献度、团队合作情况等，小组内成员会互评，给出成绩，这促进了学生的学习积极性，锻炼了学生的组织能力、沟通能力和表达能力。班级内各小组完成展示、汇报之后，小组之间根据项目完成度互相打分。小组成员通过观看和聆听其他组的汇报，与其他小组之间的讨论，能够相互学习，进行反思，培养思辨能力，提高解决问题的能力。教师对小组展示进行点评，给出相应成绩，并提出指导性的建议，帮助项目的改进和后续项目的实施。

2.结果性评价

学期末，以两种形式进行结果性评价。一是采取笔试的方式，考查学生对于基本理论和基础知识的掌握情况。二是学生在学习通平台提交本课程的学习报告，以思维导图的形式总结本学期在知识、技能、情感等方面的学习收获。教师通过批阅试卷和评阅学习报告给出相应的成绩，这种方式既能检验教学成效，即课程教学目标达成度，又能为后续教师的“教”和学生的“学”提供改进方向。

采用多元评价体系，使课程教学目标、教学内容和教学模式三者构成一个闭环关系，在持续改进中使教学质量稳步提升。

第六节　混合式教学模式下的课程标准研究——以《模具设计与制造基础》课程为例

《模具设计与制造基础》是机械制造专业群重要的核心课程。而课程标准是课程建设的纲领性教学文件，体现学生在专业教学某一方面或某一领域对知识与技能、过程与方法、价值观等方面的基本要求，既是对学生接受一定教育阶段之后应该知道什么和能做什么的界定和表述，也是管理和评价课程教学效果的基础。

一、课程标准制定的原则

（一）坚持以学生全面发展为准的原则

人才培养是技工院校的重要职能之一，作为技工院校的重要组成类型，同样承载着人才培养的职能。课程是学校开展育人工作的主渠道，课程标准必须守好主渠道，始终坚持育人为本，把立德树人作为学校教育的第一要务，强化学生的职业道德水平、职业能力，注重文化传承，树立文化自信，将学生的全面发展作为考核技工院校教育教学工作的重要指标。

（二）坚持以对接工作岗位为准的原则

技工教育是培养面向生产第一线的高素质技术技能人才，是与区域经济发展结合最为紧密的教育类型。其授课标准必须能反映其服务对象如行业、企业、职业岗位、社会及学生等多方面的要求，融入企业的工作岗位技能的标准、技术规范和技术特色要求，坚持符合“职业教育就是就业教育”的办学理念，开展创新创业教育，为学生可持续发展奠定基础。

（三）坚持课程标准内容开放性的原则

虽然课程标准是影响课程教育与改革的重要文件，但随着科技创新的进步和发展，模具设计与制造技术将不断更新和发展，基于PDCA全面质量管理原则，为避免课程内容与“职业”和“行业”相脱节的现象，课程标准应总体保持相对稳定，具体内容和要求需要根据经济社会发展情况和实际授课效果与需求适时进行调整和修订，始终保持开放发展的特征，以保证人才培养质量紧跟社会发展需要。

二、课程标准的指标内涵

（一）课程的性质与任务

《模具设计与制造基础》课程是机械制造专业群的核心课程，是理论与实践相结合的一体化课程。该课程深度融合《模具工》国家职业标准和模具制造工作岗位的具体任职要求，通过完成关键部件的设计、制造生产和模具组装等职业岗位中的典型工作任务实现专业技术人才培养，使学生充分认识模具结构组成、掌握模具零件的制造方法，能够处理和解决模具生产中的技术问题，达到三级模具工的要求。根据全面育人的理念，积极开展课程思想教育，养成良好的职业素养。该课程是在修完《工程材料》《机械设计基础》《数控技术》《数控特种加工》《钳工技术》等课程的基础上进行的专业综合类课程，为学生完成后续的“顶岗实习”做好知识和技能储备。

（二）课程设计思路

为了克服以往理论和实践结合不畅的学科化教学倾向，《模具设计与制造基础》课程建设团队根据工学结合校企合作的育人模式，认真分析行业发展情况，从“做什么”“怎么做”和“怎样做好”入手，确定课程的典型工作任务所需的知识、技能、素质，并结合区域现有企业的岗位生产现状，选择学生学习的工作载体。《模具设计与制造基础》课程基于岗位任务的课程设置，通过多样化的教学手段，具备从事模具绘图员、模具制造、模具组装、模具维修与保养等岗位所需的综合职业能力，实现学生对知识、技能、素质的同步提高。

（三）课程教学目标

课程承担培养专业人才的某个核心能力或核心能力的某一部分的作用。课程教学目标则是教师执行教学任务的基础和实施的依据。教学的基本任务不仅是使学生获得知识技能，也发展他们的认识能力，同时培养他们的品德品格，实现“内生育人”。因此，课程目标必须紧紧围绕“培养什么人”“怎样培养人”的核心要素进行阐述和说明。

（四）教学内容与学时安排

技工教育具有明确的职业定向和岗位取向，以社会经济的发展、区域经济的需求为依据，从学生成长的角度细致分析实际工作任务，形成教学任务。实际工作任务不是简单的“企业的活儿”的集合，而是反映从业人员职业发展历程、具有代表性的工作任务，是构建课程体系的基础。以机械制造专业群的《模具设计与制造基础》课程中要求的模具设计绘图员、模具零部件制造生产、模具组装、模具维护与保养等岗位职业能力培养为核心，重构这些岗位的技术要求和技术规范，形成课程的知识、技能和素质相互融合的教学内容，以适应技工教育的根本要求。

（五）课程标准的实施

技能教学究竟应该按照怎样的标准和规范来实施，从而保证高素质职业人才的培养？课程标准无疑成为这些职能的准绳和保障。课程标准的实施过程就是以项目任务为中心，整合相应知识、技能与素质，选择适当的教学方式方法和教学手段，使学习者在学习不同类型的项目内容后，逐步具备完成类似项目任务所必需的综合职业能力，从而实现从学生到工作人员的角色转换。

项目任务的完成分为明确教学任务、制订教学计划、做出教学决策、教学计划实施、过程控制与检查、教学效果评价与反馈六个步骤。项目任务的实施效果是建立在单元设计成果的基础之上的。

第七节　《模具设计与制造基础》课程教学模式和课程改革探索

制造业是国民经济的主体，是立国之本、强国之基。经过多年发展和创新，我国制造业快速发展，诸多领域都取得了长足进步，但与世界发达国家相比，我国制造业整体水平还存在不小的差距，而技术技能人才是制约制造业快速发展的关键因素。技工院校承载着技术技能人才培养的重任，其人才培养质量一定程度上影响着我国制造业的发展进程和速度。《模具设计与制造基础》是机械制造类专业重要的核心课，鉴于学校的知识、技术技能的特殊要求，探索适当的教学模式直接影响着课程的教学质量。教学模式的探索也是专业教师一致关注的重要问题。

一、课程建设与改革面对的困境

众所周知，目前的技工学生主体是高考分数最低的那部分学生，而且这个最低分数还在逐年降低。这部分学生在上技工学校之前没有建立良好的学习习惯和掌握适当的学习方法，同时也缺乏学习自信。随着科技的日新月异，企业对技术工人的要求逐渐攀升，专业人才培养涉及的教学内容越来越广泛。在学习年限不变的情况下，学情逐年走低与质量要求逐渐增高的矛盾不断加剧。广大技工教育工作者努力探索如何开展专业的教育教学改革来提高学生的学习获得情况。模具的工作原理、结构及制造工艺是模具设计与制造基础课程的主要教学内容，如何组织、设计和调控操作程序和策略体系才能实现课程的教学目标，还需不断思考和实践。目前的教学项目缺乏有利于促进学生个性化发展、实施“三全育人“、拓展学生的潜能和志趣、形成多元职业发展的能力、增强可持续发展能力等方面的项目内容和教学设计。课程改革需始终坚持“只有学生的学习获得提高了，用人单位的满意度和毕业生的社会声誉才能不断扩大”这一核心目标。为做好技术技能人才的培养，建设符合教学需要的生产性实训基地是十分必要的。目前，模具专业的实训室基本是以单项训练为主进行建设的，还缺乏综合性的实训室。综合性的实训室应以校企合作为基础进行建设，实训项目以完成合作企业不同层次产品为主。通过模拟的工作环境，使学生完成对知识和技术技能的学习，并提前体验工作岗位内容，提升学生对社会的适应性。

二、课程“三教”改革的思考

（一）教师

由于新技术的涌现，教师已有的教学经验和技术技能不能完全满足新时代对技术技能人才培养的需要，必须不断提升自身的技术技能水平。一方面，教师积极参加由教师培训中心组织的技术技能提升训练，借助校企合作平台，深入行业的高新技术企业进行企业实践，了解企业技术动态和熟悉技术要求，通过锻炼提升技术水平，引导学生对技术技能的探究，帮助学生克服教学活动中可能存在的认识和学习的障碍。另一方面，始终坚持没有科学和技术的发展，技工教育内涵建设就得不到充分发展的理念。教师要很好地借助学校科技发展平台，积极参加纵向和横向课题立项工作，以技术开发和技术合作为媒介，探索专业的应用技术发展情况，在研究中掌握专业新的技术技能，并指导专业教学活动，建立良好的教风和学风。

（二）教材

教材是教学的载体，传统的教材已不能满足现今的技术技能培养的要求。新形势下的教材编写要摒弃以学科体系为中心的教材编写方式，实施以项目或工作页或教学成果导向的教材。教学内容要处理好知识结构，、果形式、完成时间等，同时，模具设计与制造基础课程的教材还要兼顾“1+X”证书，与职业资格证书考试配套。为满足技术技能人才培养要求，教材内容除了必要的知识和技术技能外，还应有完整的配套教学资源。模具设计与制造基础课程教学所需的资源可以是碎片化的，要求每个知识点都应有微课者微视频及原理动画和项目完成的视频录像等呈现，便于学生课上学习和课后复习，以达到辅助教学的目的。同时，课程教学资源应是校企合作企业的真实案例或完整的视频文件，便于学生更快地了解和适应企业岗位要求，缩短学生技术技能培养与企业工作岗位要求的差距。

（三）教法

教法是联结教育理论与教学实践的桥梁，能使各种先进的教育教学思想及时、有效地转化为推动教育教学改革的力量。针对专业的培养目标和技术技能人才的教学内容，教师还需探索适合的教学方法，引导学生完成取得项目成果所需的项目计划和实施步骤。将教学内容、教学资源、技术技能等信息通过适当的逻辑和表达让学生融会贯通，成为学生的专业技能，提升学生的岗位适应能力和岗位跃迁能力。以学生学习获得为目的改革以往的考核方式，积极探索过程考核内容和标准。随着大数据、互联网技术等现代信息技术的发展，为保证课堂的学习效果，不断提升课堂教学的实效性，其交互功能的立体化、教学评价的及时化、教学过程的决策化都要求教师改变教学方法，提升技工学生学习的快乐性和高效性。

第五章 电气自动化控制技术

第一节 电气自动化控制技术基础概念

一、电气自动化控制技术概述

电气自动化是一门研究与电气工程相关的科学，我国的电气自动化控制系统经历了几十年的发展。分布式控制系统相对于早期的集中式控制系统具有可靠、实时、可扩充的特点，集成化的控制系统则更多地利用了新科学技术的发展，功能更为完备。电气自动化控制系统的功能主要有：控制和操作发电机组，实现对电源系统的监控，对高压变压器、高低压厂用电源、励磁系统等进行操控。电气自动化控制技术系统可以分为三大类，即定值、随动、程序控制系统，大部分电气自动化控制系统是采用程序控制及采集系统。电气自动化控制系统对信息采集具有快速准确的要求，同时对设备的自动保护装置的可靠性及抗干扰性要求很高。电气自动化具有优化供电设计，提高设备运行与利用率，促进电力资源合理利用的优点。

电气自动化控制技术是由网络通信技术、计算机技术及电子技术高度集成，所以该项技术的技术覆盖面相对较广，同时也对其核心技术——电子技术有着很大的依赖性，只有基于多种先进技术才能使其形成功能丰富、运行稳定的电气自动化控制系统。只有将电气自动化控制系统与工业生产工艺技术结合将实现生产自动化。电气自动化控制技术在应用中具有更高的精确性，并且其具有信号传输快、反应速度快等特点，如果电气自动化控制系统在运行阶段的控制对象较少且设备配合度高，则整个工业生产工艺的自动化程度便相对较高，这也意味着该种工艺下的产品质量可以提升至一个新的水平。现阶段基于互联网技术和电子计算机技术而成的电气自动化控制系统，可以实现对工业自动化产线的远程监控，通过中心控制室来实现对每一条自动化产线运行状态的监控，并且根据工业生产要求随时对其生产参数进行调整。

电气自动化控制技术是由多种技术共同组成的，其主要以计算机技术、网络技术和电子技术为基础，并将这三种技术高度集成于一身。所以，电气自动化控制技术需要很多技

第五章　电气自动化控制技术

第一节　电气自动化控制技术基础概念

一、电气自动化控制技术概述

电气自动化是一门研究与电气工程相关的科学，我国的电气自动化控制系统经历了几十年的发展，分布式控制系统相对于早期的集中式控制系统具有可靠、实时、可扩充的特点，集成化的控制系统则更多地利用了新科学技术的发展，功能更为完备。电气自动化控制系统的功能主要有：控制和操作发电机组，实现对电源系统的监控，对高压变压器、高低压厂用电源、励磁系统等进行操控。电气自动化控制技术系统可以分为三大类，即定值、随动、程序控制系统，大部分电气自动化控制系统是采用程序控制及采集系统。电气自动化控制系统对信息采集具有快速准确的要求，同时对设备的自动保护装置的可靠性及抗干扰性要求很高，电气自动化具有优化供电设计、提高设备运行与利用率、促进电力资源合理利用的优点。

电气自动化控制技术是由网络通信技术、计算机技术及电子技术高度集成，所以该项技术的技术覆盖面积相对较广，同时也对其核心技术——电子技术有着很大的依赖性，只有基于多种先进技术才能使其形成功能丰富、运行稳定的电气自动化控制系统，并将电气自动化控制系统与工业生产工艺设备结合后实现生产自动化。电气自动化控制技术在应用中具有更高的精确性，并且其具有信号传输快、反应速度快等特点。如果电气自动化控制系统在运行阶段的控制对象较少且设备配合度高，则整个工业生产工艺的自动化程度便相对较高，这也意味着该种工艺下的产品质量可以提升至一个新的水平。现阶段基于互联网技术和电子计算机技术而成的电气自动化控制系统，可以实现对工业自动化产线的远程监控，通过中心控制室来实现对每一条自动化产线运行状态的监控，并且根据工业生产要求随时对其生产参数进行调整。

电气自动化控制技术是由多种技术共同组成的，其主要以计算机技术、网络技术和电子技术为基础，并将这三种技术高度集成于一身。所以，电气自动化控制技术需要很多技术的支持，尤其是对这三种主要技术有着很强的依赖性。电气自动化技术充分结合各项技术的优势，使电气自动化控制系统具有更多功能，更好地服务于社会大众。应用多领域的科学技术研发出的电气自动化控制系统可以和很多设备产生联系，从而控制这些设备的工作过程。在实际应用中，电气自动化控制技术反应迅速，而且控制精度强。电气自动化控制系统，只需要负责控制相对较少的设备与仪器，这个生产链便具有较高的自动化程度，而且生产出的商品或产品质量也会有所提高。当前，电气自动化控制技术充分利用了计算机技术以及互联网技术的优势，还可以对整个工业生产工艺的流程进行监控，按照实际生产需要及时调整生产线数据来满足实际的需求。

二、电气工程自动化控制技术的要点分析

（一）自动化体系的构建

自动化系统的建设对于电气工程未来的发展来说非常必要。我国电气工程自动化控制技术的研发时间并不短，但实际使用时间不长，目前的技术水平还比较低，加之环境人数、人为因素、资金因素等多种因素的影响，使得我国的电气自动化建设更为复杂，对电气工程的影响不小。因此，需要建立一个具有中国特色的电气自动化体系，在保障排除影响因素、降低建设成本的情况下，还要提高工程的建设水准。另外，也要有先进的管理模式，以保证自动化系统的有效发展，通过有效的管理，保证在构建自动化体系的过程中，不至于存在滥竽充数的情况。

（二）实现数据传输接口的标准化

建立标准化的数据传输接口，以保证电气工程及其自动化系统的安全，是实现高效数据传输的必然因素。由于受到各种因素的干扰，在系统设计与控制过程中有可能出现一些漏洞，这也是电气工程自动化水平不高的另一重要原因。相关人员应保持积极的学习态度，学习国外先进的设计方案和控制技术，善于借鉴国外的设计方案，实现数据传输接口的标准化，以确保在使用过程中，程序界面可以完美对接，提高系统的开发效率，节省成本和时间。

（三）建立专业的技术团队

电气工程操作过程中，很多问题都是由人员素质低造成的。目前，许多企业员工技术水平不高，埋下了隐患，在设备设计和安装过程中，存在很多的不安全因素，增加了设备损坏的概率，甚至可能导致严重故障和安全事故。所以，企业在管理过程中，一方面，要以一定的方式，加大对现有人员的专业技术水平培训力度，如职前培训；另一方面，也可

以招收高质量、高水平的人才，为电气工程自动化控制技术提供可靠的保障，将人为因素导致的电气故障率降到最低。

（四）计算机技术的充分应用

当今社会已经是网络化的时代，计算机技术的发展对各行各业都有着非常重要的影响，为人们的生活带来了极大的方便。如果在电气工程自动化控制中融入计算机技术，就可以推动电气工程朝智能化方向发展，促进集成化和系统化电气工程的实现。特别是在自动控制技术中的数据分析和处理上，可以起到巨大的作用，大大节省了人力，提高了工作效率，可以实现工业生产自动化，也大大提高了控制精度。

三、电气自动化控制技术基本原理

电气自动化控制技术的基础是对其控制系统设计的进一步完善，主要设计思路是集中于监控方式，包括远程监控和现场总线监控两种。在电气自动化控制系统的设计中，计算机是系统的核心，其主要作用是对所有信息进行动态协调，并实现相关数据储存和分析的功能。计算机系统是整个电气自动化控制系统运行的基础。在实际运行中，计算机主要完成数据输入与输出数据的工作，并对所有数据进行分析处理。通过计算机快速完成对大量数据的一系列处理操作，从而达到控制系统的目的。

在电气自动化控制系统中，启用方式是非常多的。当电气自动化控制系统功率较小时，可以采用直接启用的方式实现系统运行，而在大功率的电气自动化控制系统中，要实现系统的启用，必须采用星形或三角形的启用方式。除了以上两种较为常见的控制方式以外，变频调速也作为一种控制方式并在一定范围内应用。从整体上说，无论何种控制方式，其最终目的都是保障生产设备安全稳定运行。

电气自动化系统是将发电机、变压器组以及厂用电源等不同的电气系统的控制纳入ECS监控范围，形成220kV/500kV的发变组断路器出口，实现对不同设备的操作和开关控制，电气自动化系统在调控系统的同时也能对其保护程序加以控制，包括励磁变压器、发电组和厂高变。其中，变组断路器出口用于控制自动化开关，除了自动控制，还支持对系统的手动操作控制。

一般集中监控方式不对控制站的防护配置提出过高要求，因此，系统设计较为容易，设计方法相对简单，方便操作人员对系统的运行维护。集中监控是将系统中的各个功能集中到同一处理器，然后对其进行处理，因为内容比较多、处理速度较慢，这就使得系统主机冗余降低、电缆的数量相对增加，在一定程度增加了投资成本。与此同时，长距离电缆容易对计算机引入干扰因素，这对系统安全造成了威胁，影响了整个系统的可靠性。集中监控方式不仅增加了维护量，而且有着复杂化的接线系统，这提高了操作失误的发生概率。

远程控制方式是实现管理人员在不同地点通过互联网联通需要被控制的计算机。这种监控方式不需要使用长距离电缆，降低了安装费用，节约了投资成本，然而这种方式的可靠性较差，远程控制系统的局限性使得它只能在小范围内适用，无法实现全厂电气自动化系统的整体构建。

四、电气自动化控制技术现存的缺点

相对于之前的电气工程技术来说，电气自动化技术有很大的突破，能够提高电气工程工作的效率和质量，增强了工作的精确性和安全性，在发生故障时可以立刻发出报警信号，并可以自动切断线路，所以电气自动化技术能够保证电网的安全性、稳定性及可信赖性。电气自动化技术，因为是自动化，所以相对于之前的人工操作来说，大大节约了劳动力资本，也减轻了施工人员的工作任务量。而且，电气工程之中安装了GPS装置，能够准确地找到故障所在处，很好地保护了电气系统，减少了损失。优点还有很多，但仍不能忽视其缺点的存在。

（一）能源消耗现象严重

众所周知，电气工程是一项特别耗费能源的技术工程，因为没有能源的支撑就无法施展电气工程。但在现代生活中，能源的利用率较低，这严重阻碍了电气工程的长效发展。所以，电气工程必须提升能源的利用率，才能在节能的基础上保障电气自动化技术的发展。综观现在的工业企业，在节约能源方面还存在欠缺，无论是设计还是技能方面都缺少节能意识，这是工程设计师亟待解决的问题。

（二）质量存在隐患

目前有不少企业都存在这样一个误区，即重视生产结果而忽视质量的好坏。究其原因，与我国电气自动化起步晚有关，因为无论是管理机制还是发展模式都不够健全，使得电气行业发展停滞。现在，随着人们安全意识的逐步提升，质量安全的关注又成了焦点。对于一个企业来说，质量的优劣关乎其生存，尤其是质量安全事故频发的工业企业，设备的质量及安全性对于企业的发展都起到至关重要的作用。

（三）工作效率偏低

生产力发展决定了企业生产的效率，生产力发展的水平对企业效益的影响是非常重要的。我国电气工程以及自动化技术在改革开放以来取得了非常优异的成绩，当然工作效率较低也是不可疏忽的。工作效率偏低的主要因素来源于三个方面：生产力水平、使用方法及应用范围。企业在电气工程自动化技术方面是否能够熟练操作直接影响到企业经济效益以及企业是否能长久地发展下去。

（四）尚未形成电气工程网络构架的统一标准

从目前的发展情况来看，电气工程与自动化技术二者实现高度融合已经是大势所趋，一旦有所突破将直接提升工业的生产效率及精准度。但想要得到进一步的发展，还需要先建立统一的网络架构，由于不同企业之间存在很大的差异，并且各个生产厂家在生产硬软件设备时未进行规范性的程序接口，导致很多信息数据不能共享，这也会为电气工程自动化技术的发展带来一定的负面影响，最终严重影响电气工程及其自动化作用的发挥。

五、电气自动化控制工业应用发展策略

（一）统一电气自动化控制系统标准

电气自动化工业控制体系的健全和完善，与拥有有效对接服务的标准化系统程序接口是分不开的。在电气自动化实际应用过程中，可以依据相关技术标准规范、计算机现代化科学技术等，推动电气自动化工业控制体系的健康发展和科学运行，不仅能够节约工业生产成本、降低电气自动化运行的时间、减少工业生产过程中相关工作人员的工作量，还能够简化电气自动化在工业运行中的程序，实现生产各部之间数据传输、信息交流、信息共享的畅通。例如，有效对接相同企业的EMS实践系统，即是在体系的过程中，可以通过自动化技术与计算机平台科学处理生产活动中的各类问题，统一办公环境的操作标准。另外，在统一电气自动化控制系统标准的同时，还能够推动创建自动化管理的标准化程序的进程，解决不同程序结构之间的信息传输问题。因此，可以将其作为电气自动化控制工业的未来发展应用主体结构类型。

（二）架构科学的网络体系

架构科学的网络体系，有利于推动电气自动化控制工业的健康化、现代化、规范化发展，发挥积极的辅助作用，实现现场系统设备的良好运行，促进计算机监控体系与企业管理体系之间交叉数据、信息的高效传递。同时，企业管理层还可以借用网络控制技术实现对现场系统设备操作情况的实时监控，提高企业管理效能。随着计算机网络技术的发展，在电气自动化控制网络体系中还要建立数据处理编辑平台，营造工业生产管理安全防护系统环境。因此，应建立科学的网络体系，有利于完善电气自动化控制工业体系，发挥电气自动化的综合运行效益。

（三）完善电气自动化系统工业应用平台

完善电气自动化系统工业应用平台需建立健康、开放、标准化、统一的应用平台，对电气自动化控制体系的规范化设计、服务应用具有重要作用和影响。良好的电气自动化系统工业应用平台能够为电气自动化控制工业项目的应用、操作提供支撑保障，并发挥积极的辅助作用。在系统运行的各项工作环节中，可以有效地缓解工业生产中电气自动化设备的实践、应用所消耗的经济成本，同时还可以提升电气设备的服务效能和综合应用率，满足用户的个性化需求，实现独特的运行系统目标。在实际应用中，可以根据工业项目工程的客户目标、现实状况、实际需求等运行代码，借助计算机系统中核心系统、操作系统中的NT模式软件实现目标化操作。

六、工业电气自动化技术的应用改革

在工业电器系统的发展中，工业电气自动化技术的应用改革关键在于计算机互联网技术的应用和可编程逻辑控制器技术的应用。在工业电气自动化的计算机互联网技术应用中，计算机互联网技术的关键作用在于控制系统的高效性，进行工业电气配电、供电、变电等各个环节的全面系统性控制，实现工业电气配电、供电、变电等的智能化开展，配电、供电、变电等操作的效益更加高效，工业电气系统的综合效益得以有效提高。同时，工业电气自动化技术的应用可以实现工业电气电网调度的自动化控制，进行电网调度信息的智能化采集、传送、处理和运作等环节，工业电气系统的智能化效果更加显著，最大化的经济效益得以实现。在工业电气自动化的PLC技术的应用中，借由PLC技术的远程自动化控制性能，自动进行工业电气系统工作指令的远程编程，可以有效地过滤工业电气系统的采集信息，快速高效地进行工业电气过滤信息的处理和储存，在工业电气系统的温度、压力、工作流等方面的控制效果明显，可以进行工业电气系统性能的全面完善，提高工业电气系统的工作效益，进而实现市场经济效益的全面提升，加快我国国民经济和社会经济的发展进程。

七、电力系统中电气自动化控制技术的作用和意义

近年来，我国科学技术日益进步，尤其是在计算机技术领域和技术领域不断取得崭新的科技成果，使得我国的电气自动化技术也获得了飞速发展。

计算机技术称得上是电力系统中电气自动化技术的核心，其重要作用在供电、变电、输电、配电等电力系统的各个核心环节均有体现。正是得益于计算机技术的快速发展，我国涉及各个区域、不同级别的电网自主调动系统得以实现的同时，电力系统也实现了高度信息化的发展，大大提高了我国电力系统的监控强度。

PLC技术是电气自动化控制技术中的另一项至关重要的技术。它是对电力系统进行自动化控制的一项技术，使得对于电力系统数据信息的收集和分析更加精确、传输更加稳定可靠，有效降低了电力系统的运行成本，提高了运行效率。

八、电力系统中电气自动化控制技术的发展趋势

现阶段，电气自动化控制技术很大幅度提高了电力系统的工作效率还有安全性，改变了传统的发电、配电、输电形式，减少了电力工作人员的负荷，并对其安全起到了积极的作用。同时，该技术改变了电力系统的运行，让电力工作人员在发电站内就可以监测整个电力网络的运行，并可以实时采集运行数据。笔者认为，以后的电气自动化控制会在一体化方面有所突破。现阶段的电力系统只能实现一些小故障的自主修理，对于一些稍微大一点的故障计算机还是束手无策。在人工智能化逐渐提高的未来，相信这一难题也会被我们攻克。将电力系统的检测、保护、控制功能三位一体化，我们的电力系统将会更加安全和经济。

随着经济的日益发展，电气自动化控制技术在电力系统中得到了越来越广泛的应用。随着我国科技的不断进步，电气自动化控制技术也将朝水平更高、技术更多元的方向发展。例如，信息通信技术、多媒体信息技术等科学技术，也将被纳入电气自动化的应用范畴。具体来说，可大致分为以下三个方面：

（1）我国电力系统中电气自动化技术的发展已趋于国际标准化，我国电力行业为了更好地与国际接轨、开拓国际市场，也对我国的电气自动化的技术研发实施了国际统一标准。

（2）我国电力系统中电气自动化技术的发展已趋于控制、保护、测量三位一体化。在电力系统的实际运行中，将控制、保护、测量三者的功能进行有效地组合和统一，能够有效提高系统的运行稳定性和安全性，简化工作流程、减少资源重复配置、提高运行效率。

（3）我国电力系统中电气自动化技术的发展已趋于科技化。随着电气自动化在我国电力系统中的应用范围的不断拓宽，其对计算机技术、通信技术、电子技术等科学技术的要求也不断提高。将先进的科学技术成果不断应用到电力系统的实际工作中，将是电气自动化技术在我国电力系统中发展的另一大趋势。

九、电气自动化控制技术在电力系统中的具体应用

（一）电气自动化控制的仿真技术

我国的电气自动化控制技术不断和国际接轨。随着我国科技的进步和自主创新能力的

增强，电力系统中关于电气自动化技术的研究逐渐深入，相关科研人员已经研究出了达到国际标准的可直接利用的仿真建模技术，大大提高了数据的精确性和传输效率。仿真建模技术不仅能对电力系统中大量的数据信息进行有效的管理，还能构建符合实际状况的模拟操作环境，进而有助于实施对电力系统的同步控制；同时，针对电气设备产生的故障，还能有效地进行模拟分析，从而排除故障，提高系统的运行效率。另外，该项技术还有利于对电力系统中的电气设备进行科学合理的测试。

仿真技术在实际的应用中需要诸多技术的支持，其核心技术是信息技术，以计算机及相关的设备作为载体，综合应用了系统论、控制论等一系列的技术原理，实现对系统的仿真，从而实现对系统的仿真动态试验。应用仿真技术能够有效地对不同的环境进行模拟，从而在正式的试验之前预先进行仿真试验，进一步确保电力系统运行的稳定与可靠。通常情况下，仿真试验会作为项目可行性论证阶段的试验，只有确保仿真试验通过以后才能够正式进行实验室试验。采用仿真技术，电力系统就可以直接通过计算机的TUP协议。对电力系统运行中的信息和数据进行采集，然后通过网络传送到发电厂的数据信息终端中，具备一定仿真模拟技术的智能终端设备就可以快速地对电力系统运行过程中的各项信息数据进行审核评估。通过将仿真技术应用到电力系统运行当中，电力系统在运行中可以直接地采集运行的信息和数据并做出判断，确保电力系统在运行过程中能够及时地发现故障。

（二）电气自动化控制的人工智能控制技术

人工智能是以计算机技术为基础，通过对程序运行方式进行优化，从而让计算机实现对数据的智能化收集与分析，通过计算机来模拟人脑的反应与操作，从而实现智能化运行的一种技术。人工智能技术最主要的核心技术还是计算机技术，其在运行的过程中依赖于先进的计算机技术与数据处理技术，其在电力系统中的应用能够有效地提高电力系统的运行水平。通过人工智能技术应用到电力系统中，大大提高了设备和系统的自动化水平，实现了对电力系统运行的智能化、自动化和机械化的操作和控制。电力系统中采用人工智能技术主要是对电力系统中的故障进行自动检查并将故障信息进行反馈，从而使电力系统发生故障时能够得到及时的维修。当电力系统出现故障后，其主要工作方式是人工智能技术中的馈线安装自动化终端会对电力系统故障进行分析，并将故障数据信息通过串口232或485和DTU的终端进行连接，然后在基站的作用下通过路由器上传至电力系统中发电场的检测中心进行检测。最后，检测中心在较短的时间内对故障数据信息进行检测从而发现发生故障的原因，进而能够及时地对电网系统进行维修。

人工智能控制技术极大地促进了我国电力系统的安全性、稳定性和可控性。对于复杂的非线性系统来说，智能控制技术具有无法替代的重要作用。电力系统中智能控制技术的应用，不但提高了系统控制的灵活性、稳定性，还能增强系统及时发现和排除故障的能力。在实际运行中，只要电力系统的某个环节出现故障，智能控制系统都能及时发现并做出相应的处理；同时，工作人员还能够利用智能控制技术对电网系统进行远程控制，这大大提高了工作的安全性，增强了电力系统的可控性，进而提高了电力系统整体的工作效率。

（三）电气自动化控制的多项集成技术

电力系统中运用电气自动化的多项集成技术，对系统的控制、保护与测量等工程进行有机的结合，不仅能够简化系统运行流程，提高运行效率，节约运行成本，还能够提高电力系统的整体性，便于对电力系统的环节进行统一管理，从而更好地满足不同客户的用电需求，提升电力企业的综合竞争力。

（四）电气自动化控制技术在电网控制中的应用

电网的正常运行对于电力系统输配电的质量有着关键性的作用。电气自动化控制技术能够实现对电网运行状况的实时监控，并能够对电网实行自动化调度。在有效保障输配电效率的同时，促进了电力企业改变传统生产和配送模式，不断走向现代化，提高了企业的生产和经营效率。电网技术的发展离不开计算机技术和信息化技术的飞速进步。电网技术包括对电力系统中的各个运行设备进行实时监测，在提高对电力系统运行数据信息的收集效率、使得工作人员能够实时掌控设备运行情况的同时，更能够自动、便捷地排除故障设备，并且已经可以自动维修一些故障设备，大大提高了对电气设备的检修、维护的效率，加快了电力生产由传统向智能化转变的进程。

（五）计算机技术的应用

从技术层面来分析，电气自动化控制技术取得成功最重要的就是和计算机技术结合并在电力系统中得到广泛的利用。电子计算机技术被应用在电力系统的运行检修、报警、分配电力、输送电力等重要环节，它可以实现控制系统的自动化。计算机技术中应用最广泛的就是智能电网技术，运用计算机技术可以利用复杂的算法对各个电网分配电力。智能电网技术代替了人脑对配电等需要高强度计算的作业，被广泛应用在发电站和电网之间的配电和输电过程中，减轻了电力工作人员的负担，而且降低了出错的概率。电网的调度技术在电力系统中也是很重要的一个应用，它直接关系到电力系统的自动化水平，它的主要工作是对各个发电站和电网进行信息收集，然后对信息进行分类汇总，让各个发电站和电网之间实现实时沟通联系，进行线上交易，它还可以对我们的电力系统和各个电网的设备进行匹配，提高设备的利用率，降低电力的成本。同时，它还有记录数据的功能，可以实时查看电力系统的各项运行状态。

（六）电力系统智能化

就现在的科技水平而言，我们已经在电力系统设备的主要工作原件、开关、警报等设备方面实现了智能化。这意味着，我们能通过计算机控制危险设备的开关、对主要的发电设备进行实时监测并实现报警功能。智能化技术在运行过程中可以收集设备的运行数据，方便我们对电力系统的监控和维护，而且可以通过数据分析出设备存在的问题，起到预防的作用。在以后的智能化实验中，我们着力研究输电、配电等设备的智能化。

传统的电力系统需要定期指派人员进行检测和检修工作，在电气自动控制之后，我们的电力系统可以实现实时在线监控，记录设备运行过程中的每一个数据，并且能够实现有效地跟踪故障因素，通过对设备记录数据的研究和分析及时发现设备存在的隐患，并鉴别故障的程度。如果故障程度较低可以实现自我修复，如果较高可以起到预警作用。这一技术不仅提高了电力系统的安全性，而且降低了电力设备的检修成本。

（七）变电站自动化技术的应用

电力系统中最重要的一环就是变电站，发电站和各个电网之间的联系就是变电站。变电站的自动化主要建立在计算机技术应用的基础上。要实现电力系统整体的电气控制自动化，不可缺少的环节就是实现变电站自动化。在变电站自动化中，不仅一次设备如变压器、输电线或光缆实现了自动化、数字化；它的二次设备也部分实现了自动化，比如，某些地区的输电线已经升级为计算机电缆、光纤来代替传统的输电线。电气自动控制技术可以在屏幕上模拟真实的输电场景，并记录每个时刻输电线中的电压，不仅对输电设备进行监控，还对输电中的数据进行实时记录。

（八）数据采集与监视控制系统的应用

数据采集与监视控制系统简称为系统，是以计算机为基础的分布控制系统与电力自动化监控系统，在电网系统生产过程中实现调度和控制的自动化系统。其主要是对在电网运行过程中对电网设备进行监视和控制，进而实现对电网系统的采集、信号的报警、设备的控制和参数的调节等功能，在一定程度上促进了电网系统安全稳定运行。在电网系统中加入系统，不仅能够有效地保障电力调度工作，还能够使电网系统的运行更加智能化和自动化。SCADA系统的应用，能够有效地降低电力工作人员的工作强度，保障电网的安全稳定运行，从而促进电力行业的发展。

十、加强电气自动化控制技术的建议

（一）电气自动化控制技术与地球数字化互相结合的设想

电气自动化工程与信息技术很好结合的典型表现方法就是地球数字化技术，这项技术中包含了自动化的创新经验，可以把大量的、高分辨率的、动态表现的、多维空间的和地球相关的数据信息融合成为一个整体，成为坐标，最终成为一个电气自动化数字地球。将整理出的各种信息全部放入计算机中，与网络互相结合，人们不管在任何地方，只要根据整理出的地球地理坐标，便可以知道地球任何地方关于电气自动化的数据信息。

（二）现场总线技术的创新使用，可以节省大量的电气自动化成本

电气自动化工程控制系统中大量运用了现场总线与以以太网为主的计算机网络技术，经过了系统运行经验的逐渐积累，电气设备的自动智能化也飞速地发展起来，在这些条件的共同作用下，网络技术被广泛地运用到电气自动化技术中，所以现场的总线技术也由此产生。这个系统在电气自动化工程控制系统设计过程中更加凸显其目的性，为企业最底层的设施之间提供了通信渠道，有效地将设施的顶层信息与生产的信息结合在一起。针对不一样的间隔会发挥不一样的作用，根据这个特点可以对不一样的间隔状况分别实行设计。现场总线的技术普遍运用在企业的底层，初步实现了管理部门到自动化部门存取数据的目标，同时也符合网络服务于工业的要求。与DCS进行比较，可以节约安装资金、节省材料，可靠性能比较高，同时节约了大部分的控制电缆，最终实现了节约成本的目的。

（三）加强电气自动化企业与相关专业院校之间的合作

首先，鼓励企业到电气自动化专业的学校中去设立厂区、建立车间，进行职业技能培训、技术生产等，建立多种功能汇集在一起的学习形式的生产试验培训基地。走入企业进行教学，积极建设校外的培训基地，将实践能力和岗位实习充分结合在一起。扩展学校与企业结合的深广程度，努力培养订单式人才。按照企业的职业能力需求，制订学校与企业共同研究培养人才的教学方案，以及相关理论知识的学习指导。

（四）改革电气自动化专业的培训体系

（1）在教学专业团队的协调组织下，对市场需求中的电气自动化系统的岗位群体进行科学研究，总结这些岗位群体需要具有的理论知识和技术能力。学校组织优秀的专业教师根据这些岗位群体反映的特点，制定与之相关的教学课程，这就是以工作岗位为基础形成的更加专业化的课程模式。

（2）将教授、学习、实践这三方面有机地结合起来，把真实的生产任务当作对象，

重点强调实践的能力，对课程学习内容进行优化处理，专业学习中至少一半的学习内容要在实训企业中进行。教师在教学过程中，利用行动组织教学，让学生更加深刻地理解将来的工作程序。

随着经济全球化的不断发展和深入，电气自动化工程控制系统在我国社会经济发展中占有越来越重要的地位。根据电气自动化系统现状分析其发展趋势，电气自动化工程控制系统要想长远发展下去就要不断地创新，将电气自动化系统进行统一化管理，并且要采用标准化接口，还要不断进行电气自动化系统的市场产业化分析，保证安全地进行电气自动化工程生产，保证这些条件都合格时还要重视加强电气自动化系统设备操控人员的教育和培训。此外，电气自动化专业人才的培养应该从学生时代开始，要加强校企之间的合作，使员工在校期间就能掌握良好的职业技能，只有这样的人才能为电气自动化工程所用，才能利用所学的知识更好地促进电气自动化行业的发展壮大，为社会主义市场经济的建设添砖加瓦。

第二节　电气自动化控制技术发展

一、电气自动化控制技术的发展历程

信息时代的快速发展，让信息技术的运用更加方便快捷。信息技术逐步渗透到电气自动化控制技术中，达到电气自动化系统的信息化。在此过程中，管理层被信息技术渗透，来提高业务处理和信息处理的效率。确保电气自动化控制技术实现全方位的监控，提高生产信息的真实性。同时，在这种渗透作用下，保障设备的控制系统，提高通信能力，推广网络多媒体技术。

电气自动化属于中国工业化中不可或缺的内容，由于它有先进技术来指导，所以中国的电气自动化技术的进步是非常快的，早已渗透到社会生产中的各个行业。但目前我国给予电气自动化的重视程度以及投入还是远远不够的，中国电气自动化的发展还处于缓慢阶段，而且目前我国电气自动化技术还有许多问题需要解决。由于电气自动化技术已经广泛应用在我们的生活和生产之中，因此，人们对电气自动化技术也有了更高要求，电气自动化技术发展已经迫在眉睫。

电气自动化控制技术发展的历史比较久远，其起源可追溯至20世纪50年代。早在50年代，电机电力技术产品应运而生，当时的自动化控制主要为机械控制，还未实现电气自动化控制的实质，第一次产生了"自动化"这个名词，于是电气自动化技术就从无到有，为后期的电气自动化控制研究提供了基本思路和方向。进入80年代，计算机网络技术迅速崛起与发展，网络技术基本成熟，这一时期形成了计算机管理下的局部电气自动化控制方式，其应用范围较小，对于系统的复杂程度也有一定要求，如电网系统过于复杂、易出现各类系统故障。但不可否认，这一阶段促进了电气自动化控制技术的基本体系与基础结构的形成。进入新时期，高速网络技术、计算机处理能力、人工智能技术的逐步发展和成熟，促进了电气自动化控制技术在电力系统中的应用，电气自动化控制技术真正形成，其以远程遥感、远距离监控、集成控制为主要技术，电气自动化控制技术的基础也因此形成。且随着时代的不断发展，电气自动化控制技术日臻完善，电力系统逐步走向网络智能化、功能化和自动化。随着信息技术、网络技术的发展，电子技术、智能控制技术等都得到快速发展。因此，电气自动化技术也适应社会经济发展的时代要求，得到快速发展，且逐渐成熟至今。同时，为了适应社会发展的需求，主要院校开始建立了电气自动化专业，并培养了一批优秀的技术人员。随着电气自动化技术应用越来越广泛，在企业、医学、交通、航空等各方面都得到广泛应用与发展。这样一来，普通的高等院校、职业技术学院、大专院校等都建立了自动化控制技术专业。可以这样说，电气自动化控制技术在我国经济发展过程中占据着越来越重要的位置。

过去，由于技术的不成熟，人员水平也参差不齐，所以电气自动化控制技术的发展十分曲折与漫长。但现在，要吸取经验，充分认识其发展的重要性，适应时代发展的步伐，结合信息技术与生产、工业等应用的特点，有目的地改进电气自动化控制技术，通过这些技术发展，不断总结经验，吸取教训，以使得此技术得到进一步的发展。

现如今，我国工业化技术水平越来越高，电气自动化控制技术已在各企业得到广泛的应用，尤其对于新兴企业，电气自动化控制技术成为现代企业发展的核心技术。越来越多的企业使用机器设备来代替劳动生产力，节约了人工成本，提高了工作效率，同时也提高了操作的可靠性。电气自动化控制技术已成为现代化企业发展的重要标志，自动化设备的使用改善了劳动条件，降低了劳动强度，很多重体力劳动都通过机器设备的使用得到了实现。为了顺应时代的发展，很多高等院校也开设了电气自动化控制技术专业，学习此专业已成为一种时尚。更重要的一点是，此专业的知识与社会的发展相适应，也能用于人们的日常生活中，给生活和生产都带来便利，这种技术发展迅速，技术相对成熟，广泛应用于高新技术行业，推动着整个经济社会的快速发展。电气自动化控制技术的应用也十分广泛，在工业、农业、国防等领域都得到应用与发展。电气自动化控制技术的发展，对整个社会经济发展有着十分重要的意义。电气自动化控制技术的发展能够提升城市品位和城市居民生活质量，是适应人们日益增长的物质生活条件的必然产物。

二、电气自动化控制技术的发展特点

电气自动化系统是适应未来社会的发展而出现的，可以促进经济发展，属于现代化所需要的系统。当今的企业之中，有许许多多的用电设施，不仅工作量巨大，并且其过程也十分复杂，一般电气设施的工作周期都很久，能够维持在一个月至数个月。而且，电气设施工作的速度还是非常快的，必须有比较高的装置来确保电气设施允许的稳定安全。结合电气设施所具有的特点，电气自动化系统和电气设施之间可以进行融合，管理的企业厂房效果会非常好。而且，企业运用了电气自动化平台以后，其电气设施的工作效率也相应提高。尽管电气自动化系统的优越性有很多，但现今的电气自动化系统研究还不是很成熟，还具有许多的问题，应对其进行完善。所以，加强电气自动化方面的研究，给予电气自动化足够的重视，提高劳动生产率。

（一）电气自动化信息集成技术应用

信息集成技术应用于电气自动化技术里面主要是在两个方面：第一个方面，信息集成技术应用在电气自动化的管理之中。如今，电气自动化技术不只是在企业的生产过程得到应用，在进行企业生产管理时也会应用到。采用信息集成技术进行管理企业、管理生产运营记录的所有数据，并对其进行有效的应用。集成信息技术能够对生产过程所产生的数据有效地进行采取、存储、分析等。第二个方面，可以利用信息集成技术有效地管理电气自动化设备，而且通过对信息技术的利用，使设备自动化提高，它的生产效率也会提高。

（二）电气自动化系统检修便捷

如今，很多的行业都采用了电气自动化设备，尽管它的种类很多，但应用系统还是比较统一的，现今主要应用的电气自动化系统是Windows NT以及IE，形成了标准的平台。而且也应用PLC控制系统进行管理电气自动化系统，其操作是比较简便的，非常适用在生产活动当中。通过PLC系统和电气自动化系统两者的结合，使得电气自动化智能水平提高了许多，其操作界面也走向人性化，若是系统出现问题则可在操纵过程中及时发现，还有自动回复功能，大大减轻了相应的检修和维护的工作，可避免设备故障而影响到生产，并且电气自动化设备应用效率也会提高。

（三）电气自动化分布控制技术的广泛应用

电气自动化技术的功能非常多，而且它的系统分成很多部分。一般控制系统主要分为两种。

设备的总控制部分，通过相应的计算机信息技术实行控制整个电气自动化设备。

电气设备运行状况监督与控制部分，这属于总控制系统的一个分支，靠它来完成电气自动化系统的正常运行。总控制和分支控制两者的系统主要是通过线路串联，在总控制系统能够有效进行控制的同时，分支控制系统也能够把收集的信息传递于总控制系统，可以有效地对生产进行调整，确保生产可以顺利地进行。

三、电气自动化控制技术的发展现状

我国在现阶段的建设中，针对技术的关注度较高，希望应用系列的自动化技术将众多的工作任务更好地完成，减少以往的缺失与不足。电气自动化的开发和利用，将社会上的很多工作都进行了全面的改善处理。一般而言，电气自动化落实以后，可以在无人看管的情况下完成生产、监督、问题处理等，更大程度地减少了劳动力，就国家的发展而言产生了很大的积极作用。与此同时，我们不可以仅仅在当下的工作上有所成就，还必须从长远的角度出发，确保电气自动化的发展方向更加多元化。

（一）平台开放式发展

OPC（OLE for Process Control）技术的出现、IEC61131的颁布，以及Microsoft的Windows平台的广泛应用，使得未来的电气自动化控制技术相结合，计算机对于促进这些发挥着至关重要的作用。

EC61131标准使得编程接口标准化。目前，世界上有2000多家PLC厂商，近400种PLC产品，虽然不同产品的编程语言和表达方式各不相同，但IEC61131使得各控制系统厂商的产品编程接口标准化。IEC61131同时定义了它们的语法和语义。这就意味着不会有其他的非标准的语言出现。IEC61131已经成为一个国际化的标准，正被各大控制系统厂商广泛地接受。

Windows正成为事实上的工控标准平台。微软的技术如Windows NT、Windows CE和Internet Explorer已经正在成为工业控制的标准平台、语言和规范。PC和网络技术已经在商业和企业管理中得到广泛的应用。在电气自动化领域，基于PC的人机界面已经成为主流，基于PC的控制系统由于其灵活性和易于集成的特点正在被更多的用户所使用。在控制层采用Windows作为操作系统平台有很多好处，例如，易于使用、维护并且可以与办公平台进行简单的集成。

（二）现场总线和分布式控制系统的应用现场总线

现场总线是一种串行的数字式、通信总线，双向传输的分支结构的通信总线，可以连接智能设备和自动化系统：它通过一根串行电缆将位于中央控制室内的工业计算机、监视/控制软件和PLC的CPU与位于现场的远程I/O站、变频器、智能仪表、马达启动器、低压断路器等设备连接起来，并将这些现场设备的大量信息采集到中央控制器上来。分布式控制意味着PLC、I/O模块和现场设备通过总线连接起来，并将输入/输出模块转换成现场检测器和执行器。

（三）IT技术与电气工业自动化

PC、客户机/服务器体系结构、以太网和Internet技术引发了电气自动化的一次又一次革命。正是市场的需求驱动自动化和IT平台的融合，电子商务的普及将加速这一过程。信息技术对工业世界的渗透主要来自两个方向。一个是从管理层纵向的渗透。企业的业务数据处理系统要对当前生产过程的数据进行实时存取。另一个是信息技术横向扩展到自动化的设备、机器和系统中。信息技术已渗透到产品的所有层面，不仅包括传感器和执行器，而且还包括控制器和仪表。Internet/Intranet技术和多媒体技术在自动化领域也有着良好的应用前景。企业的管理层利用标准的浏览器可以实现存取企业的财务、人事等管理数据的功能，也可以对当前生产过程的动态画面进行监控，在第一时间了解最全面和准确的生产信息。虚拟现实技术和视频处理技术的应用，将对未来的自动化产品，如人机界面和设备维护系统的设计产生深远的影响。信息技术革命的原动力是微电子和微处理器的发展。随着微电子和微处理器技术应用的普及，原本定义明确的设备界限，如PLC、控制设备和控制系统逐渐变得模糊了。相对应的软件结构、通信能力及易于使用和统一的组态环境逐渐变得重要了，软件的重要性也在不断提高。

（四）信息集成化发展

电气自动化控制系统的信息集成化主要有两个方面的发展。

（1）管理层次方面，表现在对企业中的各项资金以及人力、物力的合理配置上，及时地了解各个部门的工作进度。这对于企业的管理者是非常重要的，能够帮助他们实现高效管理，而且在发生重大事情时及时做出相应决策。

（2）电气自动化控制技术的信息集成化发展，主要表现在研发先进设施和对所控制机器的改良方面。先进的技术使得企业生产的产品能够很快得到社会的认可。技术方面的拓展延伸表现在引入新兴的微电子处理技术，这使得技术与软件匹配并和谐统一。

（五）电气自动化工程中的分散控制系统

分散控制系统的基础是以微处理机，加上微机分散控制，融合了先进的CRT技术、计算机技术和通信技术，是新型的计算机控制系统。生产过程中，它利用多台计算机来控制各个回路，这个控制系统的技术优势在于能够集中获取数据，并且同时对这些数据进行集中管理和实施重点监控，当前计算机和信息技术飞速发展，分散控制系统的特点变得网络化和多元化，并且不同型号的分散系统可以同时并入连接相互进行信息数据的交换，然后将不同分散系统的数据经过汇总后再并入互联网，与企业的管理系统连接起来。DCS的系统控制功能可以分散开，在不同的计算机上设置，系统结构采取的是容错设计，将来即使出现计算机瘫痪故障，也不会影响整个系统的正常运行。如果采用特定的软件和专用的计算机，将更能提高电气自动化控制系统的稳定性。

四、电气自动化控制技术的发展趋势

电气自动化控制技术的发展趋势应该是分布式、开放化和信息化。分布式的结构是一种能确保网络中每个智能的模块能够独立地工作的网络，达到系统危险分散的概念；开放化则是系统结构具有与外界的接口，实现系统与外界网络的连接；信息化则是使系统信息能够进行综合处理能力，与网络技术结合实现网络自动化和管控一体化。在开创“电气自动化”新局面的时候，要牢牢地把握从“中国制造”向“中国创造”的转变。在保持产品价格竞争力的同时，中国企业需要寻找一条更为健康的发展道路，“电气自动化”企业要不断吸收高新技术的营养，才能为开创“电气自动化”的新局面增添动力；要全面把握“科学发展观”的基本内涵和精神实质，结合本地区、本部门、本行业的客观实际，按照“以人为本、全面协调可持续发展的要求”，认真寻找差距，总结经验教训，转变发展观念，调整发展思路，切实把思想和行动统一到“科学发展观”的要求上来，把“科学发展观”贯彻到改革开放和我国“电气自动化”进一步实现现代化、国际化和全球化的过程上来。

（一）不断提高自主创新能力（智能化）

电气自动化控制技术正在向智能化方朝发展。随着人工智能的出现，电气自动化控制技术有了新的应用。现在很多生产企业都已经应用了电气自动化控制技术，减少了用工人数。但是，在自动化生产线运行过程中，还要通过工人来控制生产过程。结合人工智能研发出的电气自动化控制系统，可以再次降低企业对员工的需要，提高生产效率，解放劳动力。

在市场中，电气自动化产品占的份额非常大，大部分企业选用电气自动化产品。所以，电气自动化的生产商想要获得更大的利益，就要对电气自动化产品进行改进，实行技术创新。对企业来说，加大对产品的重视度是非常有必要的，要不断提高企业的创新能力，进行自主研发。而且，做好电气自动化系统维护对电气自动化产品生产来说有极大的作用。

（二）电气自动化企业加大人才要求（专业化）

随着电气行业的发展，我国也逐渐加大了对电气行业方面的重视，电气企业员工综合素质也越来越高。企业想让自己的竞争力变强，员工具备的技能就要提高。所以，企业要经常对员工进行电气自动化专业培养，重点是专业技术的培养，实现员工技能与企业同步。

针对自动化控制系统的安装和设计过程，对技术员工进行培训，提高技术人员的素质，自动化控制系统朝着专业化的方向大踏步前进。随着不断增多的技术培训，实际操作系统的工作人员也必将得到很大的帮助，培训流程的严格化、专业化，提高了他们的维修和养护技术，同时也加快了他们今后排除故障、查明原因的速度。

（三）逐渐统一电气自动化的平台（集成化）

电气自动化控制技术除了朝智能化方向发展外，还会朝高度集成化的方向发展。全球范围内的科技水平都在迅速提高，使得很多新的科学技术不断与电气自动化控制技术结合，为电气自动化控制技术的创新和发展提供了条件。未来电气自动化控制技术必将集成更多的科学技术，使电气自动化控制系统功能更丰富，安全性更高，适用范围更广；同时，还可以大大减少设备的占地面积，提高生产效率，降低企业生产成本。

推进控制系统一致性标志着控制系统的发展改革，一致性对自动化制造业有极大的促进作用，会缩短生产周期；并且统一养护和维修等各个生产环节，时刻立足于客观现实需要，有助于实现控制系统的独立化发展。企业对系统的开发将使用统一化，在进行生产的过程中每个阶段都进行统一化，能够减少生产时间，其生产的成本也得到降低，将劳动力的生产率进行提高。为了让平台能够统一化发展，企业需要根据客户的需求进行开发，采用统一的代码。

（四）电气自动化技术层次的突破（创新化）

虽然现在我国的电气自动化水平提高的速度很快，但还远远比不上发达国家，我国该系统依然处在未成熟的阶段，依然还存在一些问题，包括信息不可以相互共享，致使该系统本有的功能不能发挥出来。在电气自动化的企业当中，数据的共享需要网络来实现，然而我国企业的网络环境还不完善。不仅如此，共享的数据量很大，若没有网络来支持，而数据库出现事故时，就会使系统平台停止运转。为了避免这种情况发生，加大网络的支持力度尤为重要。随着电力领域技术的不断进步，电气工程也在迅猛发展，技术环境日益开放，在接口方面自动化控制系统朝着标准化飞速前进，标准化进程对企业之间的信息沟通交流有极大的促进作用，方便不同的企业进行信息数据的交换活动，能够克服通信方面出现的一些障碍。此外，由于科学技术得到较快发展，也将电气技术带动起来。目前，我国电气自动化生产已经排在世界前列，在某些技术层次上也处于很高的水平。

整个技术市场大环境是开放型快速发展的，面对越来越残酷的竞争，各个企业为了适应市场，提高自动化控制系统的创新力度，并且特别注重培养创新型人才，下大力气自主研发自动化控制系统。企业在增强自身综合竞争实力的同时，自动化控制系统也将不断发展创新，为电气工程的持续发展提供了技术层次的支撑和智力方面的保障。

（五）不断提高电气自动化的安全性（安全化）

电气自动化想要良好发展，不止需要网络支持，系统运行的安全保障更加重要，然而对系统进行维护以及保养非常重要。如今，电气自动化行业越来越多，大多数安全系数比较高的企业都在应用电气自动化的产品，因此，我们需要重视产品安全性的提高。现在，我国的工业经济正在经历新的发展阶段，在工业发展中，电气自动化的作用越来越重要，新型的工业化发展道路是建立在越来越成熟的电气自动化技术基础上的。自动化系统趋于安全化能够更好地实现其功能；通过科学分析电力市场发展的趋势，逐渐降低市场风险，防患于未然。

同时，电气自动化系统已经普及我们的生活中，企业需要重视其员工的整体素质，使得电气自动化的发展水平得到提高，对系统进行安全维护要做到位，避免任何问题的出现，保证系统能够正常工作。

第三节　电气自动化控制技术系统的特点与设计

一、电气自动化控制技术系统的优点

说起电气自动化控制技术，不得不承认现如今经济的快速发展是和工业电气自动化控制技术有关的，电气自动化控制技术可以完成许多人无法完成的工作。比如，一些工作是需要在特殊环境下完成的，高辐射、红外线、冷冻室等这些环境都是十分恶劣的，长期在恶劣的环境下工作会对人体健康产生影响，但许多环节又是需要完成的，这时候机器自动化的应用就显得尤为重要，所以工业电气自动化的应用可以给企业带来许多方便，它可以提高工作效率，减少人为因素造成的损失，工业自动化为工业带来的便利不容小觑。

一个完整的变电站综合自动化系统除了在各个控制保护单元中存有紧急手动操作跳闸

以及合闸的措施之外，别的单元所有的报警、测量、监视以及控制功能等都可以由计算机监控系统来进行。变电站不需要另外设置一些远程设备，计算机监控系统可以使得遥控、遥测、遥调以及遥信等功能与无人值班的需要得到满足。就电气自动化控制系统的设计角度而言，电气自动化控制系统具有许多优点，具体表现在以下几个方面：

（一）集中式设计

电气自动化控制系统引用集中式立柜与模块化结构，使得各控制保护功能都可以集中于专门的控制与采集保护柜中，全部的报警、测量、保护以及控制等信号都在保护柜中予以处理，将其处理为数据信号之后再通过光纤总线输送到主控室中的监控计算机中。

（二）分布式设计

电气自动化控制系统主要应用分布式开放结构以及模块化方式，使得所有的控制保护功能都分布于开关柜中或者尽可能接近于控制保护柜之上的控制保护单元，全部报警、测量、保护及控制等信号都在本地单元中予以处理，将其处理为数据信号之后通过光纤的总线输送到主控室的监控计算机中，各个就地单元之间互相独立。

（三）简单可靠

因为在电气自动化控制系统中用多功能继电器代替传统的继电器，能够使二次接线得以有效简化。分布式设计主要是在主控室和开关柜间进行接线，而集中式设计的接线也局限在主控室和开关柜间，因为这两种方式都在开关柜中进行接线，施工较为简单。接线能够在开关柜与采集保护柜中完成的特点，使操作较为简单而可靠。

（四）具有可扩展性

电气自动化控制系统的设计可以对电力用户未来对电力要求的提高、变电站规模以及变电站功能扩充等进行考虑，具有较强的可扩展性。

（五）兼容性较好

电气自动化控制系统主要是由标准化的软件以及硬件所构成，而且配备有标准的就地I/O接口与穿行通信接口，电力用户能够根据自己的具体需求予以灵活配置，而且系统中的各种软件也非常容易与当前计算机计算的快速发展相适应。

当然，电气自动化控制技术的快速发展与它自身的特点是密切相关的，如每个自动化控制系统都有其特定的控制系统数据信息，通过软件程序连接每一个应用设备，对于不同设备有不同的地址代码。一个操作指令对应一个设备，当发出操作指令时，操作指令会即刻到达所对应设备的地址。这种指令传达得快速且准确，既保证了即时性，又保证了精确性。与工人人工操作相比，这种操作模式对于发生操作错误的概率会更低，自动化控制技术的应用保证了生产操作快速高效地完成。除此之外，相对于热机设备来说，电气自动化控制技术的控制对象少、信息量小，操作频率相对较低，且快速、高效、准确。同时，为了保护电气自动化控制系统，使得其更稳定，数据更精确，系统中连带的电气设备均有较高的自动保护装置，这种装置对于一般的干扰均可降低或消除，且反应能力迅速，电气自动化系统的大多设备有连锁保护装置，这一系列的措施满足有效控制的要求。

作为一种新兴的工艺和技术，电气自动化解决的最主要问题是很多人力不能完成的工作，因为环境的恶劣而没有办法解决的问题也顺利完成。比如，在温度极高或者极低的条件下工作或者有辐射的环境下工作，劳动者的身体也会在一定时间里受到不同程度的损害，这种损害将会对他们一生带来影响，成为一种职业病，但有的重要部分是不可省去的；电气自动化技术就可以通过控制机器，来完成这些需要在特定环境下完成的工作，很大程度上节省了人力物力，同时使工人的健康得到保障，工作效益也进一步提高，企业也会减少一些不必要的损失。显而易见，电气自动化控制技术给企业带来的益处数不胜数。电气自动化控制技术的特点与它的飞速发展是紧密联系的。比如说，每一个控制系统都不是随随便便建立的，它有其自身相关的数据信息，每一台设备都和相应的程序连接，地质代码也会因为设备的不同而有所差异，操作指令发出后会快速地传递到相应的设备当中，及时并且是准确的。电气自动化控制系统的这种操作大大降低了由于工人大意而造成的误差，并且在一定程度上提高了工作效率。

电气自动化控制技术的应用是顺应社会发展带来的新技术、新工艺。电气自动化控制技术的发展与应用，使得很多人工劳动难以完成的工作项目得以完成，对于恶劣环境下无法完成的劳动内容也得到完成。例如，在有辐射的工作区域、冻室、高温室等工作区域，这些条件都十分恶劣，劳动者长期在此环境下操作会对健康造成极坏的影响，甚至易患无法治愈的职业病，而很多工作环节又是不可替代、必须完成的。电气自动化控制技术的应用就很好地解决了这个问题，通过设备自动化控制与操作，使人们到恶劣环境中操作的机会得到降低，人体健康水平得到进一步提高。与此同时，也提高了工作效率，给企业的技术操作带来便利，降低了人为操作因素带来的损失，电气自动化技术的应用对于企业发展的积极意义是不言而喻的。

二、电气自动化控制技术系统的功能

电气自动化控制技术系统具有非常多的功能，基于电气控制技术的特点，电气自动化控制技术系统要实现对发电机变压器组等电气系统断路器的有效控制，电气自动化控制技术系统必须具有以下基本功能：发电机——变压器组出口隔离开关及断路器的有效控制和操作；发电机——变压器组、励磁变压器、高变保护控制；发电机励磁系统励磁操作、灭磁操作、增减磁操作、稳定器投退、控制方式切换；开关自动、手动同期并网；高压电源监测和操作及切换装置的监视、启动、投退等；低压电源监视和操作及自动装置控制；高压变压器控制及操作；发电机组控制及操作；LPS、直流系统监视等。

电气自动化控制系统中的控制回路主要是确保主回路线路运行的安全性与稳定性。控制回路设备的功能主要包括以下四个方面：

（一）自动控制功能

就电气自动化控制系统而言，在设备出现问题的时候，需要通过开关及时切断电路从而有效避免安全事故的发生。因此，具备自动控制功能的电气操作设备是电气自动化控制系统的必要设备。

（二）监视功能

在电气自动化控制系统中，自变量电势是最重要的，其通过肉眼是无法看到的。机器设备断电与否，一般从外表是不能分辨出来的，这就必须借助传感器中的各项功能，对各项视听信号予以监控，从而实时监控整个系统的各种变化。

（三）保护功能

在运行过程中，电气设备经常会发生一些难以预料的故障问题，功率、电压以及电流等会超出线路及设备所许可的工作限度与范围。因此，这就要求具备一套可以对这些故障信号进行监测并且对线路与设备予以自动处理的保护设备，而电气自动化控制系统中的控制回路设备就具备这一功能。

（四）测量功能

视听信号只可以对系统中各设备的工作状态予以定性表示，而电气设备的具体工作状况还需要通过专业设备对线路的各参数进行测量才能够得出。

电气自动化控制技术系统具有如此多的功能，给社会带来了许多便利，电气控制技术自动化给人们带来了社会发展的稳定与进步和现代化生产效率的极大提高。因此，积极探讨与不断深入研究当前国家工业电气自动化的进一步发展和战略目标的长远规划有着十分深远的现实意义。

三、电气自动化控制系统设计存在的问题

（一）设备的控制水平比较低

电气自动化的设备需要不断地完善和创新，体系的数据也会出现改动，伴随着数据变化的还有新设备的使用，这就需要厂商及时导入新的数据。但在这个过程中，因为设备控制的水平相对来说较低，就阻止了新数据的导入，也使新的数据库不能有效地去控制，因而需要不断地更新设备控制的水平。

（二）控制水平与系统设计脱节

控制水平的参差直接影响着设备的使用寿命以及运转功能，对控制水平的需求也就相应较高。可当前设备控制选用一次性开发，无法统筹公司的后续需求，直接造成控制水平与出产体系规划的开展脱节。所以，公司应当注重设备控制水平的进步，使其契合体系的规划需求。

（三）自动化设备维护更重要

一个健康的人如果不断地工作，不定期去体检，得了小病不去治疗，长时间如此就会累积成大病乃至逝世。自动化体系长时间运行也会出毛病。比如，自电气自动化操控体系进入工厂出产技术以来，大大提高了工厂出产运行的安全性、稳定性，减轻了职工的劳动强度。在得获益的同时也存在一些问题。有些配件出现问题后，由于自动化配件更新快，有些配件现已停产购不到；有些自动化配件损坏后置办不到同类型，或厂家供给更换类型不符合当前的操控需求；自动化配件及体系的惯例配件收购渠道不疏通；懂得自动化操控体系的人才缺乏，自动化设备出现故障后不能得到有效的保护。

四、电气自动化控制系统的作用

在企业进行工业生产时，利用电气自动化控制技术可以对生产工艺实现自动化控制。当前的电气自动化控制技术使用的是分布式控制系统，能在工业生产过程中有效地进行集中控制，而且电气自动化控制技术还可以进行自我保护。当控制系统出现问题时，系统会自动进行检测，然后分析系统出现故障的原因，确定故障位置，并立刻中断电源，使故障设备无法继续工作。这样可以有效避免因为个别设备出现问题而影响产品质量的情况出现，从而降低企业因为个别故障设备而造成的成本损失。所以，企业利用电气自动化控制技术来进行生产时，可以提高整个生产工艺的安全性，从某种程度上降低企业的成本。而且，现在大部分企业中应用的电气自动化控制系统都可以实现远程监控，企业可以通过电气自动化控制技术来远程监控生产工艺中不同设备的运行状况。假如某个环节出现故

障，控制中心就会以声、光的形式发出警告，通过电气自动化控制的远程监控功能，减少个别故障设备所造成的损失，并且当故障出现时，可以尽快被相关工作人员察觉，从而避免损失的扩大。

现在，在企业中应用的电气自动化控制系统，还可以在工作过程中分析生产过程中涉及的设备工作情况，将设备的实际数据与预设数据比较，当某些设备出现异常时，电气自动化控制系统还可以对设备进行调节，因此企业采用电气自动化控制技术能提高生产线的稳定性。

五、电气自动化控制技术系统的设计理念

目前，电气自动化控制系统有三种监控方式，分别是现场总线监控、远程监控与集中监控。这三种方案依次可实现远程监测、集中监测与针对总线的监测。

集中监控的设计尤为简单，要求防护较低的交流措施，只用一个触发器进行集中处理，可以方便维护程序，但对于处理器来说较大的工作量会降低其处理速度，如果全部的电气设备都要进行监控就会降低主机的效率，投资也因电缆数量的增多而有所增加。还有一些系统会受到长电缆的干扰，如果生硬地连接断路器的话也会无法正确地连接到辅助点，给相应人员的查找带来很大的困难，一些无法控制的失误也会产生。远程监控方式同样有利有弊，电气设备较大的通信量会降低各地通信的速度。它的优点也有很多，比如，灵活的工作组态、节约费用和材料并且相对来说可靠性更高。远程监控这一方式没有很好地体现出电气自动化控制技术的特点，现场总线监控结合其余两种设计方式的优点，并且对其存在的缺点进行有效改良，它成为最有保障的一种设计方式，电气自动化控制系统的设计理念也随之形成。设计理念在设计过程中主要体现在以下三个方面：

（1）电气自动化控制技术实行集中检测时，可以实现一个处理器对整个控制的处理，简单灵活的方式极大地方便了运行和维护。

（2）电气自动化控制技术远程监测时，可以稳定地采集和传输信号，及时反馈现场情况，依据具体情况修正控制信号。

（3）电气自动化控制技术在监测总线时，集中实现控制功能，从而实现高效的监控。

从电气自动化控制技术的整体框架来说，在许多实际应用中都体现出电气自动化控制技术系统设计理念，也获得了许多的成绩。所以，进行电气自动化控制技术设计时，应依据自身情况选择合理的设计方案。

六、电气自动化控制技术系统的设计流程

在机电一体化产品中，电气自动化控制系统具有非常重要的作用，就相当于人类的

大脑，用来对信息进行处理与控制。所以，在进行电气自动化控制系统的设计时，一定要遵循相应的流程、依照控制的相关要求将电气自动化控制系统的设计方案确定下来；然后将控制算法确定下来，并且选择适当的微型计算机；制定出电气自动化控制系统的总体设计内容，最后开展软件与硬件的设计。虽然电气自动化控制系统的设计流程较为复杂，但在设计时一定要从实际出发，综合考虑集中监测方式、现场总路线监控方式及远程监控方式，唯有如此，才能够将与相关要求相符的控制系统建立起来。

七、电气自动化控制技术系统的设计方法

在当前电气自动化控制系统中应用的主要设计思想有三种，分别是集中监控方式、远程监控方式及现场总线监控方式，这三种设计思想各有其特点，其具体选用应该根据具体条件而定。

在使用集中监控的自动化控制系统时，中央处理器会分析生产过程中所产生的数据并进行处理，可以很好地控制具体的生产设备。同时，集中监控控制系统设计起来比较简单，维护性较强。不过，因为集中监控的设计方式会将生产设备的所有数据都汇总到中央处理器，中央处理器需要处理分析很多数据，因此，电气自动化控制系统运行效率较低，出现错误的概率也相对较高。采用远程监控设计方式设计而成的电气自动化控制系统，相对灵活，成本有所降低，还能给企业带来很好的管理效果。远程监控电气自动化控制系统在工作过程中，需要传输大量信息，现场总线长期处于高负荷状态，因此应用范围比较小。以现场总线监控为基础设计出的监控系统应用了以太网与现场总线技术，既有很强的可维护性，也更加灵活，应用范围更广。现场总线监控电气自动化控制系统的出现，极大地促进了我国电气自动化控制系统智能化的发展。工业生产企业往往会根据实际需要，在这三种监控设计方式之中选取一种。

（一）现场总线监控

随着经济社会的发展、科学技术的进步，当前智能化电气设备有了较快的发展，计算机网络技术已经普遍应用在变电站综合自动化系统中，我们也积累了丰富的运行经验。这些都为网络控制系统应用于电力企业电气系统奠定了良好的基础。现场总线以及以太网等计算机网络技术已经在变电站综合自动化系统中得以较为广泛的应用，而且已经积累了较为丰富的运行经验，同时智能化电气设备也取得了一定的发展，这些都给在发电厂电气系统中网络控制系统的应用奠定了重要的基础。在电气自动化控制系统中，现场总线监控方式的应用可以使得系统设计的针对性更强，由于不同的间隔，其所具备的功能也有所不同，因此，能够依照间距的具体情况来开展具体的设计。现场总线监控方式不但具备远程监控方式所具备的一切优点，同时还能够大大减少模拟量变送器、I/O卡件、端子柜以及

隔离设备等，智能设备就地安装并且通过通信线和监控系统实现连接，能够省下许多的控制电缆，大大减少了安装维护的工作量及投入资金，进而使得所需成本得以有效降低。除此之外，各装置的功能较为独立，装置间仅仅经由网络予以连接，网络的组态较为灵活，这就使得整个系统具有较高的可靠性，每个装置的故障都只会对其相应的元件造成影响，而不会使系统发生瘫痪。所以，在未来的发电厂计算机监控系统中，现场总线监控方式必然得到较为广泛的应用。

（二）远程监控

最早研发的自动化系统主要是远程控制装置，主要采用模拟电路，由电话继电器、电子管等分立元件组成。这一阶段的自动控制系统不涉及软件，主要由硬件来完成数据收集和判断，无法完成自动控制和远程调解。它们对提高变电站的自动化水平，保证系统安全运行，发挥了一定的作用，但由于这些装置相互之间独立运行，没有故障诊断能力，在运行中若自身出现故障，不能提供告警信息，有的甚至会影响电网安全。远程监控方式具有节约大量电缆、节省安装费用、节约材料、可靠性高、组态灵活等优点。由于各种现场总线的通信速度不是很高，而电厂电气部分通信量相对又比较大，所以这种方式适应于小系统监控，而不适应于全厂的电气自动化系统的构建。

（三）集中监控

集中监控方式的主要特点是运行维护便捷，系统设计容易，控制站的防护要求不高。但基于此方法的特点是将系统各个功能集中到一个处理器进行处理，处理任务繁重致使处理速度受到影响。此外，电气设备全部进入监控，会随着监控对象的大量增加导致主机冗余的下降，电缆数量增加，成本加大，长距离电缆引入的干扰也会影响系统的可靠性。同时，隔离刀闸的操作闭锁和断路器的连锁采用硬接线，通常为隔离刀闸的辅助接点经常不到位，造成设备无法操作，这种接线的二次接线复杂，查线不方便，增加了维护量，并存在因为查线或传动过程中由于接线复杂造成误操作的可能。

电气自动化控制系统的设计思想一定要将各环节中的优势予以较好的把握，并且使其充分发挥出来。与此同时，在电气自动化控制系统的设计过程中，一定要坚持与实际的生产要求相符，切实确保电气行业的健康可持续发展；在电气自动化控制系统的不断探索中，需要相关工作人员认识当前存在的不足，并且通过不断学习新技术、新方法等，不断提升自身的业务能力水平，从而不断推动我国电气自动化控制系统的发展。

八、电气自动化控制设备可靠性测试与分析

（一）加强电气自动化控制设备可靠性研究的重要意义

伴随着电气自动化的提高，控制设备的可靠性问题就变得非常突出。电气自动化程度是一个国家电子行业发展水平的重要标志，同时自动化技术又是经济运行必不可少的技术手段。电气自动化具有提高工作的可靠性、提高运行的经济性、保证电能质量、提高劳动生产率、改善劳动条件等作用。电气自动化控制设备的可靠性对企业的生产有着直接的影响。在实际使用过程中，作为专业技术人员，必须切实加强对其可靠性的研究；结合影响因素，采取有针对性的措施，不断强化其可靠性。

1.可靠性可以增加市场份额

随着国家经济的高速发展，人们对于产品的要求也越来越高，用户不仅要求产品性能好，更重要的是要求产品的可靠性水平高。随着电气自动化控制设备自动化程度、复杂度越来越高，可靠性技术已成为企业在竞争中获取市场份额的有力工具。

2.可靠性可以提高产品质量

产品质量就是使产品能够实现其价值、满足明示要求的技术和特点；只有可靠性高，发生故障的次数才会少，那么维修费用也就随之减少，安全性也会随之提高。因此，产品的可靠性是非常重要的，是产品质量的核心，是每个生产厂家倾其一生追求的目标。

（二）提升电气自动化控制设备可靠性的必要性分析

由于电气自动化控制设备属于现代电气技术的结晶，其具有较强的专业性，所以为了确保其能更好地为生产提供服务，促进生产效率的提升。在实际工作中，作为电气专业技术人员，必须充分意识到提升其可靠性的必要性。具体来说，主要体现在以下三个方面。

1.提升其可靠性能够使生产环节安全高效地开展

现代企业为了满足消费者的需要，在产品生产过程中往往需采取电气自动化控制设备的应用，这主要得益于其有助于生产效率的提升，提高产品的技术含量。只有提升其可靠性，才能确保始终处于最佳的状态服务生产，从而确保企业的各项任务安全高效地开展。

2.提升其可靠性能够使产品质量得到提升

产品质量就是生命，企业要想在竞争日益激烈的市场环境中占有一席之地，就必须在实际生产过程中注重产品质量的提升，而提升产品质量离不开现代科学技术的支持，尤其是电气自动化控制技术设备的支持，只有提高其可靠性，才能确保所生产的产品质量的高效性，从而在提高产品质量的同时促进企业核心竞争力的提升。

3.提升其可靠性有助于有效降低企业生产成本

企业经济效益的高低源自自身成本控制的好坏，而在企业生产中，如果电气自动化控

制设备的可靠性不足，势必因此带来维修成本的提升，因而只有加强对其的维护和保管，促进其可靠性的提升，才能更好地实现降低成本的目标。

（三）影响电气自动化控制设备可靠性的因素

既然提高电气自动化控制设备的可靠性具有十分强烈的必要性，那么为了更好地采取有效措施促进其可靠性得到提升，就必须对影响电气自动化控制设备可靠性的因素有一个全面的认识。具体来说，主要有以下两点：

1.内在因素

内在因素主要是指电气自动化控制设备本身的元件质量较为低下，难以在恶劣的气候下高效运行，同时也难以抗击电磁波的干扰。这主要是因为生产企业在生产过程中偷工减料，为了降低成本而降低其生产工艺质量，导致电气自动化控制设备元件自身的可靠性和质量下降，加上很多电气自动化控制设备需要在恶劣环境下运行，这就导致可靠性降低，而电磁波干扰又难以避免，所以会影响其正常运行。

2.外在因素

外在因素主要是指人为因素，在电气自动化控制设备使用和管理工作中，工作人员没有完全履行自身的职责，导致电气自动化控制设备长期处于高负荷的运行状态。电气自动化控制设备出现故障后难以得到及时修复，加上部分操作人员在实际操作中难以按照规范进行操作，导致其性能难以高效发挥。

（四）可靠性测试的主要方法

确定一个最适当的电气自动化控制设备可靠性测试方法是非常重要的，是对电气自动化控制设备可靠性做出客观准确评价的前提条件。国家电控配电设备质量监督检验中心提供了对电气自动化控制设备进行可靠性测试的方法，在实践中比较常用的主要有以下三种。

1.实验室测试法

此种测试方法是通过可靠性模拟进行测试，利用符合规定的可控工作条件及环境对设备运行现场使用条件进行模拟，以便实现以最接近设备运行现场所遇到的环境应力对设备进行检测；统计时间及失效总数等相关数据，从而得出被检测设备可靠性指标、可以控制的工作条件和环境条件；模拟现场的使用条件，使被测设备在现场使用时与所遇到的环境相同；在这种情况下进行试验，并将累计的时间和失效次数等其他数据通过数理统计得到可靠性指标，这是一种模拟可靠性试验。这种实验方法易于控制所得数据，并且得到的数据质量较高，实验结果可以再现、分析。试验条件的限制，很难与真实情况的数据相对应，同时试验费用很高，而这种试验一般都需要较多的试品，所以还要考虑到被试产品的生产批量与成本因素。因此，这种试验方法比较适用于生产大批量的产品。

2.现场测试法

这种方法是通过对设备在使用现场进行的可靠性测试记录各种可靠性数据，然后根据数理统计方法得出设备可靠性指标的一种方法。该方法的优点是试验需要的设备比较少，工作环境真实，其测试所得到的数据能够真实反映产品在实际使用情况下的可靠性、维护性等参数，且需要的直接费用少，受试设备可以正常工作使用。不利之处是不能在受控的条件下进行试验、外界影响因素繁杂，有很多不可控因素，试验条件的再现性比试验室的再现性差。

电气自动化控制设备可靠性现场测试法具体又包含以下三种类型。

（1）可靠性在线测试，即在被测试设备正常运行过程当中进行测试；

（2）停机测试，即在被测试设备停止运行时进行测试；

（3）脱机测试，需要从设备运行现场将待检测部件取出，安装到专业检测设备当中进行可靠性测试。

单纯从测试技术方面分析，后两种测试方法相对简单，但如果系统较为复杂，一般只有设备保持运行状态时才可以定位出现故障的准确位置，故只能选择在线测试；在实践中，进行现场测试时具体选择哪种类型的测试，要看故障的具体情况以及是否可以实现立即停机。

电气自动化控制设备可靠性现场测试法与实验室测试法相比较，不同之处主要体现在以下两点：第一，现场测试法安装及连接待测试设备的难度较大，主要原因在于线路板已经被封闭在机箱当中，这就导致测试信号难以引进，即便是在设备外壳处预留了测试插座，也需要较长的测试信号线，在进行电气自动化控制设备可靠性现场测试时，无法使用以往的在线仿真器；第二，由于进行设备可靠性现场测试通常不具备实验室的测试设备和仪器，这就给现场测试手段及方法提出更高要求。

3.保证实验法

所谓保证实验法，具体指的是在产品出厂前，在规定的条件下对产品所实施的无故障工作试验。通常情况下，作为研究对象的电气自动化控制设备都有着数量较多的元器件，其故障模式显示方式并非以某几类故障为主，而是具有一定的随机性，并且故障表现形式多样。所以，其故障服从于指数分布，换句话说，其失效率是随着时间的变化而变化的。产品在出厂之前在实验室所进行的检测，从本质上讲，就是测试产品早期失效情况，通过对产品进行不断的改进和完善，以确保所出厂的产品失效率均已符合相关指标的要求。实施电气自动化可靠性保证实验所花费的时间较长，因此，如果产品是大批量生产，这种可靠性检测方法只能应用于产品的样本；如果产品的生产量不大，则可以将此种保证实验测试法应用在所有产品上。电气自动化设备可靠性保证实验主要适用范围是电路相对复杂、对可靠性要求较高并且数量不大的电气自动化控制设备。

（五）电气自动化控制设备可靠性测试方法的确定

确定电气自动化控制设备可靠性测试方法，需要对实验场所、实验环境、待测验产品以及具体的实验程序等因素进行全面的考察和分析。

1.实验场地的确定

电气自动化设备可靠性测试实验场地的选择，需要结合设备可靠性测试的具体目标来进行。如果待测试的电气自动化控制设备的可靠性高于某一特定指标，就需要选取最为严酷的实验场所进行可靠性测试；如果只是测试电气自动化控制设备在正常使用状况下的可靠性，就需要选取最具代表性的工作环境作为开展测试实验的场所；如果进行测试的目的只是获取准确的可比性数据资料，在进行实验场所选择时需要重点考虑与设备实际运行相同或相近的场所。

2.实验环境的选取

对于电气自动化控制设备来说，不同的产品类型所对应的工况有所不同。所以，在进行电气自动化控制设备可靠性测试时，选取非恶劣实验环境，这样被测试的电气自动化控制设备将处于一般性应力之下，由此所得到的设备可靠性结果更加客观和准确。在选择电气自动化控制设备可靠性测试实验产品时，要注意挑选比较具有代表性、具有典型特点的产品。所涉及的产品的种类比较多，例如，造纸、化工、矿井以及纺织等方面的机械电控设备等；从实验产品规模上分析，主要包括大型设备以及中小型设备；从实验设备的工作运行状况来分析，主要可以分为连续运行设备及间断运行设备。

3.实验程序

开展电气自动化控制设备可靠性实验需要由专业的现场实验技术人员严格按照统一实验程序操作，主要涉及测试实验开始及结束时间、确定适当的时间间隔、收集实验数据、记录并确定自控设备可靠性相关指标、相应的保障措施以及出现意外状况的应对措施等方面的规范。只有严格依据规范进行自控设备可靠性实验操作，才可以确保通过实验获取的相关数据的可靠性及准确性。

4.实验组织工作

开展电气自动化控制设备可靠性测试实验最为重要的内容就是实验组织工作，必须组建一个高效、合理且严谨的实验组织机构，主要负责确定实施自控设备可靠性实验的主要参与人员，协调相关工作，对实验场所进行管理，组织相关实验活动，收集并整理实验数据，分析实验结果，对实验所得到的数据进行全面深入分析，并在此基础上得出实验结论。除此之外，实验组织机构还需要负责组织协调实验现场工程师、设备制造工程师以及可靠性设计工程师相互之间的关系与工作。

（六）提高控制设备可靠性的对策

要提高电气自动化控制设备的可靠性，必须掌握控制设备的特殊性能，并采用相应的可靠性设计方法，从元器件的正确选择与使用、散热防护、气候防护等方面入手，使系统可靠性指标大大提高。

（1）从生产角度来说，设备中的零部件、元器件，其品种和规格应尽可能少，应该尽量使用由专业厂家生产的通用零部件或产品。在满足产品性能指标的前提下，其精度等级应尽可能低，装配也应简易化，尽量不搞选配和修配，力求减少装配工人的体力消耗，便于厂家自动进行流水生产。

（2）根据电路性能的要求和工作环境的条件选用合适的元器件。元器件的技术条件、性能参数、质量等级等均应满足设备工作和环境的要求，并留有足够的余量；对关键元器件要进行用户对生产方的质量认定；仔细分析比较同类元器件在品种、规格、型号和制造厂商之间的差异，择优选择。要注意统计在使用过程中元器件所表现出来的性能与可靠性方面的数据，作为以后选用的依据。

（3）潮湿、盐雾、霉菌以及气压、污染气体对电子设备的影响很大，其中潮湿的影响是最主要的，特别是在低温高湿条件下，空气湿度达到饱和时会使机内元器件、印制电路板上色和凝露现象，使电性能下降，故障上升。

（4）在控制设备设计阶段，首先，研究产品与零部件技术条件，分析产品设计参数，研讨和保证产品性能和使用条件，正确制订设计方案；其次，根据产量设定产品结构形式和产品类型，全面构思、周密设计产品的结构，使产品具有良好的操作维修性能和使用性能，以降低设备的维修费用和使用费用。

（5）温度是影响电子设备可靠性最广泛的一个因素。电子设备工作时，其功率损失一般都以热能形式散发出来，尤其是一些耗散功率较大的元器件，如电子管、变压管、大功率晶体管、大功率电阻等。另外，当环境温度较高时，设备工作时产生的热能难以散发出去，将使设备温度升高。

综上所述，保证电气设备的可靠性是一个复杂的涉及广泛知识领域的系统工程，只有在设计上给予充分的重视，采取各种技术措施，同时，在使用过程中按照流程操作、及时保养，才会有满意的成果。

第六章　电气自动化衍生技术与控制系统应用

第一节　电气自动化控制技术基础知识

一、加强电气自动化控制技术的建议

（一）电气自动化控制技术与地球数字化互相结合的设想

电气自动化工程与信息技术很好结合的典型的表现方法就是地球数字化技术，这项技术中包含了自动化的创新经验，可以把大量的、高分辨率的、动态表现的、多维空间的和地球相关的数据信息融合成为一个整体，成为坐标，最终成为一个电气自动化数字地球。将整理出的各种信息全部放入计算机中，与网络互相结合，人们不管在任何地方，只要根据整理出的地球地理坐标，便可以知道地球任何地方关于电气自动化的数据信息。

（二）现场总线技术的创新使用，可以节省大量的电气自动化成本

电气自动化工程控制系统中大量运用了现场总线与以以太网为主的计算机网络技术，经过了系统运行经验的逐渐积累，电气设备的自动智能化也飞速发展起来。在这些条件的共同作用下，网络技术被广泛地运用到了电气自动化技术中，所以现场的总线技术也由此产生。这个系统在电气自动化工程控制系统设计过程中更加凸显其目的性，为企业最底层的设施之间提供了通信渠道，有效地将设施的顶层信息与生产的信息结合在一起。针对不一样的间隔会发挥不一样的作用，根据这个特点可以对不一样的间隔状况分别实行设计。现场总线的技术普遍运用在企业的底层，初步实现了管理部门到自动化部门存取数据的目标，同时也符合网络服务于工业的要求。与DCS进行比较，可以节约安装资金、节省材料，可靠性能比较高，同时节约了大部分的控制电缆，最终实现节约成本的目的。

（三）加强电气自动化企业与相关专业院校之间的合作

鼓励企业到电气自动化专业的学校中去设立厂区、建立车间，进行职业技能培训、技术生产等，建立多种功能汇集在一起的学习形式的生产试验培训基地。走入企业进行教学，积极建设校外的培训基地，将实践能力的培养和岗位实习充分结合在一起。扩展学校与企业结合的深广程度，努力培养“订单式”人才。按照企业的职业能力需求，制订学校与企业共同研究培养人才的教学方案，以及相关的理论知识的学习指导。

（四）改革电气自动化专业的培训体系

（1）在教学专业团队的协调组织下，对市场需求中的电气自动化系统的岗位群体进行科学研究，总结这些岗位群体需要具有的理论知识和技术能力。学校组织优秀的专业的教师根据这些岗位群体反映的特点，制定与之相关的教学课程，这就是以工作岗位为基础形成的更加专业化的课程模式。

（2）将教授、学习、实践这三方面有机地结合起来，把真实的生产任务当作对象，重点强调实践的能力，对课程学习内容进行优化处理，专业学习中至少一半的学习内容要在实训企业中进行。教师在教学过程中，利用行动组织教学，让学生更加深刻地理解将来的工作程序。

随着经济全球化的不断发展和深入，电气自动化工程控制系统在我国社会经济发展中占有越来越重要的地位。电气自动化工程控制系统信息技术的集成化，使电气自动化工程控制系统维护工作变得更加简便，同时还总结了一些电气自动化系统的缺点，并根据这些缺点提出了使用现场总线的方法，不仅节省了资金和材料，还提高了可靠性。根据电气自动化系统现状分析其发展趋势，电气自动化工程控制系统要想长远发展下去就要不断地创新，将电气自动化系统进行统一化管理，并且要采用标准化接口，还要不断进行电气自动化系统的市场产业化分析，保证安全地进行电气自动化工程生产，保证这些条件都合格时还要注重加强电气自动化系统设备操控人员的教育和培训。此外，电气自动化专业人才的培养应该从学生时代开始，要加强校企之间的合作，使员工在校期间就能掌握良好的职业技能，只有这样的人才能为电气自动化工程所用，才能利用所学的知识更好地促进电气自动化行业的发展壮大，为社会主义市场经济的建设添砖加瓦。

第二节　电气自动化技术的衍生技术及其应用

一、电气自动化控制技术的应用

（一）应用电气自动化控制技术的意义

电气自动化控制技术是顺应社会发展潮流而出现的，其可以促进经济发展，是现代化生产所必需的技术之一。当今的电气企业中，为了扩大生产投入了大量的电气设施，这样不仅导致工作量巨大，而且导致工作过程十分复杂和烦琐。出于成本等方面的考虑，一般电气设备的工作周期很长、工作速度很快。为了确保电气设备的稳定、安全运行，同时为了促进电气企业的优质管理，电气企业应该有效地促进电气设备和电气自动化控制系统的融合，并充分发挥电气设备具备的优秀特性。

应用电气自动化控制技术的意义表现在三个方面。第一，电气自动化控制技术的应用实现了社会生产的信息化建设。信息技术的快速发展实现了电气自动化控制技术在各行各业的完美渗透，大力推动了电气自动化控制技术的发展。第二，电气自动化控制技术的应用使电气设备的使用、维护和检修更加方便快捷。利用Windows平台，电气自动化控制技术可以实现控制系统的故障自动检测与维护，提升了该系统的应用范围。第三，电气自动化控制技术的应用实现了分布式控制系统的广泛应用。通过连接系统实现了中央控制室、PLC、计算机、工业生产设备及智能设备等设备的结合，并将工业生产体系中的各种设备与控制系统连接到中央控制系统中进行集中控制与科学管理，降低了生产事故的发生概率，并有效地提升了工业生产的效率，实现了工业生产的智能化和自动化管理。

（二）应用电气自动化控制技术的建议

笔者经过研究发现，大多数运用电气自动化控制技术的企业都是将电气自动化控制技术当作一种顺序控制器使用，这也是实际生产中使用电气自动化控制技术的常见方法。例如，火力发电厂运用电气自动化控制技术可以有效地清理炉渣与飞灰。但是，在电气自动化控制技术被当作顺序控制器使用的情况下，如果控制系统无法有效地发挥自身的功能，电气设备的生产效率也会随之下降。对此，相关工作人员应该合理、有效地组建和设计电气自动化控制系统，确保电气自动化控制技术可以在顺序控制中有效地发挥自身的效能。

一般来说，电气自动化控制技术包含三个主要部分：一是远程控制，二是现场传感，三是主站层。以上部分紧密结合，缺一不可，为电气自动化控制技术顺序控制效能的充分发挥提供了保障。

电气自动化控制技术在应用时应达到的目标是，虚拟继电器运行过程需要电气控制以可编程存储器的身份进行参与。通常情形下，继电器开始通断控制时，需要较长的反应时间，这意味着继电器难以在短路保护期间得到有效控制。对此，电气企业要实施有效的改善方法，如将自动切换系统和相关技术结合起来，从而提高电气自动化控制系统的运行速度，该方法体现了电气自动化控制技术在开关调控方面所起到的应用效果。

由于经济市场的需要，IT技术与电气自动化控制技术的有效结合是大势所趋，且电子商务的发展进一步促进了电气自动化控制技术的发展。在此过程中，相关工作人员自身的专业性决定了电气自动化控制体系的集成性与智能性，并且它对操作电气自动化控制体系的工作人员提出了较高的专业要求。对此，电气企业必须加强对操作电气设备工作人员的培训，加深相关工作人员对电气自动化控制技术和系统的充分认识。与此同时，电气企业还要加强对安装电气设备的培训，使相关工作人员对电气设备的安装有所了解。此外，对于没有接触过新型电气自动化控制技术、新型电气设备的工作人员和电气企业来说，只有实行科学合理的培训才能够促进人员和企业的专业性发展。综上，电气企业必须重视提升工作人员的操作技术水准，确保每一位技术工作人员都掌握操控体系的软硬件，以及维修保养、具体技术要领等知识，以此提高电气自动化控制系统的可靠性和安全性。

我国电气自动化控制技术的应用方面存在较多问题，对此，人们应给予电气自动化足够的重视，加强电气自动化控制技术方面的研究，提高电气设备的生产率。为了达成有效应用电气自动化控制技术的目的，这里提出以下建议：

（1）要以电气工程的自动化控制要求为基本，加大技术研发力度，组织专业的专家和学者对各种各样的实践案例进行分析，总结电气工程自动化调控理论研究的成果，为电气自动化控制技术的应用提供明确的方向和思路。

（2）要对电气工程自动化的设计人员进行培训，举办专门的技术训练活动，鼓励设计人员努力学习电气自动化控制技术，从而使其可以根据实际需求接口标准，在工业控制设备与控制软件之间建立统一的数据存取规范。电气自动化技术及其应用研究情况，在电气自动化控制技术应用的过程中获得技术支持。

（3）要快速构建规范的电气自动化控制技术标准，使其在电气行业内起到标杆的作用，为电气自动化控制技术的信息化发展提供有力保障，从而确保统一、规范的行业技术应用。

（4）要实现电气自动化控制技术的使用企业与设计单位全面的信息交流沟通，以此达到其设计或应用的电气自动化控制系统能够达到预定的目标。

（5）如果电气自动化控制系统的工作环境相对较差，有诸如电波干扰之类的影响，企业相关负责人要设置一些抗干扰装置，以此保障电气自动化控制系统的正常运行，从而使其功能得到最大的发挥。

（三）电气自动化控制技术未来的发展方向

电气自动化控制技术目前的研究重点是，实现分散控制系统的有效应用，确保电气自动化控制体系中不同的智能模块能够单独工作，使整个体系具备信息化、外布式和开放化的分散结构。其中，信息化是指能够整体处理体系信息，与网络结合达到管控一体化和网络自动化的水平；外布式是一种能够确保网络中每个智能模块独立工作的网络，该结构能够达到分散系统危险的目的；开放化则是系统结构具有与外界的接口，实现系统与外界网络的连接。

在现代社会工业生产的过程中，电气自动化控制技术具备广阔的发展前景，逐渐成为工业生产过程中的核心技术。笔者在研究与查阅大量文献资料后，将电气自动化控制技术未来的发展方向归纳为三个方面：第一，人工智能技术的快速发展促进了电气自动化控制技术的发展，在未来社会中，工业机器人必定逐步转化为智能机器人，电气自动化控制技术必将全面提高智能化的控制质量；第二，电气自动化控制技术正在逐步朝集成化方向发展，未来社会中，电气行业的发展方向必定是研发出具备稳定工作性能的、空间占用率较小的电气自动化控制体系；第三，电气自动化控制技术随着信息技术的快速发展正在迈向高速化发展道路，为了向国内的工业生产提供科学合理的技术扶持，工作人员应该研发出具备控制错误率较低、控制速度较快、工作性能稳定等特征的电气自动化控制体系。

相信以上做法的实现可以促进电气产品从“中国制造”向“中国创造”的转变，开创出电气自动化控制技术的新的应用局面。在促进电气自动化控制技术创新的过程中，电气企业应该在维持自身产品价格竞争的同时，探索电气自动化控制技术科学、合理的发展路径，并将高新技术引入其中。此外，为了促进电气自动化控制技术的有效改革，电气企业应该根据国家、地区、行业和部门的实际要求，在达成全球化、现代化、国际化的进程中贯彻落实科学发展观，通过全方位实施可持续发展战略，掌握科学发展观的精神实质和主要含义，归纳、总结应用电气自动化控制技术过程中的经验教训，协调自身的发展思路和观念，最后通过科学发展观的实际需求，使自身的行为举止和思维方式得到切实统一。

总的来说，电气自动化控制技术未来的发展方向包括以下几方面，

1.不断提高自主创新能力（智能化）

智能家电、智能手机、智能办公系统的出现大大方便了人们的日常生活。据此可知，电气自动化控制技术的主要发展方向就是智能化。只有将智能化融入电气自动化控制技术中，才能够满足人们智能化生活的需求。根据市场的导向，研究人员要对电气自动化

控制技术做出符合市场实际需求的改变和规划。另外，鉴于每个行业对电气自动化控制技术的要求不同，研究人员还需要随时调整电气自动化控制技术，使电气自动化控制技术根据不同的行业特征，达到提升生产效率、减少投资成本的功效，从而增加企业的经营利润。

随着人工智能的出现，电气自动化控制技术的应用范围更大。虽然现在很多电气生产企业都已经应用了电气自动化控制技术来代替员工工作，减少了用工人数，但在自动化生产线的运行过程中，仍有一部分工作需要人工来完成。若是结合人工智能来研发电气自动化控制系统，就可以再次降低企业对员工的需要，提高生产效率，解放劳动力。由此可见，电气自动化控制技术未来一定是朝着智能化方向发展。

就电气自动化产品而言，因为越来越多的企业实施电气自动化控制，所以其在市场中占据的份额越来越大。电气自动化产品的生产厂商如果优化自身的产品、创新生产技术，就可以获取巨大的经济效益。对此，电气自动化产品的生产厂商应该积极主动地研发、创新智能化的电气自动化产品，提升自身的创新水平；优化自身的体系维护工作，为企业提供强有力的保障，促进企业的全面发展。

2.电气自动化企业加大人才要求（专业化）

要想促进电气行业的合理发展，电气企业应该加强对提升内部工作人员整体素养的重视，提高员工对电气自动化控制技术掌握的水平。为此，电气企业必须经常对员工进行培训，培训的重点内容即专业技术，以此实现员工技能与企业实力的同步增长。随着电气行业的快速发展，电气人才的需求量缺口不断扩大。虽然高等院校不断加大电气自动化专业人才的培养力度，以填补市场专业型人才的巨大缺口，但实际上，因高校培养的电气自动化人才的素质有所欠缺，电气自动化专业毕业生"就业难"和电气自动化企业"招聘难"的"两难"问题依旧突出。对此，高校必须加大人才培养力度，培养专业的电气自动化人才。

针对电气自动化控制系统的安装和设计过程，电气企业要经常对技术人员进行培训，以此提高技术人员的素质，同时，要注意扩大培训规模，以使维修人员的操作技术更加娴熟，从而推动电气自动化控制技术朝着专业化的方向大步前进。此外，随着技术培训的不断增多，实际操作系统的工作人员的工作效率大幅提升，培训流程的严格化、专业化还可以提高员工的维修和养护技术，加快员工今后排除故障、查明原因的速度。

3.电气自动化控制平台逐渐统一（统一化和集成化）

（1）统一化发展。

电气自动化控制技术在各个行业的实施和应用是通过计算机平台来实现的。这就要求计算机软件和硬件有确切的标准和规格，如果规格和标准不明确就会导致电气自动化控制系统和计算机软硬件出现问题，导致电气自动化系统无法正常运行。同样，如果发生计算机软硬件与电气自动化装置接口不统一的情况，就会使装置的启动、运行受到阻碍，无法发挥利用电气自动化设备调控生产的作用。因此，电气自动化装置的接口务必与电气设备的接口相统一，这样才能发挥电气自动化控制系统的兼容性能。另外，我国针对电气自动化控制系统的软硬件还没有制定统一的标准，这就需要电气生产厂家与电气企业协同合作，在设备开发的过程中统一标准，使电气产品能够达到生产要求，提高工作效率。

（2）集成化发展。

电气自动化控制技术除了朝着智能化方向发展，还会朝着高度集成化的方向发展。近年来，全球范围内的科技水平都在迅速提高，很多新的科学技术不断与电气自动化控制技术相结合，为电气自动化控制技术的创新和发展提供了条件。未来电气自动化控制技术必将集成更多的科学技术，这不仅可以使其功能更丰富、安全性更高、适用范围更广，还可以大大缩小电气设备的占地面积，提高生产效率，降低企业的生产成本。与此同时，电气自动化控制技术朝着高度集成化的方向发展对自动化制造业有极大的促进作用，可以缩短生产周期，并且有利于设备的统一养护和维修，有利于实现控制系统的独立化发展。

综上所述，未来电气自动化控制技术必然朝着统一化、集成化的方向发展，这样能够减少生产时间，降低生产成本，提高劳动力的生产效率。当然，为了使电气自动化控制平台能够朝着统一化、集成化的方向发展，电气企业需要根据客户的需求，在开发时采用统一的代码。

4.电气自动化技术层次的突破（创新化）

随着电气自动化控制技术的不断进步，电气工程也在迅猛发展，技术环境也日益开放，设备接口也朝着标准化方向飞速前进。实际上，以上改变对企业之间的信息交流沟通有极大的促进作用，方便了不同企业间进行信息数据的交换活动，克服了通信方面存在的一些障碍。通过对我国电气自动化控制技术的发展现状分析可知，未来我国电气自动化控制技术的水平会不断提高，达到国际先进水平，逐渐提高我国电气自动化控制技术的国际知名度，提升我国的经济效益。

虽然现在我国电气自动化控制技术的发展速度很快，但与发达国家相比还有一定的差距，我国电气自动化控制技术距离完全成熟阶段还有一段距离，具体表现为信息无法共享，致使电气自动化控制技术应有的功能不能完全发挥出来，而数据的共享需要依靠网络来实现，但我国电气企业的网络环境还不完善。不仅如此，由于电气自动化控制体系需要共享的数据量很大，若没有网络的支持，当数据库出现故障时，就会致使整个系统停止运转。为了避免这种情况的发生，加大网络的支持力度显得尤为重要。

当前，技术市场越来越开放，面对越来越激烈的行业竞争，各个企业为了适应市场变化，不断加大对电气自动化控制技术的创新力度，注重自主研发自动化控制系统，同时特别注重培养创新型人才，并取得了一定的成绩。实际上，企业在增强自身综合竞争力的同时，也在不断促进电气自动化控制技术的发展和创新，还为电气工程的持续发展提供技术层次上的支撑和智力层次上的保障。由此可见，电气自动化控制技术未来的发展方向必然包括电气自动化技术层面的创新，即创新化发展。

5.不断提高电气自动化技术的安全性（安全化）

电气自动化控制技术要想快速、健康地发展，不仅需要网络的支持，还需要安全方面的保障。如今，电气自动化企业越来越多，大多数安全意识较强的企业选择使用安全系数较高的电气自动化产品，这也促使相关的生产厂商开始重视产品的安全性。现在，我国工业经济正处于转型的关键时期，而新型的工业化发展道路是建立在越来越成熟的电气自动化控制技术的基础上的。换言之，电气自动化控制技术趋于安全化才能更好地实现其促进经济发展的功能。为了实现这一目标，研究人员可以通过科学分析电力市场的发展趋势，逐渐降低电气自动化控制技术的市场风险，防患于未然。

此外，由于电气自动化产品在人们的日常生活中越来越普及，电气企业应确保电气自动化产品的安全性，避免任何意外的发生，保证整个电气自动化控制体系的正常运行。

6.逐步开放化发展（开放化）

随着科学技术的不断发展和进步，研究人员逐渐将计算机技术融入电气自动化控制技术中，这大大加快了电气自动化控制技术的开放化发展。现实生活中，许多企业在内部的运营管理中也运用了电气自动化控制技术，主要表现在对ERP系统的集成管理概念的推广和实施上。ERP系统是企业资源计划（Enterprise Resource Planning）的简称，是指建立在信息技术的基础上，集信息技术与先进管理思想于一身，以系统化的管理思想，为企业员工及决策层提供决策手段的管理平台。一方面，企业内部的一些管理控制系统可以将ERP系统与电气自动化控制系统相结合后使用，以此促进管理控制系统更加快速、有效地获得所需数据，为企业提供更为优质的管理服务；另一方面，ERP系统的使用能够使传输速率平稳增加，使部门间的交流畅通无阻，使工作效率明显提高。由此可见，电气自动化控制技术结合网络技术、多媒体技术后，会朝着更为开放化的方向发展，使更多类型的自动化调控功能得以实现。

二、电气自动化节能技术的应用

（一）电气自动化节能技术概述

作为电气自动专业的新兴技术，电气自动化节能技术不断发展，已经与人们的日常生活及工业生产密切相关。它的出现不但使企业运行成本降低、工作效率提升，还使劳动人员的劳动条件和劳动生产率得以改善。近年来，“节能环保”逐渐被提上日程。根据世界未来经济发展的趋势可知，要想掌控世界经济的未来，就要掌握有关节能的高新产业技术。对于电气自动化系统来说，随着城市电网的逐步扩展，电力持续增容，整流器、变频器等使用频率越来越高，这会产生很多谐波，使电网的安全受到威胁。要想清除谐波，就要以节能为出发点，从降低电路的传输消耗、补偿无功，选择优质的变压器、使用有源滤波器等方面入手，从而使电气自动化控制系统实现节能的目的。基于此，电气自动化节能技术应运而生。

（二）电气自动化节能技术的应用设计

电气设备的合理设计是电力工程实现节能目的的前提条件，优质的规划设计为电力工程今后的节能工作打下了坚实的基础。为使读者对电气自动化节能技术有更加深入的了解，下面具体阐述其应用设计。

1.为优化配电的设计

在电气工程中，许多装置都需要电力来驱动，电力系统就是电气工程顺利实施的动力保障。因此，电力系统首先要满足用电装置对负荷容量的要求，并且提供安全、稳定的供电设备以及相应的调控方式。配电时，电气设备和用电设备不仅要达到既定的规划目标，而且有可靠、灵活、易控、稳妥、高效的电力保障系统，还要考虑配电规划中电力系统的安全性和稳定性。

此外，要想设计安全的电气系统，首先，要使用绝缘性能较好的导线，施工时还要确保每个导线间有一定的绝缘间距；其次，要保障导线的热稳定、负荷能力和动态稳定性，使电气系统使用期间的配电装置及用电设备能够安全运行；最后，电气系统还要安装防雷装置及接地装置。

2.为提高运行效率的设计

选取电气自动化控制系统的设备时，应尽量选择节能设备，电气系统的节能工作要从工程的设计初期做起。此外，为了实现电气系统的节能作用，可以采取减少电路损耗、补偿无功、均衡负荷等方法。例如，配电时通过设定科学合理的设计系数实现负荷量的适当。组配及使用电气系统时，通过采用以上方法，可以有效地提升设备的运行效率及电源的综合利用率，从而直接或间接地降低耗电量。

三、电气自动化监控技术的应用

（一）电气自动化监控系统的基本组成

将各类检测、监控与保护装置结合并统一后，就构成了电气自动化监控系统。目前，我国很多电厂的监控系统多采用传统、落后的电气监控体系，自动化水平较低，不能同时监控多台设备，不能满足电厂监控的实际需要。基于此，电气自动化监控技术应运而生，这一技术的出现很好地弥补了传统监控系统的不足。下面具体阐述电气自动化监控系统的基本组成。

1.间隔层

在电气自动化监控系统的间隔层中，各种设备在运行时常常被分层间隔，并且在开关层中还安装了监控部件和保护组件。这样一来，设备间的相互影响可以降到最低，很好地保护了设备运行的独立性。而且，电气自动化监控系统的间隔层减少了二次接线的用量，这样做不仅降低了设备维护的次数，还节省了很多资金。

2.过程层

电气自动化监控系统的过程层主要是由通信设备、中继器、交换装置等部件构成的。过程层可以依靠网络通信实现各个设备间的信息传输，为站内信息进行共享提供极好的条件。

3.站控层

电气自动化监控系统的站控层主要采用分布开发结构，其主要功能是独立监控电厂的设备。站控层是发挥电气自动化监控技术监控功能的主要组成部分。

（二）应用电气自动化监控技术的意义

1.市场经济意义

电气自动化企业采用电气自动化监控技术可以显著提升设备的利用率，加强市场与电气自动化企业间的联系，推动电气自动化企业的发展。从经济利益方面来说，电气自动化监控技术的出现和发展，极大地改变了电气自动化企业传统的经营和管理方式，改进了电气自动化企业对生产状况的监控方式，使得多种成本资源的利用更加合理。应用电气自动化监控技术不仅提升了资源利用率，还促进了电气自动化企业的现代化发展，从而使企业达成社会效益和企业经济效益的双赢。

2.生产能力意义

电气自动化企业的实际生产需要运用多门学科的知识，而要切实提高生产力，离不开先进科技的大力支持。将电气自动化监控技术应用到电气自动化企业的实际运营中，不仅降低了工人的劳动强度，还提高了企业整体的运行效率，避免了由于问题发现不及时而造成的问题。与此同时，随着电气自动化监控技术的应用，电气自动化企业劳动力减少，对于新科技、科研方面的投资力度加大，使电气自动化企业整体形成了良性循环，推动电气自动化企业整体进步。对此，需要注意的是，企业的管理人员必须了解电气自动化监控技术的实际应用情况，对电厂的发展做出科学的规划，以此体现电气自动化监控技术的向导作用。

（三）电气自动化监控技术在电厂的实际应用

1.自动化监控模式

目前，电厂中经常使用的自动化监控模式分为两种：一是分层分布式监控模式；二是集中式监控模式。

分层分布式监控模式的操作方式为：电气自动化监控系统的间隔层中使用电气装置实施阻隔分离，并且在设备外部装配了保护和监控设备；电气自动化监控系统的网络通信层配备了光纤等装置，用来收取主要的基本信息，信息分析时要坚决依照相关程序进行规约变换；最后把信息所含有的指令传送出去，此时电气自动化监控系统的站控层负责对过程层和间隔层的运作进行管理。

集中式监控模式是指电气自动化监控系统对电厂内的全部设备实行统一管理，其主要方式是：利用电气自动化监控把较强的信号转化为较弱的信号，再把信号通过电缆输入终端管理系统，使构成的电气自动化监控系统具有分布式的特征，从而实现对全厂进行及时监控。

2.关键技术

（1）网络通信技术

应用网络通信技术主要通过光缆或光纤来实现，还可以借助利用现场总线技术实现通信。虽然这种技术具备较强的通信能力，但它会对电厂的监控造成影响，并且限制电气自动化监控系统的有序运作，不利于自动监控目标的实现。实际上，如今还有很多电厂仍在应用这种技术。

（2）监控主站技术

这一技术一般应用于管理过程和设备监控中。应用这一技术能够对各种装置进行合理的监控和管理，能够及时发现装置运行过程中存在的问题和需要改善的地方。针对主站配置来说，需要依据发电机的实际容量来确定，不管发电机是哪种类型的，都会对主站配置产生影响。

（3）终端监控技术

终端监控技术主要应用在电气自动化监控系统的间隔层中，它的作用是对设备进行检测和保护。当电气自动化监控系统检验设备时，借助终端监控技术不仅能够确保电厂的安全运行，还能够提升电厂的可靠性和稳定性。这一技术在电厂的电气自动化监控系统中具有非常重要的作用。随着电厂的持续发展，这一技术将被不断完善，不仅要适应电厂进步的要求，还要增加自身的灵活性和可靠性。

（4）电气自动化相关技术

电气自动化相关技术经常被用于电厂的技术开发中，这一技术的应用可以减少工作人员在工作时出现的严重失误。要想对这一技术进行持续的完善和提高，主要从以下几个方面开展：

①监控系统。初步配置电气自动化监控系统的电源时，要使用直流电源和交流电源，而且两种电源缺一不可。如果电气自动化监控系统需要放置于外部环境中，则要将对应的自动化设备调节到双电源的模式。此外，需要依照国家的相关规定和标准进行电气自动化监控系统的装配，以此确保电气自动化监控系统中所有设备能够运行。

②确保开关端口与所要交换信息的内容相对应。绝大多数电厂通常会在电气自动化监控系统使用固定的开关接口，因此，设备需要在正常运行的过程中所有开关接口能够与对应信息相符。这样一来，整个电气自动化监控系统设计就十分简单，即使以后线路出现故障，也可以很方便地进行维修。但是，这种设计会使用大量的线路，给整个电气自动化监控系统制造很大的负担，如果不能快速调节就会降低系统的准确性。此外，电厂应用时要对自应监控系统与自动化监控系统间的关系进行确定，分清主次关系，坚持以自动化监控系统为主的准则，使电厂的监控体系形成链式结构。

③准确运用分析数据。在使用自动化系统的过程中，需要运用数据信息对对应的事故和时间进行分析。但是，由于使用不同电机，产生的影响会存在一定的差异，最终的数据信息内容会欠缺准确性和针对性，无法有效地反映实际、客观状况的影响。

第三节　自动控制系统及其应用

随着现代科学技术的飞速发展，作为一门综合性技术的自动化控制技术的发展越来越迅速，并被广泛应用于各个领域。自动化控制技术是指在没有人员参与的情况下，通过使用特殊的控制装置，使被控制的对象或过程自行按照预定的规律运行的一门技术。自动化控制技术以数学理论知识为基础，利用反馈原理来自觉作用于动态系统，使输出值接近或者达到人们的预定值。

自动控制系统的大量应用不仅提高了工作效率，而且提高了工作质量，改善了相关从业人员的工作环境。下面将对自动控制系统的相关内容及其应用进行系统阐述。

一、自动控制系统概述

这里所讲的自动控制系统是指应用自动控制设备，使设备自动生产的一整套流程。在实际生产中，自动控制系统会设置一些重要参数，这些参数会受到一些因素的影响并发生改变，从而使生产脱离正常模式。这时就需要自动控制装置发挥作用，使改变的参数回归正常数值。此外，许多工艺生产设备具有连续性，如果其中有一个装置发生了改变，都会导致其他装置设定的参数发生或大或小的改变，使正常的工艺生产流程受到影响。需要注意的是，这里所说的自动控制系统的自动调节不涉及人为因素。

人类社会的各个领域都有自动控制系统的影子。在工业领域，机械制造、化工、冶金等生产过程中的各种物理量，如速率、厚度、压力、流量、张力、温度、位置、相位、频率等方面都有对应的控制程序；有时人们会运用数字计算机进行生产数控操作，从而更好地控制生产过程，并使生产过程具备较高程度的自动化水平；还建立了同时具有管理与控制双重功能的自动操作程序。在农业领域，自动控制系统主要应用于农业机械自动化及水位的自动调节方面。在军事技术领域，各型号的伺服系统、制导与控制系统、火力控制系统等都应用了自动控制系统。在航海、航空、航天领域，自动控制系统不仅应用于各种控制系统中，还在遥控方面、导航方面及仿真器方面有突出表现。除此之外，自动控制系统在交通管理、图书管理、办公自动化、日常家务这些领域都有实际应用。随着控制技术及控制理论的进一步发展，自动控制系统涉及的领域会越来越大，其范围也会扩展到医学、生态、生物、社会、经济等方面。这也进一步说明了自动控制系统的发展前景十分广阔，值得人们对此进行研究和开发。

由上可知，由于自动控制系统具有良好的发展前景，相应地，该行业也需要更多的专业人才。以电气工程及其自动化专业为例，该专业是一个很受广大学生欢迎的专业，因此与其他专业相比，它的高考分数线相对比较高。造成这一现象的关键因素是：①这一专业在就业环境、收入和就业难易程度上都比其他专业占优势；②这一专业的名称高端，可以激发学生的兴趣；③这一专业的社会关注度非常高；④这一专业的研究内容向现实产品转换比较容易，且产生的效益也非常好，有非常好的发展前景。由此可见，这一专业具有创造性的研究思路，是发挥、展现个人能力的良好就业方向。这一专业是一个“宽口径”专业，专业人才要想更好地适应这一专业，就需要学习必要的学科知识。就专业人才而言，学习电气工程及其自动化专业的基础是学好电力网继电保护理论和控制理论，能够支持其研究的主要手段就是电子技术、计算机技术等。这一专业涵盖了系统设计、系统分析、系统开发、系统管理与决策等研究领域。这一专业还具有电工电子技术相结合、软件与硬件相结合、强弱电结合的特点，具有交叉学科的性质，是一门涉及电力、电子、控制、计算机等诸多学科的综合学科。

二、自动化控制系统的典型应用

（一）过程工业自动化

过程工业是指对连续流动或移动的液体、气体或固体进行加工的工业过程。过程工业自动化主要包括炼油、化工、医药、生物化工、天然气、建材、造纸和食品等工业过程的自动化。过程工业自动化以控制温度、压力、流量、物位（包括液位、料位和界面）、成分和物性等工业参数为主。

1.对温度的自动控制

工业过程中常用的温度控制主要包括以下几种情况：

（1）加热炉温度的控制

在工业生产中，经常遇到由加热炉来为一种物流加热，使其温度提高的情况。如在石油加工过程中，原油首先需要在炉子中升温。一般加热炉需要对被加热流体的出口温度进行控制。当出口温度过高时，燃料油的阀门就会适当地关小；如果出口温度过低，燃料油的阀门就会适当地开大。这样按照负反馈原理，就可以通过调节燃料油的流量来控制被加热流体的出口温度了。

（2）换热过程的温度控制

工业上换热过程是由换热器或换热器网络来实现的。通常换热器中一种流体的出口温度需要控制在一定的温度范围内，这时对换热器的温度控制系统就是必需的。只要调节换热器一侧流体的流量，就会影响换热器的工作状态和换热效果，这样就可以控制换热器另一侧流体的出口温度了。

（3）化学反应器的温度控制

工业上最常见的是进行放热化学反应的釜式化学反应器，这时调节夹套中冷却水的出口流量，就可以根据负反馈原理来控制反应釜中的温度了。

（4）分馏塔温度的控制

在炼油和化工过程中，分馏塔是最常见的设备，也是最主要的设备之一，对分馏塔的控制是最典型控制系统。在分馏塔的塔顶气相流体经过冷凝之后，要储存在回流罐之中，分馏塔的温度控制就是利用回流量的调节来实现的。

2.对压力的自动控制

工业过程中常用的压力控制，主要包括以下几种情况：

（1）分馏塔压力的控制

分馏塔的压力是受塔顶气相的冷凝量影响的，塔顶气相的冷凝量可以由改变冷却水的流量来调节。这样分馏塔的压力就可以由调节冷却水的流量来控制了。

（2）加热炉炉膛压力的控制。

加热炉的压力是保证加热炉正常工作的重要参数，对加热炉压力的控制是由调节加热炉烟道挡板的角度来实现的。

（3）蒸发器压力的控制

工业上常见到对蒸发器压力的控制，通常最多是使用蒸汽喷射泵来得到一个比大气压还低的低气压，就是工程上常说的真空度。因此，对蒸发器的压力控制也称为对蒸发器真空度的控制。

（二）电力系统自动化

电力系统的自动化主要包括发电系统的自动控制和输电、变电、配电系统的自动控制及自动保护。发电系统是指把其他形式的能源转变成电能的系统，主要包括水电站、火电厂、核电站等。电力系统自动控制的目的就是保证系统平时能够工作在正常状态下，在出现故障时能够及时正确地控制系统按正确的次序进入停机或部分停机状态，以防止设备损坏或发生火灾。

下面简单介绍火力发电厂和输电、变电、配电系统的自动控制和自动保护。

1.火力发电厂的生产过程

热电厂中的锅炉可以是燃煤锅炉、燃油锅炉或燃气锅炉。由锅炉产生的蒸汽经过加热成为过热蒸汽，然后送到汽轮发电机组中发电。由汽轮机出来的低压蒸汽还要经过冷凝塔，冷却成水再循环利用。由发电机产生的交流电经过升压变压器升压后送到输变电网。

2.锅炉给水系统的自动控制

在热电厂里，主要的控制系统包括对锅炉的控制、对汽轮机的控制和对发电电网方面的控制。对锅炉给水系统的控制是由典型的三冲量控制系统来完成的。所谓三冲量控制，就是要将蒸汽流量、给水流量和汽包液位综合起来考虑，把液位控制和流量控制结合起来，形成复合控制系统。

（三）飞行器控制

飞行器包括飞机、导弹、巡航导弹、运载火箭、人造卫星、航天飞机和直升机等，其中飞机和导弹的控制是最基本和重要的，这里只介绍飞机的控制系统。

1.飞机运动的描述

飞机在运动过程中是由6个坐标来描述其运动和姿态的，也就是飞机飞行时有6个自由度。其中，3个坐标是描述飞机质心的空间位置的，可以是相对地面静止的直角坐标系的X、Y、Z坐标，也可以是相对地心的极坐标或球坐标系的极径和2个极角，在地面上相当于距离地心的高度和经度纬度。另外，3个坐标是描述飞机的姿态的，其中，第一个是表示机头俯仰程度的仰角或机翼的迎角；第二个是表示机头水平方向的方位角，一般用偏离正北的逆时针转角来表示，这两个角度就确定了飞机机身的空间方向；第三个叫倾斜角，就是表示飞机横侧向滚动程度的侧滚角。当两侧翅膀保持相同高度时，倾斜角为0°。

2.对飞机的人工控制

飞机的人工控制就是驾驶员手动操纵的主辅飞行操纵系统。这种系统可以是常规的机械操纵系统，也可以是电传控制的操作系统。人工控制主要是针对六个方面进行控制的。

（1）驾驶员通过移动驾驶杆来操纵飞机的升降舵（水平尾翼），进而控制飞机的俯仰姿态。当飞行员向后拉驾驶杆时，飞机的升降舵就会向上转一个角度，气流就会对水平尾翼产生一个向下的附加升力，飞机的机头就会向上仰起，使迎角增大。若此时发动机功率不变，则飞机速度相应减小。反之，向前推驾驶杆时，则升降舵向下偏转一个角度，水平尾翼产生一个向上的附加升力，使机头下俯、迎角减小，飞机速度增大。这就是飞机的纵向操纵。

（2）驾驶员通过操纵飞机的方向舵（垂直尾翼）来控制飞机的航向。飞机做没有侧滑的直线飞行时，如果驾驶员蹬右脚蹬时，飞机的方向舵向右偏转一个角度。此时气流就会对垂直尾翼产生一个向左的附加侧力，就会使飞机向右转向，并使飞机做左侧滑。相反，蹬左脚蹬时，方向舵向左转，使飞机向左转，并使飞机做右侧滑。这就是飞机的方向操纵。

（3）驾驶员通过操纵一侧的副机翼向上转和另一侧的副机翼向下转，而使飞机进行滚转。飞行中，驾驶员向左压操纵杆时，左翼的副翼就会向上转，而右翼的副翼则同时向下转。这样，左侧的升力就会变小而右侧的升力就会变大，飞机就会向左产生滚转。当向右压操纵杆时，右侧副翼就会向上转而左侧副翼就会向下转，飞机就会向右产生滚转。这就是飞机的侧向操纵。

（4）驾驶员通过操纵伸长主机翼后侧的后缘襟翼来增大机翼的面积进而提高升力。

（5）驾驶员通过操纵伸展主机翼后侧的翘起的扰流板（也叫减速板），来增大飞机的飞行阻力进而使飞机减速。

（6）驾驶员通过操纵飞机的发动机来改变飞机的飞行速度。

（四）智能交通运输系统

智能交通系统（Intelligent Transport System，ITS）是把先进电子传感技术、数据通信传输技术、计算机信息处理技术和控制技术等综合应用于交通运输管理领域的系统。

1.交通信息的收集和传输

智能交通系统不是空中楼阁，也不是仿真系统，而是实实在在的信息处理系统，所以它就必须有尽量完善的信息收集和传输手段。交通信息的收集方式有很多种，常用的包括电视摄像设备、车辆感应器、车辆重量采集装置、车辆识别和路边设备以及雷达测速装置等。其中，电视摄像设备主要收集各路段车辆的密集程度，以供交通信息中心决策之用；车辆重量采集装置一般是装在路面上，可以判定道路的负荷程度；车辆识别和路边设备，可以收集车辆所在位置的信息；雷达测速装置，可以收集汽车的速度信息。所有这些信息都要送到交通信息处理中心，信息中心不仅要存有路网的信息，还要存有公共交通的路线的信息等，这样才能使信息中心良好地工作。

2.交通信息的处理系统

在庞大的道路交通网上，交通的参与者有几万，甚至几十万，其中包括步行、骑自行车、乘公交车（包括地铁和轻轨）、乘出租车或自己驾车，道路上的情况瞬息万变。人们经常会遇到由于交通事故或意外事件造成的堵车，如何使路口的信号系统聪明起来，能够及时处理信息和思考呢？如能快速探测到事故或事件，并快速响应和处理，将会大大减少由此造成的堵车困扰。

智能交通监控系统就是为此开发的，它使道路上的交通信息与交通相关信息尽量完整和实时；交通参与者、交通管理者、交通工具和道路管理设施之间的信息交换实时和高效；控制中心对执行系统的控制更加高效；处理软件系统具备自学习、自适应的能力，交通信息的处理系统就是将交通状态信息和交通工程原始信息进行数据分析加工，从而输出交通对策。所谓路线诱导数据，就是指各路段的连接关系，根据这些关系可以做交通行为分析，进而做参数分析，交通行为分析就是分析各个车辆所行走的路线，这样就为计算宏观交通状况分析提供了数据。根据交通流量、密度和路段分时管理信息可以做出交通流量分析，进而为动态交通分配提供数据，根据路网路况信息和排放量数据可以做环境负荷分析。由交通流量、密度和交通流量分析的结果可以做动态交通分配，进而可以做出各时间交通量的预测。根据车辆移动数据、环境负荷分析和参数分析的结果，可以做出宏观交通状况分析。根据这些数据分析，最后就可以得出各种交通对策。这些交通对策包括交通诱导、道路规划、交通监控、环境对策、收费对策、信息提供和交通需求管理等。

3.大公司开发的智能交通系统

智能交通系统，在它的发展过程中，设备的技术进步是决定的因素。如果只有先进的思路而没有先进的设备，这样产生的系统必然是落后过时的。所以，智能交通系统的各个分系统或子系统都首先在大公司酝酿并产生了。它们的指导思路是首先融合信息、指挥、控制及通信的先进技术和管理思想，综合运用现代电子信息技术和设备，密切结合交通管理指挥人员的经验，使交通警察和交通参与者对新系统的开发提出看法和意见，这样集有线/无线通信、地理信息系统（Geographical Information System，GIS）、全球定位系统（GPS：Global Position System，GPS）、计算机网络、智能控制和多媒体信息处理等先进技术于一体，就是所希望开发的实用系统。其中，一些分系统或子系统如下。

（1）交通控制系统（Traffic Control System）；

（2）交通信息服务系统（Traffic Information Service System）；

（3）物流系统（Logistic System）；

（4）轨道交通系统（Railway System）；

（5）高速公路系统（Highway System）；

（6）公交管理系统（Public Traffic Management System）；

（7）静态交通系统（Static Traffic System）；

（8）ITS专用通信系统（ITS Communication System）。

交通视频监控系统（Video Monitoring System，VMS）是公安指挥系统的重要组成部分，它可以提供对现场情况最直观的反映，是实施准确调度的基本保障。重点场所和监测点的前端设备将视频图像以各种方式（光纤、专线等）传送至交通指挥中心，进行信息的存储、处理和发布，使交通指挥管理人员对交通违章、交通堵塞、交通事故及其他突发事件做出及时、准确的判断，并相应调整各项系统控制参数与指挥调度策略。

多种交通信息的采集、融合与集成及发布是实现智能交通管理系统的关键。因此，建立一个交通集成指挥调度系统是智能交通管理系统的核心工作之一。它使交通管理系统智能化，实现了交通管理信息的高度共享和增值服务，使得交通管理部门能够决策科学、指挥灵敏、反应及时和响应快速；使交通资源的利用效率和路网的服务水平得到大幅度提高；有效地减少汽车尾气排放，降低能耗，促进环境、经济和社会的协调发展和可持续发展；也使交通信息服务能够惠及千家万户，让交通出行变得更加安全、舒适和快捷。

智能交通系统又是公安交通指挥中心的核心平台，它可以集成指挥中心内交通流采集系统、交通信号控制系统、交通视频监控系统、交通违章取证系统、公路车辆监测记录系统、122接管处理系统、GPS车辆调度管理系统、实时交通显示及诱导系统和交通通信系统等各个应用系统，将有用的信息提供给计算机处理，并对这些信息进行相关处理分析，判断当前道路交通情况，对异常情况自动生成各种预案，供交通管理者决策，同时可以将相关交通信息对公众发布。

（五）生物控制论

生物控制论是控制论的一个重要分支，同时它又属于生物科学、信息科学及医学工程的交叉科学。它研究各种不同生物体系统的信息传递和控制的过程，探讨它们共同具有的反馈调节、自适应的原理以及改善系统行为，使系统具有稳定运行的机制。它是研究各类生物系统的调节和控制规律的科学，并形成了一系列的概念、原理和方法。生物体内的信息处理与控制是生物体为了适应环境，求得生存和发展的基本问题。不同种类的生物、生物体各个发展阶段，以及不同层次的生物结构中，都存在信息与控制问题。

之所以研究生物系统中的控制现象，是因为生物系统中的控制过程同非生物系统中的控制过程很多都是非常类似的，而生物体中控制系统又是每个都有其各自特点的，这些特点常常在人类设计自己需要的控制系统时，非常有借鉴作用。从系统的角度来说，生物系统同样也包含着采集信息部分、信息传输部分、处理信息并产生命令的部分和执行命令的部分。所不同的是，在生物体中，这些工作都是由生物器官来完成的。例如，生物体中对声音、光线、温度、气压、湿度等的感觉就是由特定的感觉器官来完成的，这些信息又通过神经纤维传输的神经中枢进行信息处理并产生相应的命令，最后这些命令送到各自的执行器官去执行。这就是生物系统的闭环控制过程。

当前，该学科研究比较热门的问题是神经系统信息加工的模型与模拟、生物系统中的非线性问题、生物系统的调节与控制、生物医学信号与图像处理等。近年来，理解大脑的工作原理已成为生物控制论的新热点。其中，关键是揭示感觉信息，特别是视觉信息在脑内是如何进行编码、表达和加工的。大脑在睡眠、注意和思维等不同的脑功能状态下的模型与仿真问题，特别是动态脑模型，以及学习、记忆与决策的机理都是很热门的问题。关于大脑意识是如何产生的，它的物质基础是什么，也已吸引许多科学家着手研究。

（六）社会经济控制

1.系统动力学模型

社会经济控制是以社会经济系统模型为基础的，社会经济系统的模型是以系统动力学方法建立的，它是研究复杂的社会经济系统动态特性的定量方法。这种方法是由美国麻省理工学院的福雷特教授在20世纪50年代创立的，是借鉴机械系统的动力学基本原理创立的。机械系统的动力学就是根据推动力和定量惰性之间的关系来建立运动的动态方程式，进而来研究机械系统的动态特性、速度特性及各种波动的调节方法。系统动力学方法则是以反馈控制理论为基础，建立社会系统或经济系统的动态方程或动态数学模型，再以计算机仿真为手段来进行研究。这种方法已成功地应用于企业、城市、地区和国家，甚至许多世界规模的战略与决策等分析中，被誉为社会经济研究的战略与决策实验室。这种模型从本质上看是带时间滞后的一阶差分或微分方程，由于建模时借助于流图，其中，积累、流率和其他辅助变量都具有明显的物理意义，因此可以说是一种预告和实际对比的建模方法。系统动力学虽然使用了推动力、入出流量、存储容量或惰性惯量这些概念，可以为经济问题和社会问题建立动态的数学模型，但为各个单元所建立的模型大多为一阶动态模型，具有一定的近似性，加上实际系统易受人为因素的影响，所以对经济系统或社会系统的动态定量计算的精度都不是很高。

系统动力学方法与其他模型方法相比，具有以下特点。

（1）适用于处理长期性和周期性的问题。

如同自然界的生态平衡，人的生命周期和社会问题中的经济危机等都呈现周期性规律，并需通过较长的历史阶段来观察，已有不少系统动力学模型对其机制做出了较为科学的解释。

（2）适用于对数据不足的问题进行研究。

在社会经济系统建模中，常常遇到数据不足或某些数据以量化的问题，系统动力学借助各要素间的因果关系及有限的数据及一定的结构仍可进行推算分析。

（3）适用于处理精度要求不高的、复杂的社会经济问题。

①因果反馈。

如果事件A（原因）引起事件B（结果），那么A、B间便形成因果关系。若A增加引起B增加，称A、B构成正因果关系；若A增加引起B减少，则为负因果关系。两个以上因果关系链首尾相连构成反馈回路，也分为正、负反馈回路。

②积累。

积累这种方法是把社会经济状态变化的每一种原因看作一种流，即一种参变量，通过对流的研究来掌握系统的动态特性和运动规律。流在节点的累积量便是“积累”，用以描述系统状态，系统输入、输出流量之差为积累的增量。“流率”表述流的活动状态，也称为决策函数，积累则是流的结果。任何决策过程均可用流的反馈回路描述。

③流图。

流图由积累、流率、物质流及信息流等符号构成，直观形象地反映系统结构和动态特征。

2.系统动力学模型的应用举例

（1）中等城市经济的系统动力学模型及政策调控研究

系统动力学模型能全面和系统地描述复杂系统的多重反馈回路、复杂时变及非线性等特征，能很好地反映区域经济系统对宏观调控政策的动态效果及敏感程度；能有效地避免事后控制所带来的经济震荡。采用系统动力学这一定性分析与定量分析综合集成的方法，在利用区域经济学、计量经济学、数理统计等有关理论和方法对一个城市经济系统进行系统研究的基础上，建立该城市经济系统动力学模型，并进行政策模拟，可提供一些有益的政策建议。

（2）区域经济的系统动力学研究

运用系统动力学的定性与定量相结合的分析方法和手段，解决区域经济系统中长期存在的问题，并提供政策和建议，具有重大的推广应用价值。在技术原理及性能上具有如下特点：区域经济系统及其子系统都是具有多重反馈结构的复杂时变系统，因此采用一般的定量分析方法难以全面、系统地反映这一复杂系统，难以把握区域经济系统及其子系统的宏观调控过程，以及在此过程中的动态反映效果及敏感程度，容易引起事后控制所带来的经济震荡。在充分研究区域经济系统的基础上，可提供区域经济系统及其子系统之间相互联系、相互作用和相互影响的机制。利用系统动力学方法建立区域经济系统及其子系统的系统动力学模型，对模型的结构、行为及模型的一致性、适应性等进行验证，以确保模型的合理性。

第四节　电气自动化技术与工业控制网络技术

一、计算机控制系统与现场总线技术概述

（一）控制系统网络化发展的三个阶段

1.传统集散控制系统

集散式控制系统（DCS）针对集中式控制系统风险集中的弊端，把一个控制过程分解为多个子系统，由多台计算机协同完成。其结构主要有以下特点：具有现场级的控制单元（PLC、MCU等），现场级控制单元与现场设备用电缆连接，采用标准4～20mA模拟信号传输；具有中央控制单元（CPU），中央控制单元与现场级控制单元之间采用RS-232/485等以专用非开放协议通信。目前，DCS领域主要由Honeywell、Fisher、ABB、Foxboro、西门子等公司占据。

应该说，集散控制系统具有了一定的网络化思想，它适应于当时的计算机和网络技术水平，但在实际应用中也体现出了不足。首先，集散系统仍然是模拟数字混合系统，模拟信号的转换和传输使系统精度受到限制。其次，它在结构上遵循主从式思想的原则，没有完全突破集中控制模式的束缚；一旦主机故障，系统可靠性就无法保障。最后，DCS系统属非开放式专用网络系统，各系统互不兼容，不利于继续提高系统可维护性和组态灵活性。集散控制系统在控制领域类似于计算机领域中主机与终端的共用。

2.现场总线控制系统

现场总线控制系统（FCS）是一种开放的分布式控制系统。它突破了集散控制系统中采用专用网络的缺陷，把专用封闭协议变成标准开放协议。同时，它使系统具有完全数字计算和数字通信能力。结构上，它采用了全分布式方案，把控制功能彻底下放到现场，提高了系统可靠性和灵活性。因此，FCS系统与DCS系统比较具有很多优点：它是现场通信

网络，设备之间可点对点、点对多点或广播多种方式通信；利用统一组态与任务下载，使得如PID、数字滤波、补偿处理等简单控制任务可动态下载到现场设备；它可减少传输线路与硬件设备数量，节省系统安装维护的成本；它还增强了不同厂家设备的互操作性和互换性。当前，出现了多种现场总线，如基金会总线（FF）、LON总线、Profibus、HART及CAN总线等。

从目前来看，现场总线控制系统主要不足是：各种现场总线尽管都是开放协议，遵循同一种协议不同厂家的产品可以兼容；但是，各种协议并没有统一，不同总线协议的系统不易互联。而且，现场总线通信协议与上层管理信息系统或进一步的Internet所广泛采用的TCP/IP协议是不兼容的，也存在协议转换问题。这些增加了控制和管理信息一体化网络的实现难度。多种现场总线的共存对应于计算机网络发展中多种局域网协议共存的时期。

3.开放嵌入式网络化控制系统

控制系统采用统一的网络协议和结构模型是当今控制界的共识。TCP/IP协议是一个跨平台的通信协议族，能方便地实现异种机互联，它促使计算机信息网络及Internet近十年的飞速发展。因此，TCP/IP协议由信息网络向底层控制网络延伸和扩展，形成控制与信息一体化分布式全开放网络，符合计算机、网络和控制技术融合的潮流，是逻辑的必然。网络和微处理器技术的发展，使得网络的频带不断加宽，微处理器的体积不断缩小，运算能力不断增加。宽带网和更高性能处理器的出现使得TCP/IP协议有可能应用于实时测控系统中，从而导致开放嵌入式网络化控制系统的产生。测控仪表和家庭智能化领域已经出现了小型嵌入式设备以TCP/IP协议联网的应用。

这种控制系统借助于局域网和互联网使得遥感、遥控成为可能。由于借鉴了计算机软、硬件和网络技术，可以降低系统成本，进一步增加系统的开放性。除了应用层外，通信协议的统一将不再有不同协议转换问题，为控制网络和信息网络集成提供了最完美的解决方案。

但应看到，目前绝大多数实时控制还是在隔离或封闭网段上实现，真正的跨网络远程实时控制还没有出现；大量设备上网导致的IP地址资源不足也将是一个严重问题。解决的办法是：继续提高网络速度；增加微处理器的运算能力；完成TCP/IP协议软件的小型化；尽快以IPv6替代IPv4，扩展IP资源。

（二）现场总线技术产生的意义

现场总线控制系统继气动信号控制系统PCS，4～20mA等点动模拟信号控制系统，数字计算机集中式控制系统和集散式分布控制系统DCS之后，被誉为第五代控制系统。它采用了基于公开化、标准化的开放式解决方案，实现了真正的全分布式结构，将控制功能下放到现场，使控制系统更加走向于分布化、扁平化、网络化、集成化和智能化。

现场总线的产生和发展，使一个企业的现场级控制网络可以更方便有效地与办公信息网络通信，二者的集成对企业信息基础设施的改进具有重大意义。可以说，现场总线从开始出现时就是为了融入实际上已通行的TCP/IP信息网络中，并与其有效地集成到一起，为企业提供一个强有力的控制与通信基础设施。现场总线技术产生的意义如下。

（1）现场总线技术是实现现场级设备数字化通信的一种工业现场层网络通信技术，这是工业现场级设备通信的一次数字化革命。应用现场总线技术可用一条电缆将带有通信接口的智能化现场设备连接起来，使用数字化通信代替4～20mA 24VDC信号，完成现场设备控制、检测、远程参数化等功能。

（2）传统的现场级自动化监控系统采用一对一连线的4～20mA/24DCV信号，信息量有限，难以实现设备之间及系统与外界之间的信息交换，使自控系统成了工厂中的“信息孤岛”，严重制约了企业信息集成及企业综合自动化的实现。

（3）基于现场总线的自动化监控系统采用计算机数字化通信技术，使自控系统与设备加入工厂信息网络，成为企业信息网络底层，使企业信息沟通的覆盖范围一直延伸到生产现场。

在CIMS系统中，现场总线是计算机网络到现场级设备的延伸，是支持现场与车间级信息集成的技术基础。

基于现场总线的现场级与车间级自动化监控及信息集成系统所具有的主要优点如下。

（1）增强了现场级信息集成能力。现场总线可从现场设备获取大量丰富信息，能够更好地满足自动化及CIMS系统的信息集成要求。现场总线是数字化通信网络，它不单纯取代4～20mA，还可实现设备状态、故障、参数信息传送。系统除完成远程监控外，还可完成远程参数化工作。

（2）开放式、互操作性、互换性、可集成性。不同厂家产品只要使用同一总线标准，就具有互操作性、互换性，因此设备具有很好的可集成性。系统为开放式，允许其他厂商将自己专长的控制技术，如控制算法、工艺流程、配方等集成到通用系统中去。因此，市场上将有许多面向行业特点的监控系统。

（3）系统可靠性高、可维护性好。基于现场总线物自动化监控系统采用总线连接方式替代一对一的I/O连线，对于大规模I/O系统来说，减少了由接线点造成的不可靠因素。同时，系统具有现场级设备的在线故障诊断、报警、记录功能，可完成现场设备的远程参数设定、修改等参数化工作，也增强了系统的可维护性。

（4）降低了系统及工程成本。对大范围、大规模的I/O分布式系统来说，省去了大量的电缆、I/O模块及电缆敷设工程费用，降低了系统及工程成本。

（三）现场总线

1.现场总线概念

国际电工委员会IEC61158对现场总线（fieldbus）的定义是：安装在制造或过程区域的现场装置与控制室内的自动控制装置之间的数字式、串行、多点通信的数据总线。第2版（Ed2.0）IEC 61158-2用于工业控制系统中的现场总线标准——第2部分：物理层规范（Physical Layer Specification）与服务定义（Server Definition）又进一步指出，现场总线是一种用于底层工业控制和测量设备，如变送器（Transducers）、执行器（Actuators）和本地控制器（Local Controllers）之间的数字式、串行、多点通信的数据总线。对现场总线概念的理解和解释还存在一些不同的表述。

现场总线一般是指一种用于连接现场设备，如传感器（Sensors）、执行器及像PLC、调节器（Regulators）、驱动控制器等现场控制器的网络；现场总线是应用在生产现场、在微机化测量控制设备之间实现双向串行多节点数字通信的系统，也被称为开放式、数字化、多点通信的底层控制网络；现场总线是一种串行的数字数据通信链路，它沟通了生产过程领域的基本控制设备（现场设备）之间以及更高层次自动控制领域的自动化控制设备（车间级设备）之间的联系；现场总线是连接控制系统中现场装置的双向数字通信网络；现场总线是用于过程自动化和控制自动化（最底层）的现场设备或现场仪表互联的现场数字通信网络，是现场通信网络与控制系统的集成；现场总线是从控制室连接到现场设备的双向全数字通信总线；在自动化领域，“现场总线”一词是指安装在现场的计算机、控制器以及生产设备等连接构成的网络；现场总线是应用在生产现场、在测量控制设备之间实现工业数据通信、形成开放型测控网络的新技术，是自动化领域的计算机局域网，是网络集成的测控系统。

2.现场总线系统的组成

如上所述，现场总线一般应被看作一个系统、一个网络或一个网络系统，它应用于现场测量和/或控制目的，通常称之为现场总线控制系统（Fieldbus Control System，FCS），有时也简称为现场总线系统或现场总线网络。也就是说，现场总线与现场总线控制系统或现场总线系统/网络往往是不作区分的。

与计算机系统一样，现场总线（系统）也是由硬件和软件两大部分组成的。硬件包括通信线（或称通信介质、总线电缆）、连接在通信线上的设备[称为总线设备或装置、节点、站点（主站、从站）]。软件包括以下几部分：组态工具软件——用计算机进行设备配置、网络组态提供平台的工具软件；组态通信软件——通过计算机将设备配置、网络组态信息传送至总线设备而使用的软件[将配置与组态信息根据现场总线协议/规范（Protocol/Specification）的通信要求进行处理，再从计算机通过总线电缆传送至总线设备]；控制器编程软件——用户程序提供编程环境的软件平台；用户程序软件——根据系统的工艺流程及其他要求而编写的PLC（控制器）应用程序；设备接口通信软件——根据现场总线协议/规范而编写的用于总线设备之间通过总线电缆进行通信的软件；设备功能软件——使总线设备实现自身功能（不包括现场总线通信部分）的软件；监控组态软件——运行于监控计算机（通常也称为上位机）上，具有实时显示现场设备运行状态参数、故障报警信息，并进行数据记录、趋势图分析及报表打印等功能。

3.现场总线的技术特点及优点

现场总线是当今3C技术，即通信（Communication）、计算机（Computer）、控制（Control）技术发展的结合点，也有人认为是过程控制技术、自动化仪表技术、计算机网络技术三大技术发展的交汇点，是信息技术、网络技术的发展在控制领域的体现，是信息技术、网络技术发展到现场的结果。

现场总线是自动化领域技术发展的热点之一，将对传统的工业自动化带来革命，从而开创工业自动化的新纪元。现场总线控制系统必将逐步取代传统的独立控制系统、集中采集控制系统和集散控制系统（Distributed Control System，DCS），成为21世纪自动控制系统的主流。

（1）现场总线的技术特点。与DCS等传统的系统相比，现场总线（系统）在本质上具有以下技术特点。

现场总线是现场通信网络。这具有两方面的含义：①现场总线将通信线（总线电缆）延伸到工业现场（制造或过程区域），或总线电缆就是直接安装在工业现场的；②现场总线完全适应于工业现场环境，因为它就是为此而设计的。

现场总线是数字通信网络。在现场总线（系统）中，同层的或/和不同层的总线设备之间均采用数字信号进行通信。具体地说：①现场底层的变送器/传感器、执行器、控制器之间的信号传输均用数字信号；②中/上层的控制器、监控/监视计算机等设备之间的数据传送均用数字信号；③各层设备之间的信息交换均用数字信号。传统的DCS的通信网络介于操作站与控制站之间，而现场仪表与控制站中的输入/输出单元之间采用的是一对一的模拟信号输出。

现场总线是开放互联网络。现场总线作为开放互联网络是指：①现场总线标准、协议/规范是公开的，所有制造商都必须遵守；②现场总线网络是开放的，既可实现同层网络互联，也可实现不同层次网络互联，而不管其制造商是哪一家；③用户可共享网络资源。在①、②、③三者中，①起决定性作用，②、③是①的结果。

现场总线是现场设备互联网络。现场总线通过一根通信线将所需的各个现场设备（如变送器/传感器、执行器、控制器）互相连接起来，即用一根通信线直接互联N个现场设备，从而构成了现场设备的互联网络。

现场设备的互操作性与互换性：①互操作性：不同厂商的现场设备可以互联，互相之间可以进行信息交换并可统一组态；②互换性：不同厂商的性能类似的现场设备可以互相替换。现场总线中现场设备的互操作性与互换性是DCS无法具备的。

（2）现场总线优点。现场总线所具有的数字化、开放性、分散性、互操作性与互换性及对现场环境的适应性等特点，决定和派生了其一系列优点。

导线和连接附件大量减少：①一根总线电缆直接连接N台现场设备，电缆用量大大减少（原来DCS的几百根甚至几千根信号与控制电缆减少到现场总线的一根总线电缆）；②端子、槽盒、桥架、配线板等连接附件用量大大减少。其中，②是由①决定的。

仪表和输入/输出转换器（卡件）大量减少：①采用人机界面、本身具有显示功能的现场设备或监视计算机代替显示仪表，使仪表的数量大大减少；②输入/输出转换器（卡件）的数量大大减少。在DCS系统中所用的4～20 mA线路只能获得一个测量参数，且与控制站中的输入/输出单元一对一地直接相连，因此输入/输出单元数量多。而在现场总线中，一台现场设备可以测量多个参数，并将它们以所需的数字信号形式通过总线电缆进行传送，因此对单独的输入/输出传换器（卡件）的需要减少了。

维护开销大幅度降低：①系统的高可靠性使系统出现故障的概率大大减少；②强大的故障诊断功能使故障的早期发现、定位和排除变得快速而有效，系统正常运行时间更长，维护、停工时间大大减少。

系统可行性提高：①系统结构与功能的高度分散性决定了系统的高可靠性；②现场总线协议/规范对通信可靠性方面（通信介质、报文检验、报文纠错、重复地址检测等）的严格规定保证了通信的高可靠性。

系统测量与控制的精度提高：在现场总线中，各种开关量、模拟量就近转变为数字信号，所有总线设备间均采用数字信号进行通信，避免了信号的衰减和变形，减少了传送误差。换言之，现场总线采用数字信号通信这一数字化特点，从根本上提高了系统的测量与控制精度。

系统具有优异的远程监控功能：①可以在控制室远程监视现场设备和系统的各种运行状态；②可以在控制室对现场设备及系统进行远程控制。

系统具有强大的（远程）故障诊断功能：①可以论断和显示各种故障，如总线设备和连接器的断路、短路故障以及通信故障和电源故障等；②可以将各种状态及故障信息传送到控制室的监视/监控计算机中，大大减少了使用和维护人员不必要的现场巡视。当现场总线安装在恶劣环境中时，这具有重要意义。

二、控制网络的基础

（一）控制网络概述

1.工业信息化与自动化的层次模型

工业企业的发展目标是实现工业企业信息化与自动化。工业企业的组织和管理模式正朝“扁平化”方向发展，这就是一种新型的工业企业信息化与自动化的层次模型，它包括信息层、自动化层、设备层。

设备层的主要功能如下。

（1）现场设备的标准化、规范化、数字化。

（2）现场设备方便接入与互联。

（3）实现现场设备的基本控制功能。

（4）现场总线是适应设备层开放发展策略的一类控制网络。

自动化层的主要功能：

（1）提供一个功能强大的控制主干网，允许各类现场总线与其互联。

（2）实现高层次的自动化控制功能，如协调控制、监督控制、优化控制以及新型的敏捷制造、虚拟企业生产模式等。

（3）能够方便实现与信息层的集成。

信息层的主要功能如下。

（1）建立以市场经济为先导的先进企业管理机制。

（2）具有综合信息管理与设备管理功能。

（3）能为自动化层提供科学决策、计划调度与生产指挥等。

这种层次模型是相对的，随着嵌入式系统的发展，设备层与自动化层正在逐步融合在一起。同时，随着网络技术的发展，自动化层与信息化层也正在沿着集成的方向发展。

2.控制网络类型及其相互关系

从控制网络组网技术来说，控制网络有共享式控制网络与交换式控制网络两大类。现场总线控制网络一般为共享式网络结构。为了增强网络的通信功能，分布式控制网络正在迅速发展，但不管是共享式控制网络，还是交换式控制网络均可组建分布式控制网络。随着嵌入式系统的发展，嵌入式控制网络显现出巨大的优越性。同样，共享式控制网络与交换式控制网络均可构建嵌入式控制网络。

3.分布式控制网络技术

由于不少控制系统生产厂商并不提供真正的开放平台，目前比较普遍的一种控制网络结构是：上层控制网络与下层的现场总线通过通信控制器组成一种主从式结构的控制网络。这种主从式结构控制网络的不足之处体现在以下三个方面。

（1）主从式控制结构增加系统的复杂性与额外的资源开销。

（2）通信控制器一般为专用控制器，不具备开放性系统的根本条件。

（3）控制网络的层次结构使网络间通信受到限制。

克服主从式控制网络结构不足之处的一种方法是采用分布式控制网络结构。

分布式控制网络的特点如下。

（1）在分布式控制网络中，各种现场总线控制网络通过路由器互联，路由器工作方式只是在网络中进行逻辑隔离，而非物理隔离，使通道之间透明。

（2）分布式控制网络结构是一个集成的网络，一个网络工具可以在网上任何地点对网上的其他节点进行工作，使系统安装、监测、诊断、维护都非常方便。

（3）控制网络之间遵循TCP/IP协议，实现控制网络的开放性。IP路由器是实现分布式控制网络的关键设备，已引起各大公司的关注。

4.嵌入式控制网络技术

（1）嵌入式控制系统。由嵌入式控制器通过网络接口接入各类网络，包括LAN、WAN、Internet Intranet等，组成具有分布式网络信息处理能力、先进控制功能的控制网络，称为嵌入式控制网络。

嵌入式控制系统具有如下特点：嵌入式控制网络中嵌入式控制器的操作系统平台、网络通信平台为当今世界流行的开放式平台，为嵌入式控制网络的开放性奠定基础。嵌入式控制器的操作平台，如Windows CE，功能强，应用软件开发快捷、方便。在PC Windows系统操作系统上开发的应用软件能直接在Windows CE环境中运行，也就是说，开发嵌入式控制器应用软件无须专用的软件开发系统与工具。功能强大的嵌入式CPU为嵌入式控制器提供高性能、高速处理能力及灵活的扩展方式。支持TCPI/P协议，容易实现网络互联与网络扩展。可应用各种网络作为嵌入式控制器接入主干网，这些主干网通信速率高，实时性好，并支持分布式网络计算，实现网络协同工作。同时，各种已经十分成熟的网络技术、网络设备为组建高性能价格比的嵌入式控制网络提供有利的条件。

（2）嵌入式控制器。嵌入式控制器是设计用于执行指定独立控制功能并具有以复杂方式处理数据能力的控制系统。它由嵌入的微电子技术芯片（包括微处理芯片、定时器、序列发生器或控制器等一系列微电子器件）来控制的电子设备或装置，从而使该设备或装置能够完成监视、控制等各种自动化处理任务。

嵌入式控制器主要用于实时控制、监视、管理或辅助其他设备运转，它由微处理器芯片、固化在芯片内的软件及其他部件共同组成。

嵌入式控制器软件结构包括：嵌入式操作系统；应用程序、应用程序编程接口API；实时数据库等。

嵌入式CPU与通用型CPU相比呈现异彩纷呈的景象，目前世界上仅32位嵌入式CPU就有100种以上。嵌入式CPU大多工作在特定用户群设计的系统中，具有低功耗、体积小、集成度高等特点，有利于嵌入式控制器设计趋于小型化、智能化并与网络应用紧密结合。

（3）网络接口。网络接口为嵌入式控制器接入网络提供必要的条件。网络接口以32位CPU为中心，控制器完成网络接口的控制功能，通信接口有RS232C串行接口、通信协议转发器接口、网络接口等。

（二）网络拓扑

网络拓扑是指存在于网络中的各个节点之间相互的物理或逻辑上的连接关系，拓扑发现就是用来确定这些节点以及它们之间的连接关系，这主要包括两方面的工作：一是节点的发现，包括主机、路由器、交换机、接口和子网等；二是连接关系的发现，包括路由器、交换机以及主机之间的相互连接关系等。网络拓扑发现技术在复杂网络系统的模拟、优化和管理、服务器定位以及网络拓扑敏感算法的研究等方面都有着不可替代的作用，同时网络拓扑发现技术也存在许多的困难和挑战。现今网络的规模和结构日益庞大复杂，如果想要获得准确完整的拓扑信息，就需要付出极大的工作量，而网络本身又没有提供任何专门针对网络拓扑发现的机制，使得管理人员经常不得不采用一些比较原始的工具进行网络拓扑发现，加大了网管人员的工作难度。网络中的节点经常会发生物理位置和逻辑属性上的变化，各个节点间的连接也经常发生着变化，导致整个网络的结构时常发生变化，再加上网络协议版本的更新换代以及动态路由策略的影响，使得发现的网络拓扑结构永远是过了时的拓扑结构。不同的管理机构管辖着不同的网络范围，不同的网络之间硬件和软件的类型又有很大的差异，这使得网络本身就具有异构性的特征，而且出于安全保密等方面的考虑，不同的网络都会采取一定的策略来隐藏自己的拓扑信息，这使得网络拓扑发现工作变得更加困难。

（三）网络互联

1.网络互联概念

20世纪末，国际标准化组织（ISO）制定了开放系统互联基本参考模型（OSI），OSI参考模型采用分层结构技术，将整个网络的通信功能分为职责分明的七层，由高到低分别是应用层、表示层、会话层、传输层、网络层、数据链路层、物理层。目前计算机网络通信中采用最为普遍的TCP/IP协议，吸收了OSI标准中的概念及特征。TCP/IP模型由四个层次组成：应用层、传输层、网络层、数据链路层+物理层。只有等层之间才能相互通信。一方在某层上的协议是什么，对方在同一层次上也必须采用同一协议。路由器就工作在TCP/IP模型的第三层（网络层），主要作用是为收到的报文寻找正确的路径，并把它们转发出去。

2.网络互联体系结构

在研究和发展异构网络互联技术的过程中，人们首先要解决的课题是网络互联体系结构（互联体制）和互联协议的研究，而研究适合异构网络互联的通用体系结构，就相当于制定一个通用的互联策略。

3.网络互联体制类别

在体系结构上，归纳起来，至今有两类能实现系统互通的网络互联体制，即“逐段法”体制和“端—端法”体制。

端系统A通过假定为异构的三个网络（NETI、NETZ和NET3）的互联，来实现它与端系统B的网间连接，中间经过了两个互通单元IwU（中继系统）的子网间连接。图中阴影部分表示子网接入和服务机构，分为若干层，统一向较高一层提供与网络特性有关的网络服务功能NS。更高一层NS，转换成与网络无关的传送服务功能ST。系统之间的互通，根据前面的定义，就应发生在从这一层开始的高层部分。图中用实线箭头表示了系统（端系统或中继系统）之间的互通关系。另外，说明一点：图中各层的面积大小，可视为反映该层所提供的服务等级（功能与质量）的量度。

“逐段法”互联体制，这种体制又称为“协议变换”制式，它利用网关进行不同子网间的协议变换，使网间服务功能逐段调合在统一的服务层次上，它充分地利用各个子网现有接入机构提供的网络服务功能，不要求对这种机构做任何修改。在端—端连接的通路上，穿越每个子网作为一段（一跳程）。在每一段上，只利用该子网的服务功能和传递功能来完成该段上的连接通信。段与段之间的协调则由IWIJ的中继功能（包括协议变换、路由与流控等）来完成。最后在逐段连接的“超级”通路上为端系统A—B之间提供了等效的“端—端”传送服务，它是与网络无关的服务功能，为应用进程创建了互通环境。

在这种互联体制中，最终能提供给端系统之间的服务功能和服务等级，显然等于沿途所有子网所能提供的服务的公共子集。如要扩大这种服务子集，可以在网络服务机构（如051/RM的网络层）中增加执行某种规程（如所谓的“子网相关聚合协议”SNDCP），或者进行协议转换来完成服务变换。显然，这要付出更多的开发费用，增加了IWU的复杂性和成本，但它的运行费用较低，因为当业务通过较高质量等级的子网时，可避免那些不必要的控制和重传，降低了网络负荷和开销。

“端—端法”互联体制亦称为“网间协议”制式（Internet Protocol），它要求两端系统执行相同的传送协议，以提供共同的与网络无关的传送服务功能，保证两端具有共同属性的全面服务，从而直接实现端—端通信，为应用进程创建互通环境。这种互联体制的一个关键点是：要从沿途各个子网的接入机构中，至少“提取”出一个共同的较简单的网络服务功能（如数据报服务），作为公共的网间服务功能，因而整个网络互联体系也只提供这种服务功能，来支持统一的端—端传送服务。各端系统和各网关都执行相同的“网间协议”（IP），来实现这种网间服务功能。

这种体制可以使用较简单的网关，通路上故障点少，主要的开发和开销集中在端系统中。由于要求对网间公共服务的一致性，又考虑到异构网络各自服务质量等级的差异，每段只能“提取”较低等级的服务功能。在现有的IP标准中，只有无连接方式的数据报服务类型。因此，最后服务等级的改善，只能通过端—端传送协议（TP或TCP）来保证（如完成排序、丢失重传、重叠检测等）。它的不合理性在于：对服务等级的提供，是在跨越所有子网链上进行的，这意味着那些质量等级高的网络要应付额外的控制而增加网络的负荷和开销。

4.互联体制的比较与选择

在建立网络互联体系结构的整体模型之前，首先遇到的问题是采用“逐段法”体制还是采用“端—端法”体制，因为它是影响体系结构模型的最重要因素，是模型的基本框架一般需从运行费用、研制费用、传输质量与可靠性、寻址策略和网关复杂性等多方面，对两种互联体制作一番比较。

基于上述比较，归纳出各自的优缺点如下。

“逐段法”互联体制：

优点：能充分利用各子网的服务功能和质量等级；简化传送控制，业务传输质量和可靠性高，运行费用低。

缺点：寻址开销大，路由不够灵活，可能要求服务聚合和协议转换，因而网关较复杂，研制费用高。

“端—端法”互联体制：

优点：全局寻址和独立路由，网络坚固性和可靠性高；网关技术简单，成本低。虽然目前只有提供数据报服务的网间协议，但它的适用面较宽，因为大多数网络（尤其是LAN、PRNFT、SATNFT等）都提供数据报的无连接服务。

缺点：只能提供无连接方式的网络服务；业务的传输质量必须由端系统的传送服务来保证，增加了主机负荷和开发费用；对各互联子网的控制开销和运行费用较高。

5.网络互联设备

（1）中继器。中继器（Repeater）工作于OSI的第一层（物理层），中继器是最简单的网络互联设备，连接同一个网络的两个或多个网段，主要完成物理层的功能，负责在两个网络节点的物理层上按位传递信息，完成信号的复制、调整和放大功能，以此增加信号传输的距离，延长网络的长度和覆盖区域，支持远距离的通信。一般来说，中继器两端的网络部分是网段，而不是子网。中继器只将任何电缆段上的数据发送到另一段电缆上，并不管数据中是否有错误数据或不适于网段的数据。大家最常接触的是网络中继器，在通信上还有微波中继器、激光中继器、红外中继器等，机理类似，触类旁通。

中继器又称转发器，分为多路复用器、多口中继器、模块中继器和缓冲中继器等。它工作在OSI模型的最底层（物理层），作用是放大和再生信号，以使信号具有足够的能量在介质中进行长距离传输。

中继器由均衡放大器、定时提取电路、信码的判决和再生电路构成。

均衡放大：是将经传输线衰耗而且失真的基带信号加以均衡放大，以补偿传输线带来的衰耗和频率失真。

定时提取：是从输入的信码中提取时钟频率信息（时间指针），以产生用于判决和再生电路的定时脉冲（和发信端频率一致）。

信码再生：将已均衡放大后的信号用时间指针在固定的时刻进行判决，产生出再生的信息码，以继续传输。

判决方式：取均衡波幅度最大值的1/2为判决电平，当判决时钟到来后，若其幅度大于1/2的最大值，则判决为“1”；否则为“0”。因此，均衡波的质量直接影响判决。

中继器只能用于一个LAN中多个网段之间的连接，起扩展LAN的作用，没有其他功能（如检错、纠错、过滤等功能）。从通信的角度来看，中继器类似于模拟通信中的线路放大器，完成的是信号传输功能。

从理论上讲，可以采用中继器连接无限数量的媒介段，然而实际上各种网络中接入的中继器数量因受时延和衰耗等的具体限制，最多允许4个中继器连接5个网段。

（2）网桥。网桥（Bridge）也叫桥接器，是连接两个局域网的一种存储—转发设备，它能将一个较大的LAN分割为多个网段，或将两个以上的LAN互联为一个逻辑LAN，使LAN上的所有用户都可以访问服务器。

网桥工作在物理层之上的数据链路。即数据链层（LLC）和媒体访问控侧（MAC）子层。大多数网络（尤其是局域网）结构上的差异体现在MAC层，因此网桥被用于局域网中的MAC层的转换。它所连接的协议比中继器高，因此功能更强。网桥用来控制数据流量、处理传送差错、提供物理寻址、介质访问算法。

网桥具有筛选和过滤的功能，可以适当隔离不需要传播的信息，从而改善网络功能，包括提高整个扩展通城网的数据吞吐量和网络响应速度，并且可以改善网络系统的安全保密性。

随着LAN上的用户数量和工作站数增加，LAN上的通信也随之增加，因而引起性能下降。这是所有LAN共同存在的问题，特别是使用IEEE801。3CSMA/CD访问方法的LAN，这个问题表现得更为突出。在这种LAN环境下，对网络进行分段，以减少网络上的用户数和通信量，可以用网桥隔离分段间的流量。

在用网桥划分网段时，一是减少每个LAN段上的通信量，二是要确保网段间的通信量小于每个网段内部的通信量。

（3）路由器。路由器跟集线器和交换机不同，是工作在OSI的第三层（网络层），根据IP进行寻址转发数据包。路由器是一种可以连接多个网络或网段的网络设备，能将不同网络或网段之间（如局域网—以太网）的数据信息进行转换，并为信包传输分配最合适的路径，使它们之间能够进行数据传输，从而构成一个更大的网络。路由器之所以在互联网络中处于关键地位，是因为它处于网络层，一方面能够跨越不同的物理网络类型（DDN、FDDI、以太网等），另一方面在逻辑上将整个互联网络分割成逻辑上独立的网络单位，使网络具有一定的逻辑结构。路由器的主要工作是为经过路由器的每个数据帧寻找一条最佳传输路径，并将该数据有效地传送到目的站点。

路由器的基本功能是，把数据（IP报文）传送到正确的网络，则包括：IP数据报的转发，包括数据报的寻径和传送；子网隔离，抑制广播风暴；维护路由表，并与其他路由器交换路由信息，这是IP报文转发的基础；IP数据报的差错处理及简单的拥塞控制；实现对IP数据报的过滤和记账。

由于网络层需要处理数据分组、网络地址、决定数据分组的转发、决定网络中信息的完整路由等，因此，路由器具有更多和更高的网络互联功能。除了路由选择和数据转发两大典型功能外，路由器一般还具有流量控制、网络和用户管理等功能。

数据转发：在网络间完成数据分组（报文）的传送。

路径选择：根据距离、成本、流量和拥塞等因素选择最佳传输路径引导通信。

流量控制：路由器不仅有更多的缓冲，还能控制收发双方的数据流量，使两者更匹配。

网络管理功能：路由器是连接多种网络的汇集点，网络之间的信息流都要通过路由器，利用路由器监视网络中的信息流动、监视网络设备工作、对信息和设备进行管理等是比较方便的。因为大部分路由器可以支持多种协议的传输，所以路由器连接的物理网络可以是同类网也可以是异类网，它能很容易地实现LAN—LAN、LAN—WAN、WAN—WAN和LAN—WAN—LAN等网络互联方式的连接。

（4）网关。网关也称信关、入口。网关是网络节点，它是进入另一网络的入口。在公司网中，代理服务器作为网关使用，连接内因特网和因特网。网关也可以是一个将信号由一个网络传送到另一网络的设备。20世纪80年代初，DARP A net在考虑IP协议的地址选择时，定义了两种路由选择方式，一种称为直接路由选择，另一种则是间接路由选择。对于直接路由选择，凡是属于同一个网络的计算机节点，IP地址中具有相同的网络标识码（Net—ID），在IP数据报从发送者传送给接收者的过程中，进行直接路由选择。这种路由选择不经过网关。如果网络中的不同节点之间，IP地址的网络标识码不同，就要作间接路由选择，IP数据报报文从发送者发出后，中途要经过网关才能到达接收者的系统。这样，DARP A net中的各个网络通过网关彼此相连，通信时的数据报经由一个一个网关的传送，直到最后送交数据报的接收节点。随着因特网的发展，网关的功能被赋予新的内容。DAPAnet实现不同网络连接时路由选择的网关，用今天的观点来看，只不过是一种通常使用的路由器而已。

由于需要实现异型网络之间的联结，就存在不同网络协议之间的转换问题。一些不采用TCP/IP协议的网络，如X.25公共交换数据网、BITnet，它们在同因特网联结时，要求其间的网关不仅有路由器的功能，也要有网络协议转换的功能。所以，现在一般把网关视为在不同网络之间实现协议转换并进行路由选择的专用网络通信计算机。一些计算机网络生产厂家为特定的网络协议转换和路由选择算法设计了专用网关。

当两种不同的网络互联构成更大的网络时，实现网络间地址机制的映射、协议的转换、分组的分割与组装、网络间的控制以及送取权限与记账等功能的设备。

三、CAN总线

（一）CAN总线的性能特点

CAN总线即控制器局域网络。由于其高性能、高可靠性及独特的设计，CAN越来越受到人们的重视。其应用范围目前已经不再局限于汽车行业，而向过程工业、机械工业、纺织机械、农用机械、机器人、数控机床、医疗器械及传感器等领域发展。

CAN总线是德国BOSCH公司在20世纪80年代初为解决现代汽车中众多的控制与测试仪器之间的数据交换而开发的一种串行数据通信协议，它是一种多主总线，通信介质可以是双绞线、同轴电缆或光导纤维。通信速率可达1MBPS。CAN总线通信接口中集成了CAN协议的物理层和数据链路层功能，可完成对通信数据的成帧处理，包括位填充、数据块编码、循环冗余检验、优先级判别等项工作。

CAN协议的一个最大特点是废除了传统的站地址编码，而代之以对通信数据块进行编码。采用这种方法的优点可使网络内的节点个数在理论上不受限制，数据块的标识码可由11位或29位二进制数组成，因此可以定义211个或229个不同的数据块，这种按数据块编码的方式，还可使不同的节点同时接收到相同的数据，这一点在分布式控制系统中非常有用。数据段长度最多为8个字节，可满足通常工业领域中控制命令、工作状态及测试数据的一般要求。同时，8个字节不会占用总线时间过长，从而保证了通信的实时性。CAN协议采用CRC检验并可提供相应的错误处理功能，保证了数据通信的可靠性。CAN卓越的特性、极高的可靠性和独特的设计，特别适合工业过程监控设备的互联，因此，越来越受到工业界的重视，CAN已经形成国际标准，并已被公认为几种最有前途的现场总线之一。

另外，CAN总线采用了多主竞争式总线结构，具有多主站运行和分散仲裁的串行总线以及广播通信的特点。CAN总线上任意节点可在任意时刻主动地向网络上其他节点发送信息而不分主次，因此可在各节点之间实现自由通信。CAN总线协议已被国际标准化组织认证，技术比较成熟，控制的芯片已经商品化，性价比高，特别适用于分布式测控系统之间的数通信。CAN总线插卡可以任意插在PC AT XT兼容机上，方便地构成分布式监控系统。

CAN属于总线式串行通信网络，由于其采用了许多新技术及独特的设计，与一般的通信总线相比，CAN总线的数据通信具有突出的可靠性、实时性和灵活性。其特点可概括如下。

（1）CAN为多主方式工作，网络上任一节点均可在任意时刻主动地向网络上其他节点发送信息，而不分主从，通信方式灵活，且无须站地址等节点信息。利用这一特点，可方便地构成多机备份系统。

（2）CAN网络上的节点信息分成不同的优先级，可满足不同的实时要求，高优先级的数据最多可在134us内得到传输。

（3）CAN采用非破坏性总线仲裁技术，当多个节点同时向总线发送信息时，优先级较低的节点会主动退出发送，而最高优先级的节点可不受影响地继续传输数据，从而大大节省了总线冲突仲裁时间。尤其是在网络负载很重的情况下也不会出现网络瘫痪情况。

（4）CAN只需通过报文滤波即可实现点对点、一点对多点及全局广播等几种方式传送接收数据，无须专门“调度”。

（5）CAN的直接通信距离最远可达10km（速率kbps以下）；通信速率最高可达1Mbps（此时通信距离最长为40km）。

（6）CAN上的节点数主要取决于总线驱动电路，目前可达110个；报文标识符可达2032种。

（7）采用短帧结构，传输时间短，受光干扰概率低，具有极好的检错效果。

（8）CAN的每帧信息都有校验CRC及其他检错措施，保证了数据出错率极低。

（9）CAN节点在错误严重的情况下具有自动关闭输出功能，以使总线上其他节点的操作不受影响。

（二）CAN总线的技术介绍

1.位仲裁

要对数据进行实时处理，就必须将数据快速传送，这就要求数据的物理传输通路有较高的速度。在几个站同时需要发送数据时，要求快速地进行总线分配。实时处理通过网络交换的紧急数据有较大的不同。一个快速变化的物理量，如汽车引擎负载，将比类似汽车引擎温度这样相对变化较慢的物理量更频繁地传送数据并要求更短的延时。

CAN总线以报文为单位进行数据传送，报文的优先级结合在11位标识符中，具有最低二进制数的标识符有最高的优先级。这种优先级一旦在系统设计时被确立后就不能再被更改。总线读取中的冲突可通过位仲裁解决。当几个站同时发送报文时，站1的报文标识符为011111；站2的报文标识符为0100110；站3的报文标识符为0100111。所有标识符都有相同的两位01，直到第3位进行比较时，站1的报文被丢掉，因为它的第3位为高，而其他两个站的报文第3位为低。站2和站3报文的4位、5位、6位相同，直到第7位时，站3的报文才被丢失。注意，总线中的信号持续跟踪最后获得总线读取权的站的报文。在此例中，站2的报文被跟踪。这种非破坏性位仲裁方法的优点在于，在网络最终确定哪一个站的报文被传送以前，报文的起始部分已经在网络上传送了。所有未获得总线读取权的站都成为具有最高优先权报文的接收站，并且不会在总线再次空闲前发送报文。

CAN具有较高的效率是因为总线仅仅被那些请求总线悬而未决的站利用，这些请求是根据报文在整个系统中的重要性按顺序处理的。这种方法在网络负载较重时有很多优点，因为总线读取的优先级已被按顺序放在每个报文中了，这可以保证在实时系统中较低的个体隐伏时间。

对于主站的可靠性，由于CAN协议执行非集中化总线控制，所有主要通信，包括总线读取（许可）控制，在系统中分几次完成。这是实现有较高可靠性的通信系统的唯一方法。

2.CAN与其他通信方案的比较

实践中，有两种重要的总线分配方法：按时间表分配和按需要分配。在第一种方法中，不管每个节点是否申请总线，都对每个节点按最大期间分配。由此，总线可被分配给每个站并且是唯一的站，而无论其是立即进行总线存取或在特定时间进行总线存取。这将保证在总线存取时有明确的总线分配。在第二种方法中，总线按传送数据的基本要求分配给一个站，总线系统按站所希望的传送分配（如Ethernet CSMA/CD）。因此，当多个站同时请求总线存取时，总线将终止所有站的请求，这时将不会有任何一个站获得总线分配。为了分配总线，多于一个总线存取是必要的。

CAN实现总线分配的方法，可保证当不同的站申请总线存取时，明确地进行总线分配。这种位仲裁的方法可以解决当两个站同时发送数据时产生的碰撞问题。不同于Ethernet网络的消息仲裁，CAN的非破坏性解决总线存取冲突的方法，确保在不传送有用消息时总线不被占用。甚至当总线在重负载情况下，以消息内容为优先的总线存取也被证明是一种有效的系统。虽然总线的传输能力不足，所有未解决的传输请求都按重要性顺序来处理。在CSMA/CD这样的网络中，如Ethernet，系统往往由于过载而崩溃，而这种情况在CAN中不会发生。

（三）CAN总线的技术特点

目前，除了有大量可用的低成本的CAN接口器件之外，CAN之所以在世界范围内得到广泛认可，是由于它具有如下突出的特点：

多主方式及面向事件的信息传输：只要总线空闲总线系统中的任何一个节点都可发送信息，所以，任何一个节点均可以与其他的节点交换信息。这一特点非常重要，因为正是它才使面向事件的信息传输成为可能。

帧结构：CAN总线的数据帧由七部分组成：帧起始、仲裁场、控制场、数据场、CRC场、应答场、帧尾。其中帧起始由一个单独的“显性”位（bit）组成，仲裁场由29bit组成（早期版本为11bit），控制场由6bit构成，数据场由0~8byte的数据组成，不能多于8字节，CRC场由16bit组成，应答场由2bit构成，帧尾由7bit（“隐性”）组成。

每个帧都具有一定的优先权，帧的优先权是由帧的仲裁场（又称为帧标识，用ID表示）决定的。

非破坏性仲裁（CSMA/CD）方式：与普通的Ethernet不同，CAN总线访问仲裁是基于非破坏性的总线争用仲裁（Non Destructive bitwise Arbitration）方案。当总线空闲时，线路表现为“闲置”电平（recessive level），此时任何站均可发送报文，任何节点都可以开始发送信息帧，这样就可能导致两个以上的节点同时开始访问总线。CAN的物理层具有如下特性：只有当所有的节点都写入从属位（1，recessive level），网络上才是1；只要有一个节点写入决定位（0，dominant level），网络上就是0。也就是说，决定位覆盖从属位；CAN总线上的任何一个节点写总线的同时也在读总线。为了防止破坏另一个节点的发送帧，一个节点在发送帧标识和RTR位的过程中一直在监控总线，一旦检测到发送隐性位得到一个显性位，则表明有比自己优先权高的节点在使用总线，节点自动转入监听状态，检验是不是自己需要的数据。优先权高的信息帧不会被破坏而是继续传输。这种仲裁原则保证了最高优先权的信息帧在任何时间都可优先发送，同时充分地利用了总线的带宽。

四、工业控制网络系统的安全

（一）设备扫描及发现

设备扫描及发现类的安全工具主要目的是发现接入网络环境中的各类软硬件资产，并初步收集到其相关的设备软硬件、网络拓扑、开源情报等信息，便于后期进一步分析使用，是整个安全检测的准备环节。

1.Nmap

NMAP也就是Network Mapper，最早诞生于Linux平台，专门用来扫描网络连接状态，推断业务开放情况和系统类别。现在加入了更多功能特性的优化和插件扩展，也支持了对工业控制系统中大量设备的识别、扫描和仿真的能力，并有良好的自我隐蔽能力。

NMAP几乎可以说是所有安全工作者的必备网络安全工具，在渗透过程中一般都是在进行网络服务和系统状态信息收集阶段被使用，然后进一步计划后续的攻击或测试手段。

2.Shodan

首先，Shodan是一个搜索引擎，但它与Google这种搜索网址的搜索引擎不同，Shodan是用来搜索网络空间中在线设备的，你可以通过Shodan搜索指定的设备，或者搜索特定类型的设备，其中Shodan上最受欢迎的搜索内容是：webcam，linksys，cisco，netgear，SCADA等。

和其他搜索引擎一样，Shodan每天都在互联网上不断地爬行和抓取信息。其名字取自风靡一时的电脑游戏“System Shock”中的邪恶主机。其保存的搜索项之一是“Server：SQ-WEBCAM”，它可以为我们显示出当前连接的多个IP摄像机。

Shodan之所以被认为是对黑客友好的搜索引擎，主要是因为利用它可以搜索到许多对黑客有利的信息（如banner信息、连接类型等）。虽然这些信息也可以在像Google这样的搜索引擎上找到，但前提是你必须得知道正确的Google搜索语法。

通常，Shodan还将揭示设备的指纹、密钥交换（kex）算法、服务器主机密钥算法、加密算法、MAC算法和压缩算法。

如果无意中你的一个设备被显示在了Shodan搜索结果中，并公开了你一些不想被公开的信息，这将会是你弥补漏洞的好机会，对于渗透测试者来说，任何数据都有可被利用的价值。

（二）漏洞扫描及发现

漏洞扫描及发现工具是在了解目标环境的基本信息和状态的情况下，有针对性地测试目标系统可能存在的漏洞缺陷，以有利于找到可能被攻击者所利用的问题，尽早进行弥补和防范。由于漏洞扫描通常包含很多错误结果，导致测试人员误入歧途，特别是不同的操作系统和版本控制，产生的错误比例有的时候超过50%。为了减少这种错误，一般测试的时候至少会选择两个漏洞扫描器。

1.Nessus

Nessus作为知名的漏洞扫描分析工具被全球超过75000个机构所使用，虽然从当年的免费软件现在转为商用化软件，但仍然有大批的拥趸。不同于一般C/S架构的漏洞扫描工具，Nessus还支持B/S的方式部署使用，无论从资源调度还是使用方式上都来得更加灵活。然后，Nessus针对每一个漏洞都有一个对应的插件，实现漏洞库的模块化，这种插件同NMAP类似，使用的是Nessus自己的脚本代码，这种形式大大地方便了漏洞库的维护管理。而在所有扫描结束之后Nessus也有多种格式支持的专业数据报告会输出，详细呈现并分析了统计扫描的结果，以及对应的防御方式。

2.APPScan

APPScan是业界第一款并且领先的Web应用安全测试工具包，也是唯一一个在所有级别应用上提供全面纠正任务的工具。APPScan扫描web应用的基础框架，进行安全漏洞测试并提供可行的报告和建议。APPScan的扫描能力，配置向导和详细的报表系统都进行了整合，简化使用，增强用户使用效率，有利于安全防范和保护Web应用基础架构。

另外，在国际最知名的商用安全扫描工具中，提供简体中文支持的也只有APPScan一个。

3.OpenVAS

OpenVAS是一个提供全面而强大的漏洞扫描和漏洞管理解决方案的服务和工具框架，号称世界上最先进的开源漏洞扫描器和管理器。

（三）漏洞利用及渗透

通过自动化或者手工的方式对脆弱的目标系统进行扫描之后，所掌握的漏洞信息其实并不一定都是可以被直接利用的。我们可能需要借助一些工具进行漏洞利用的测试，或者直接模拟攻击者进行渗透测试。

渗透攻击到目标系统后，紧接着要做的就是对系统的服务特征和本地环境进行快速评估，进一步进行资产识别、提权、留后门、删除痕迹等操作。

1.Metasploit

Metasploit是业界最知名的安全工具之一，多年被安全工作者评为最伟大的安全工具，并且其还是完全开源免费的，千千万万的安全工作人员常常使用这个工具来对漏洞进行安全检测和利用测试。Metasploit本身也有一个漏洞库，可以在线查看其如何生成对应的漏洞，最新版本已经支持IOT模块，为工业控制系统和物联网领域的安全工作做了必要的安全支持和补充。

不过，也正因Metassploit的这种开放性和良好的架构，使得其也常常是网络攻击者的强力武器，类似的工具还有Core Impact、Canvas等。

2.BurpSuit

BurpSuite是一款信息安全从业人员必备的集成型的Web渗透测试工具，它采用自动测试和半自动测试结合的方式，本身是专门用于攻击web应用程序的集成平台。

工具中Proxy、Spider、Scanner、Intruder、Repeater、Sequencer、Decoder、Comparer等许多功能模块，并为它们设计了许多接口，以促进加快攻击应用程序的过程。

其基本原理就是通过拦截HTTP/HTTPS的web数据包，充当浏览器或相关应用程序的中间人，进行拦截、修改、重放数据包进行测试，是web安全人员的一把必备的瑞士军刀。

（四）流量分析

在业务运维、安全分析、审计取证等阶段，针对流量和业务分析都是必备的手段，而这种类型的分析工作几乎没有办法纯粹依靠人工完成。下面介绍几个在传统信息系统环境和在工业控制系统环境都比较知名和常用的工具。

1.Wireshark

Wireshark是目前全世界最广泛使用的一个免费开源的网络数据包分析工具，主要功能是劫取到网络中转发的数据包，并尽可能显示出最为详细和便于分析的数据包信息，有非常强大的可视化呈现和数据分析统计功能。Wireshark可以支持不同的系统平台，但依赖于底层网络的驱动包，如Windows的WinPCAP、Linux的libpcap，USB无线网卡环境下需要用到的usbpcap等。

2.Snort

Snort是通过C语言开发的一个跨平台实时流量分析工具，同样是免费开源的流量分析工具，相比Wireshark其在深度分析和自定义规则方面有十分出色的能力和扩展性，所以渐渐也被用作入侵检测和防御领域，尤其是国内大量安全企业都是基于Snort的框架进行的相关安全产品开发。

随着多年的发展，目前Snort在数据包嗅探和协议分析上的地位已经被Sniffer、wireshark所替代，但是网络入侵检测模块的价值则广受好评，不仅包含了众多规则库，还支持用户自定义一些规则并做相应的防御动作。

3.TCPDUMP

TCPDUMP是在BSD下发布的自由软件，是一款运行在命令行下的嗅探分析工具，同样是开源的分析工具，不同于其他工具的最大问题可能是它自身并不支持图形化的方式进行使用，但如果我们熟悉其使用命令之后也会发现其使用的便捷和高效。相对于另外几个流量分析工具，TCPDUM可能更多的是被系统和网络管理人员所使用。TCPDUMP有良好的接口支持，因此具备很好的扩展性，对于网络维护和入侵者都是非常有用的工具。

4.Beeswarm

蜜罐系统一般不会主动产生流量，而是被动地等待攻击流量。Beeswarm则是一款主动诱骗攻击者的蜜罐，可以模拟客户端与服务器的通信（诱饵通信），诱骗黑客攻击蜜罐，以对付企图通过网络监听获取敏感信息的攻击者。诱饵通信中，包括大量攻击者可能非常感兴趣的信息，如用户名口令、管理后台等。如果有攻击者在网络中进行窃听，获取了诱饵通信的内容，并使用这些敏感信息（如使用诱饵登录凭证）登录系统，Beeswarm就能发现网络攻击。此外，Beeswarm也做了很好的细节处理，如对于交互式的协议（如ssh和

telnet），诱饵会话的流量模式将会匹配人类的打字速度，目的是使诱饵会话流量看起来合法而且能够吸引黑客。

第七章　电气自动化运行维护技术

第一节　电气维修工程质量监控要点

电气维修工程质量监控要点如表7-1所示。

表7-1　电气维修工程质量监控要点

项目	质量监控要点
施工准备阶段	（1）审查承包单位及个人的资质证书、质量管理体系、现场管理制度、特殊工种人员资质证书、上岗证书，审查程序及要求按《从业资质验证实施细则》办理。 （2）检查承包单位在施工中所使用施工机械的完好状态，计量器具、仪器、仪表的精密度和校验证件是否符合规定，审核计量管理制度。 （3）协助承包单位对现场进行交底验收。 （4）审查电气专业维修方案、大件吊装方案、作业指导书以及各项技术作业文件。 （5）审核承包单位提交的设备材料供应情况、作业指导文件编审情况、加工配制情况、劳动力等开工条件。 （6）审核专业（二级）施工维修进度网络图是否和一级网络图一致，对其可实施性提出意见
开箱点件验证	验证以下设备开箱质量和装箱文件： （1）发电机定子的检验和复验。 （2）发电机转子的检验和复验。 （3）发电机附件的检验和复验。 （4）主变、厂高变和起备变检验，特别是充氮气压真空记录，放残油试验。 （5）SF6断路器检验，特别是充油充氮记录。 （6）220kV及以上断路器检验。 （7）电压互感器检验。 （8）电流互感器检验。 （9）避雷器检验。 （10）盘、柜箱检验。 （11）大型电动机检验。 （12）直流设备检验。 （13）事故保安电源设备检验

续表

项目	质量监控要点
原材料、半成品、成品件审验	审验以下项目的生产许可证和质量证明材料，对新产品应检验鉴定资料和试验报告： （1）封闭母线外形及密封检验。 （2）电缆桥架外形检验。 （3）硬母线外观检验。 （4）硬锅、铝矩（管）母线，电阻率检验。 （5）绝缘油品质检验。 （6）开关油品质检验。 （7）蓄电池用浓硫酸品质检验。 （8）蓄电池用蒸馏水品质检验。 （9）SF6气体品质检验。 （10）合金钢材料的检验和化验。 （11）重要装置材料的检验和化验。 （12）高压高温焊料检验。 （13）设备二次灌浆（土建单位提供试块）
高压电器维修	高压电器装置主要包括交流500kV及以下室内、外空气断路器，油断路器，SFP6断路器，SF6封闭式组合电器，真空断路器，断路器的操动机构，隔离开关，负荷开关及高压熔断器，电抗器，避雷器，电容器等装置。 （1）安装应固定牢靠，外表清洁完整，无渗漏；动作性能符合规定。 （2）电气连接应可靠且接触良好。 （3）断路器、开关等其操动机构的联动应无卡阻现象；分、合闸指示正确；辅助开关动作正确可靠；液压、空压系统应无渗漏，压力表指示正确。 （4）断路器基础或支架安装允许偏差：①基础的中心距离及高度的误差不应大于10mm；②预留孔或预埋铁板中心线的误差不应大于10mm；③预埋螺栓中心线的误差不应大于2mm。 （5）密度继电器的报警，闭锁定值应符合规定；电气回路传动正确。 （6）SF6气体压力、泄漏率和含水量应符合规定。 （7）油断路器应无渗油，油位正常，真空断路器灭弧室的真空度应符合产品的技术规定。 （8）接地必须良好且符合规定。 （9）绝缘部件及瓷件应完整无损，表面清洁，油漆应完整，相色标志正确。 （10）相关的交接验收试验项目完整，技术指标应符合设计规定，调整试验报告真实可靠

续表

项目	质量监控要点
电力变压器、油浸电抗器维修	1.设备外观检查 （1）油箱及所有附件应齐全、无锈蚀及机械损伤，密封良好。 （2）油箱箱盖或钟罩法兰及封板的连接螺栓应齐全，紧固良好，无渗漏；浸入油中运输的附件，其油箱应无渗漏。 （3）充油套管的油位应正常、无渗漏，瓷体无损伤。 （4）充气运输的变压器、电抗器、油箱应为正压，其压力为0.01～0.03MPa。 （5）装有冲击记录仪的设备，应检查并记录设备在运输和装卸中的受冲击情况。 2.器身检查 器身检查是一项重要的工序和遮蔽工程，除施工单位外，应有包括制造厂和业主单位的代表参加，并认真、及时地做好有关施工技术记录。对检查结果，各方认可后应及时签证。当满足下列条件之一时，可不进行器身检查： （1）制造厂规定可不进行器身检查，且合同中明确说明者。 （2）容量为1000kVA以下，运输过程中无异常情况者。 （3）就地生产仅作短途运输的变压器、电抗器，如果事先参加了制造厂器身总装，质量符合要求，而且在运输过程中进行了有效监督，无紧急制动、剧烈振动、冲撞或严重颠簸等异常情况者 3.器身检查的主要项目和要求 （1）运输支撑和器身各部位应无移动现象，运输用的临时防护装置及临时支撑应予拆除，并经过清点做好记录以备检查。 （2）所有螺栓应紧固，并有防松措施；绝缘螺栓应无损坏，防松绑扎应完好。 （3）铁芯检查：①铁芯应无变形，铁轭与夹件间的绝缘垫应良好；②铁芯应无多点接地；③铁芯外引接地的变压器，拆开接地线后铁芯对地绝缘应良好；④打开夹件与铁轭接地片后，铁钪螺杆与铁芯、铁轭与夹件、螺杆与夹件间的绝缘应良好；⑤当铁轭采用钢带绑扎时，钢带对铁轭的绝缘应良好；⑥打开铁芯屏蔽接地引线，检查屏蔽绝缘应良好；⑦打开夹件与线圈连接片的连接，检查紧固螺栓绝缘应良好；⑧铁芯拉板及铁轭拉带应紧固，绝缘应良好。 （4）绕组检查：①绕组绝缘层应完整，无缺损、变位现象；②各绕组应排列整齐，间隙均匀，油路无堵塞；③绕组的紧固螺栓应紧固，防松螺母应锁紧。 （5）绝缘围屏绑扎牢固，围屏上所有线圈引出处的封闭应良好。 （6）引出线绝缘绑扎牢固，无破损、拧弯现象；引出线绝缘距离应合格，牢固可靠。 （7）无励磁调压切换装置各分接头与线圈的连接应紧固正确；各分接头应清洁，且接触紧密，弹力良好；所有接触到的部分，用0.05mm×10mm塞尺检查，应塞不进去；转动接点应正确地停留在各个位置上，且与指示器所指位置一致；切换装置的拉杆、分接头凸轮、小轴、销子等应完整无损；转动盘动作应灵活，密封良好。 （8）有载调压切换装置的选择开关、范围开关应接触良好，分接引出线应连接正确、牢固，切换开关部分密封良好。必要时抽出切换开关芯子进行检查。 （9）绝缘屏障应完好且固定牢固，无松动现象。 （10）检查强油循环管路与下轭绝缘接口部位的密封情况。

续表

项目	质量监控要点
电力变压器、油浸电抗器维修	（11）检查各部位应无油泥、水滴和金属屑末等杂物。 注意：变压器有围屏者，可不必解除围屏，本条中由于围屏遮蔽而不能检查的项目，可不予检查，铁芯检查时，其中的③～⑦项无法拆开的可不测。 4.带电试运行前检查 （1）变压器、电抗器按交接验收的全部电气试验项目应合格；保护装置整定值符合规定并应投入；操作及联动试验正确；调整试验报告真实可靠。 （2）接于中性点接地系统的变压器，进行冲击合闸时，其中性点必须接地。 （3）储油柜、冷却装置、净油器等油系统上的油门均应打开，且指示正确。 （4）接地引下线及其主接地网的连接应满足设计要求，且接地应可靠。 （5）铁芯和夹件的接地引出线套管应按要求接地，套管的接地小套管及电压抽取装置不用时其抽出端子均应接地；备用电流互感器二次端子应短接接地；套管顶部结构的接触及密封应良好。 （6）本体、冷却装置及所有附件均应无缺陷，且不渗油。 （7）基础及轮子的制动装置应牢固。 （8）油漆应完整，相色标志正确，顶盖上无遗留杂物。 （9）事故排油设施应完好，消防设施齐全。 （10）测温装置指示应正确，整定值符合要求。 （11）冷却装置试运行正常，联动正确；水冷却装置的油压应大于水压；强迫油循环的变压器、电抗器应起动全部冷却装置，进行循环4h以上，放完残留空气。 （12）储油柜和充油套管的油位应正常。 （13）分头的位置应符合运行要求；有载调压切换装置的远方操作动作应可靠，指示正确。 （14）变压器的相位及绕组的联结组标号应符合并列运行要求。 （15）空载全电压冲击合闸，规定为五次应均无异常；第一次受电后持续时间不应少于10min，励磁涌流不应引起保护装置的误动作，并应对各部分进行检查，如声音是否正常、各连接处有无放电等异常情况。 （16）变压器并列前，应注意先核对相位。 （17）变压器、电抗器带电投入前，应有经批准的安全措施及调试和运行的操作细则。 （18）第一次带电投入时，可全电压冲击合闸，如有条件时应从零起升压；冲击合闸时，变压器宜由高压侧投入；对发电机变压器组接线的变压器，当其间无操作断开点时，可不进行全电压冲击合闸

<table>
<tr><td>互感器维修</td><td>（1）互感器的电压比分接头的位置和极性应符合规定。
（2）二次接线板应完整，引线端子应连接牢固，绝缘应良好，标志清晰。
（3）具有吸湿器的互感器，其吸湿剂应干燥，油封油位正常。
（4）互感器的呼吸孔的塞子带垫片时，应将垫片取下。
（5）油位指示器、瓷套法兰连接处、放油阀均应无渗油现象。
（6）隔膜式储油柜的隔膜和金属膨胀器应完整无损，顶盖螺栓紧固（产品出厂时已封好，不允许打开，注意保持铅封完好）。
（7）油浸式互感器应水平安装，排列应整齐，同一组的极性方向一致。
（8）具有等电位弹簧支点的母线贯穿式电流互感器，其所有弹簧支点应牢固，并与母线接触良好，母线应位于互感器中心。
（9）零序电流互感器的安装，不应使构架或其他导磁体与互感器铁芯直接接触，或与其构成分磁回路。
（10）互感器需补油时，应按制造厂规定进行。
（11）安装时应将出厂时加上的保护罩、附加的防爆膜及临时支撑拆除。
（12）电容式互感器必须根据产品的组件编号安装，不得互换，各组件连接处的接触面，应除去氧化层，并涂以电力复合脂；阻尼器装于室外时，应有防雨措施。
（13）具有均压环的互感器，均压环应安装牢固、水平且方向正确，具有保护间隙的，应按制造厂规定调好距离。
（14）互感器外壳、铁芯引出接地端子等应按制造厂的规定接地良好。
（15）交接验收电气试验项目齐全、合格、试验报告真实可靠</td></tr>
<tr><td>母线装置维修</td><td>1.母线装置的开箱检查
（1）设备和器材包装及密封良好，开箱检查按装箱单中逐一检查、清点、验收，不得遗漏。
（2）硬母线应平直、无变形、扭曲，外观光洁无裂纹、折皱；软母线不得有扭结、松股、断股、明显损伤及严重腐蚀等缺陷；扩径导线不得有明显凹陷和变形。
（3）支持绝缘子和套管表面光滑无裂纹、破损，交流耐压试验合格。
（4）金具表面光滑、无裂纹、伤痕、砂眼、锈蚀、滑扣等缺陷，镀锌层无脱落，规格应与设计图样相符、零配件配套应齐全。
（5）成套供应的封闭母线各段标志清晰，附件齐全，外壳无变形，内部无损伤，母线搭接面平整，镀银层完好。
2.室内、外配电装置的安全净距离
室内、外配电装置的安全净距离应符合电气装置安装工程母线装置施工及验收规范的规定；在施工中，应对这些部位按规定进行核对，保证母线的安全距离符合要求，避免发生设备或人身事故。
3.交接验收电气试验项目齐全、合格，试验报告、真实可靠</td></tr>
</table>

续表

项目	质量监控要点
电缆线路维修	1.电缆架和电缆沟 （1）电缆架安装位置正确，平整牢固，连接可靠，间距均匀，排列整齐一致，镀锌层或油漆完整色泽均匀。 （2）抽查测量托架及支吊架和桥架的垂直和水平偏差应在规范的规定范围内。 （3）电缆桥架跨越建筑物的沉降缝、伸缩缝处应有补偿装置。 （4）金属桥架的连接处跨接地线可靠；金属桥架（托）架和支（吊）架的接地保护良好，与接地干线的连接符合规定。 （5）电缆沟走向、深度、沟槽底宽符合要求，且沟内无杂物，无积水，盖板齐全；隧道内照明、通风排水等设施符合设计。 2.电缆敷设与接线 （1）按照设计图样检查电缆规格、型号、截面；电缆外观无机械损伤、绞扭、护层破裂现象。 （2）电缆与热力管道、热力设备之间的净距应符合规定。 （3）电缆与热管道（沟）、油管道（沟）、可燃气体及易燃液体管道（沟）、热力设备或其他管道（沟）净距应符合设计规定。 （4）检查直埋电缆回填土的施工及验收记录，旁站回填土分层夯实电缆埋设深度应符合规定。 （5）电缆终端、电缆接头及充油电缆的供油系统安装牢固，无渗漏现象；充油电缆的油压及表计整定值符合要求；电缆终端的相色正确；三芯电力电缆终端处的金属护层接地良好。 （6）充油电缆及护层保护器的接地电阻符合要求。 （7）防火封堵按设计规定设置。 （8）防火阻燃措施符合设计要求，封堵严实可靠，无明显的裂缝或可见的孔隙；阻火墙的防火门严密，两侧电缆有防火包带或涂料

续表

项目	质量监控要点
电气装置接地	3.电气试验项目齐全、合格，试验报告真实可靠 （1）地下敷设的接地装置的埋设深度及间距应符合设计规定；当无规定时，埋设深度不宜小于0.6m；除接地体外，接地体引出线的垂直部分和接地装置焊接部分应进行防腐处理；垂直地极间距不宜小于其长度的2倍；水平地极不宜小于5m；回填土内不应加有石块、垃圾及腐蚀物，应分层夯实。 （2）接地极和接地线材质、规格等应符合设计要求。 （3）接地网的外缘应闭合，外缘各角应成圆弧。 （4）明装地线的支持件间距，水平直线部分为0.5～1m；垂直部分宜为1.5～3m；转弯部分宜为0.3～0.5m；接地线沿建筑物墙壁水平敷设时，离地面距离应为250～300mm；其间距宜为10～15mm；当跨越建筑伸缩缝、沉降缝时，应弯成弧状作为补偿器。 （5）接地体（线）的焊接应牢固无虚焊，焊接搭接长度及形式（扁钢与钢管、角钢的焊接）等均应符合规定。 （6）施焊处应进行防腐处理。 （7）各种电气设备，应分别按设计和产品的说明书要求可靠接地。 （8）整个接地网外露部分的连接可靠，接地线规格正确，防腐层完好，标志齐全明显。 （9）避雷针（带）的安装位置及高度符合设计要求。 （10）供连接临时接地线用的连接板的数量和位置符合设计要求。 （11）工频接地电阻值及设计要求的其他测试参数均应符合设计的规定，数据真实可靠，为确保测量值的正确性，雨后不应立即测量接地电阻
旋转电机维修及试运行	1.设备配件开箱检查见证 设备配件和器材到达现场后，应检查并做开箱检查记录。 （1）设备包装及密封良好，在运输过程中无碰撞损坏现象。 （2）设备的规格、型号应符合设计要求，附件、备件以及根据合同规定提供的专用工具齐全。 （3）水内冷发电机的定子、转子进出水管管口的密封完好。 （4）汽轮发电机、调相机的铁芯、转子等的表面及轴颈的保护层完整、无损伤和锈蚀现象。 （5）充氮运输的电机，氮气压力符合产品的技术要求。 （6）产品的技术文件齐全，符合合同规定的要求。

续表

项目	质量监控要点
旋转电机维修及试运行	2.旋转电机维修 （1）在进入发电机定子工作时，一定要严格检查着装，应保持清洁，严禁遗留金属物件；不得损伤绕组端部和铁芯；不得碰伤定子绕组或铁芯；穿转子时，要监督不得碰伤定子绕组或铁芯。 （2）线圈绝缘层完好，无伤痕，绑线牢靠；槽无断裂，不松动；引线焊接牢固；内部清洁，通风孔道无堵塞。 （3）轴承工作面光滑清洁，无裂纹锈蚀，润滑油脂的型号、规格和数量符合要求；风扇叶片完好无裂纹。 （4）电机的外壳接地必须可靠、良好；采用条形底座的电机应有两个及以上的接地点。 （5）电刷和换向器或集电环接触良好，在刷握内能上下活动，电刷上的压力正常，引线和电刷连接紧密可靠。 （6）绕线转子电动机的电刷抬起装置动作可靠；短路刀片接触良好，动作方向与标志一致。 （7）电机电刷在运行时，无明显火花。 （8）电机接线端子与导线端子连接紧密，不受外力；连接用的锁紧装置完整齐全。 （9）电机接线盒内不同相的导线间和导线对地间的裸露部分的最小距离符合规定。 （10）电机的接线应符合电机铭牌的要求。 3.电动机试运行 （1）监视电动机的温度。温度不应超过电动机铭牌上允许的限度。 （2）监视电动机在运行中的声音、振动和气味。正常运行，声音均匀，运转平稳，无绝缘漆气味和焦臭味。 （3）电动机的振动和电动机的轴窜动都应不超过规定。 （4）监视轴承的工作情况。注意轴承的发热和声响情况，当使用温度计法测量时，滚动轴承发热温度不允许超过95℃，滑动轴承发热温度不允许超过80℃。 （5）测量电动机运行时的振动情况，电动机双倍振幅值不应大于要求。 4.交接验收电气试验项目齐全、合格，试验报告真实可靠
盘、柜及二次回路接线	1.盘、柜的维修 （1）基础型钢安装牢固，顶部和侧面平直度每米偏差不超过1mm，全长偏差不超过5mm。 （2）盘、柜与基础型钢连接紧密，固定牢固，接地可靠。 （3）盘、柜间接缝平整，使用塞尺检查接缝间距不超过2mm。 （4）盘、柜垂直度每米偏差不超过1.5mm。 （5）成排盘、柜顶平直度，相邻两盘、柜不超过2mm，盘、柜面平整度不超过1mm。

续表

项目	质量监控要点
盘、柜及二次回路接线	（6）盘、柜顶平直度和盘、柜面平整度，成排都不超过5mm。 （7）盘、柜面标志牌、标志框齐全、正确、清晰。 （8）手车和抽屉式开关柜推拉灵活，无卡阻碰撞现象，动、静触头中心一致，接触紧密，二次回路切换触头和机械、电气闭锁动作准确、可靠。 （9）接地触头接触良好，动作程序符合要求。 （10）盘、柜油漆完整均匀，盘、柜清洁；照明装置齐全。 2.盘、柜内的设备及接线 （1）设备元器件完整齐全、固定牢固，操作部分灵活、准确。 （2）二次接线排列整齐美观，线路走向合理，接线准确，固定牢靠，导线与端子排的连接紧密，标志清晰、齐全。 （3）盘柜接地及绝缘合格
低压电器维修	3.电气试验应合格，试验报告真实可靠 （1）安装牢靠、排列整齐；电器活动部件动作灵活、可靠；导电接触部分紧密良好，触头压力符合电器技术要求；操动机械动作灵活，触头动作一致，各联锁传动装置动作正确。 （2）母线与电器连接时，接触面应符合要求。 （3）电源进线和负载出线的接线位置应符合规定。 （4）连接处不同相的母线最小电气间距应符合要求。 （5）低压断路器裸露在箱体外部且易触及的导线端子，应有绝缘保护。 （6）接线应排列整齐、牢固、美观。 （7）电器的接地、接零可靠；绝缘电阻符合要求。 （8）标志齐全完好、字迹清晰，标识符合设计要求。 （9）操作灵活可靠、无卡阻；电磁铁芯吸合、释放正常，无异常声响；联锁传动装置的动作应准确无误。 （10）线圈及接线端子的温度不超过规定允许值。 （11）触头压力、接触电阻不超过规定值。 （12）电气试验应合格，试验报告真实可靠

第二节　电气工程检修技术规程

电气工程检修是一项复杂的系统工程，特别是工程项目较大时或者是新设备、新材料、新工艺、新技术在工程中应用较多时，更是体现出其复杂和难度。

为保证电气工程的检修质量、保证工期进度、保障安全生产、保障施工现场环境以及投入使用后的安全运行，从事电气工程检修工作的单位或个人必须遵守电气工程检修技术规程。

一、工程管理

（1）大型电气工程检修应按已批准的工程设计文件图样及产品技术文件安装施工。

（2）大型电气工程检修方案的设计单位必须是取得国家建设或电力主管部门核发的相应资质的单位，无证设计或越级设计是违法行为。

（3）电气或电力产品（设备、材料、附件等）的生产商必须是取得主管部门核发的生产制造许可证的单位，其产品应有型式试验报告或出厂检验试验报告、合格证、安装使用说明书，无证生产是违法行为。

（4）承接电气工程检修的单位必须是取得国家建设主管部门或省级建设主管部门核发的相应资质的单位，无证施工或越级施工是违法行为。

（5）承接电气工程检修的单位中标后应做好以下工作：①组织技术人员、施工人员审核图样，提出对图样的意见和建议，为会审图样做准备。②组织技术人员、管理人员、施工人员对图样中的设备、元器件、材料进行核算，编制制作加工计划，提出意见和建议，为会审图样做准备。③组织技术人员、施工人员、管理人员实地勘察作业现场，掌握作业条件，了解当地风情民俗、气候环境等，为会审图样和施工组织设计做准备。④图样会审，达成一致性的图样会审记要，作为检修工程实施的重要依据。⑤按会审后的图样和会审记要组织工程预算人员和原材料供应部门的人员编制工程施工预算书和设备、材料供应计划，并提交企业主管部门、主管经理批准。⑥签订检修合同。⑦编写检修施工组织设计，从人、机、料、法、环及标准规范出发详细编写，中心内容是检修工艺及质量标准、施工进度计划、机具计划、人力计划、投资计划、物资供应计划、安装技术及安全技术交底、现场管理机构设置和质量计划、安全管理方案、环境管理方案及其保证实施措施等。⑧组织项目班子，建立管理体系，确定人员，组织施工队伍。进行人力资源分工并确定其职责，确定人选要基于能力，技术测试不是评出来的，也不是鉴定出来的，而是在实践中干出来、练出来的。维修人员、调试人员应分别具备相应的资格。⑨施工准备时，进一步落实机具计划、人力计划、物资供应计划及施工现场设置和设施。组织全体施工人员学习施工组织设计、质量计划、安全方案、环境方案、标准规范及安装技术，安全技术交底。⑩配合土建工程施工预埋管路及铁件。⑪按图样设计及要求、标准图册进行预制加工。⑫开工前的组织协调及动员大会。

二、工程实施及现场管理

（1）技术主管和维修人员要精读图样，掌握设计意图及工程的功能，确定检修工艺方法，特别是新设备、新材料、新工艺、新技术。除图样上的内容外，要精读其产品安装使用说明书，并按其要求及标准确定安装调试工艺方法。

（2）组织相关人员检查并落实施工组织设计中的各项条款和安全设施设置，没落实的要查明原因，敦促落实，定期检查。

（3）要记录现场每天发生的各种事宜，特别是人员分工、进度、质量、安全等事宜。

（4）设备、元器件、材料进入现场的检验和试验是把好工程质量的第一道关口，要从以下四方面检验：①包装完整，密封件密封应良好；②开箱检查清点，规格应符合设计要求，附件、备件应齐全；③产品的技术文件应齐全；④外观检查应无损坏、变形、锈蚀。

同时进行测试和试验，杜绝假冒伪劣产品进入检修工程。

检验、试验和测试必须有第三方在场，检验、试验和测试的人员必须是有相应资格的人员。现场使用的检验、试验和测试的仪器、仪表、量具必须是在其检定周期内的合格品，且在使用前应进行检查。

检验、试验和测试应有详细记录，贵重、大型的设备应有生产商在场。

（5）线缆敷设必须测试绝缘电阻，隐蔽部位和绝缘电阻的测试应有第三方的认可文件。

（6）设备的安装及吊装（无论大小、无论价格高低）应遵守下列规定：①基础必须牢固，支持件或铁件应经拉力试验。基础应经监理验收，混凝土基础应有土建施工人员在场。②设备的吊装就位必须由起重工配合，特别是大件吊装就位应以有经验的起重工为主，电工配合。设备就位后经检测（水平、竖直、几何尺寸等）合格后方可紧固。③设备就位后安装人员应进行测试或试验，正常后应进行机械传动或（和）通电（没条件的可通临时电，临时电的电压、频率等参数必须与设备铭牌标注相符）试验，结果应符合规范或设计、产品技术文件的规定或要求。

（7）接线必须正确无误，并经非本人进行核对，接线必须牢固，电流较大的必须用塞尺检测或测试接触电阻。

（8）接地及接地装置的设置，其隐蔽部分应经监理验收，接地电阻应符合规范要求。

（9）加工制作的部件及电缆头制作在安装前必须进行检测和试验，并遵守上述规定。

（10）上述（4）~（9）条的过程中检修人员、专职质检人员，须进行过程的检测及验收，凡不符合规范要求的要立即进行修复，严重不合格的要重新进行安装。过程检测包括班组自检和班组互检。过程检测是安装工程最重要的检测手段，必须有详尽记录和签证，作为验收的依据。

（11）单体调整试验的要求如下：①单体调整试验应由调试人员进行，并出具调整试验报告。②单体调试包括设备、元器件功能、性能、传动、通电、模拟动作试验、检查接线和单体功能调整试验。③单体调整试验应有技术主管、电气工程师或第三方在场签证。

（12）系统调整试验的要求如下：①系统调整试验须由调试人员进行，并出具调整试验报告，为竣工验收提供依据。②系统调整试验应先进行各个子系统功能、性能、传动、通电试验或模拟动作，然后再进行全系统的调整试验，均应符合设计及规范要求。③系统调整试验应有技术主管、电气工程师或第三方在场签证。

（13）系统送电及试运行的要求如下：①系统送电及试运行必须在检测检验合格、单体及系统调整试验合格并有第三方签证的基础上进行。②系统送电及试运行应编制送电及试运行方案（包括应急预案），工程较大时文件应由上级主管部门批准。③系统送电及试运行应按其工程大小级别邀请相应主管部门（供电、电信、消防、技术监督、生产商等）的技术人员、管理人员、监检人员参加。④系统送电及试运行应按子系统分别一一进行，每个子系统送电后应开动该子系统的全部设备（按正常的开车率），并进行电流、电压、功能、转速等参数的测试，应正常。⑤每个子系统单一送电试运行正常后，即可将所有子系统全部送电投入运行，并进行系统和各个子系统的电流、电压、功能、转速等参数的测试，全系统应正常。⑥系统送电试验时若子系统不合格，应立即组织人员进行处理，直到合格并经送电和试运行检验。⑦系统送电及试运行正常后应投入正式运行，至少应进行72h的运行，进而观测有无不妥，并将其移交建设单位。

（14）竣工验收的要求如下：①实物验收：实物验收已在系统送电及试运行步骤中验收，建设单位应派人接收，建设单位暂时不能接收时，运行72h后应停运。②资料验收：维修单位应提供完整的维修及试运行记录，并有技术主管、电气工程师或第三方签证。

（15）总体要求：上述（4）~（14）条均应按相应的国家标准和规范进行；新设备、新材料、新技术、新工艺暂无标准和规范时，应按产品安装使用说明书进行，必要时应组织厂商及专家和主管部门暂订标准规范。暂订标准规范应按一定的法定程序进行，并报上一级主管部门批准。

第八章　电梯一体化控制系统设计

第一节　电梯一体化控制系统概述

一、电梯一体化控制系统概念

电梯一体化控制系统是电梯的变频驱动控制以及逻辑控制的有机结合与高度集成，它把电梯微机控制板的所有功能都集成到变频器控制功能当中，然后在这个基础上，充分优化变频器的驱动功能。电梯一体化控制系统主要由层站召唤、楼层显示以及主控制器等组成。其中，主控制器的功能是由电梯驱动控制与逻辑控制集成，主要用来接收和处理减速、平层等井道信息以及其他外部信号。总的来说，电梯一体化控制系统实现了驱动与控制一体化，不仅大大提高了电梯运行的可靠性及稳定性，而且在建筑中占有的面积也逐渐减小，给电梯控制开创了新的局面。

根据思路的不同，一体化分为结构一体化和功能一体化两类。

（一）结构一体化

当前市场上主要的一体化控制器，是把以往的电梯控制主板和变频器的驱动部分结合到一块控制板上，其功能特点如下。

（1）采用结构一体化的电梯控制系统，省去了控制板与变频器接口的信号线，方便使用的同时，又减少了故障点。控制板与变频器之间的信息交换不再局限于几条线，可以实时进行大量的信息交换。

（2）直接停靠，每次运行节省3～4s的爬行时间，能使乘客乘坐更舒适，减少乘客焦躁的心理。一些控制板也通过模拟量的方式做了直接停靠，但容易受到干扰。一体化的结构通过芯片之间的数据交换代替模拟量，解决了这个问题。

（3）传统的控制板加变频器的结构，对曲线的数目做了约束，固定的速度段对层高不能够灵活充分利用，而一体化控制不对曲线的数目进行限制，可自动生成无数条曲线，将电梯运行的效率提高到极致。

（4）基于大量信息的交换，一体化可以更准确地判断电梯的状况，并迅速地进行调整，且对电梯故障的判断更加准确，处理更加灵活。例如，直接停靠、高平层精度的实现。

（二）功能一体化

功能一体化是指将电梯看作一个整体，不分逻辑控制和驱动控制，不要求控制板和驱动板结合在一起。

由于变频器输出的波形中含有大量的谐波成分，其中高次谐波会使变频器输出电流增大，造成电机绕组发热，产生振动和噪声，加速绝缘老化。同时，各种频率的谐波会向空间发射不同频率的无线电干扰，还可能导致其他设备误动作。但由于实际现场确实需要将变频驱动和主机进行远距离控制，这就需要调整变频器的载波频率或增加交流电抗器来减少谐波及干扰，从而导致现场的调试难度和控制系统成本的增加。

功能一体化在功能上能够达到现有一体机的效果，在结构上可以将控制板和驱动板分为两块，而且控制板和驱动板分开的距离可以达到50m以上。控制系统在功能上完全具备现有一体化控制系统的功能，并且可以在一些特殊的场合应用。

二、一体化控制系统的优势

（一）先进性方面

一体化控制系统省去了控制板与变频器接口的信号线，减少了故障点，其控制板与变频器之间的信息交换不再局限于几条线，而是可以实时进行大量的信息交换。一体化的结构通过芯片可自动生成n条曲线，再加上直接停靠的效果，将电梯运行的效率提高到了极致。每次运行可节省3～4s的爬行时间，且使乘客乘坐更舒适，减少其因等待产生的焦躁心理。此外，基于信息的大量交换，一体化可以更准确判断电梯的状况，迅速进行调整。且对电梯故障的判断更加准确，处理更加灵活。

传统的控制板加变频器的结构，对曲线的数目做了约束，固定的速度段对层高不能够灵活充分利用。采用数字量多段速控制或者采用0～10V的电压外接变频器模拟量端口。1.75m/s的电梯控制板加变频器配置时，一般有一个高速曲线1.75m/s、一个低速曲线1m/s。

多层运行1.75m/s，单层跑1m/s，当楼层高度允许运行1.7m/s的速度时，只能运行1m/s，而一体化则可以运行1.7m/s。

（二）经济性方面

选用一体化控制器，仅须28芯随行电缆，还具有层站显示及召唤、轿顶控制板等配件的价格优势。同步、异步驱动一体化，仅须通过修改控制参数即可实现（需外配不同的PG卡）。微机板+通用变频器的模式导致控制柜成本较高，配件价格较高，同步、异步独立；同步机型比异步机型价格更高。PCG卡需外配。

（三）实用性方面

调试简单，修改参数仅需一个操作器即可实现；可以在轿厢通过外接调试器修改控制柜内任意参数。丰富的人机界面，调试简单体积小，节省机房空间；调试较为复杂：须对变频器参数、微机控制器参数配合调试，并且相互独立，无法统一调试。无法实现在轿厢修改控制柜任意参数、参数复杂众多。

三、国内主流一体化控制系统

国内主流的一体化控制系统，分别有苏州默纳克控制技术有限公司（深圳市汇川技术股份有限公司全资子公司）生产的NICE3000、NICE2000\NICE1000系列控制器，上海新时达电气股份有限公司生产的iAStar系列控制器，沈阳市蓝光自动化技术有限公司生产的BL3-U系列控制器等。

四、一体化控制系统的特点

电梯一体化控制系统的特点如下。

（1）电梯逻辑控制部分与驱动控制部分有机结合。

（2）电气接口的节省，调试工具的统一。

（3）电梯参数在同一平台调用，CPU级别的交互。

（4）电梯控制的所有状态参数可以灵活使用。

（5）许多控制细节固定，选择了最简单、便捷的实现方式。

五、电梯一体化控制器背景

当前，随着我国国民建筑业飞速发展，为我国电梯业提供了良好的发展空间和巨大的市场。我国目前电梯使用率占世界第1位，而我国电梯控制技术和市场占有率与国外大公司差距巨大。为了保持市场竞争力，必须不断改进电梯控制系统设计，开发新的控制手段，降低成本。电梯控制系统从它的发展过程来看，可划分为4个阶段。第一代是以继电器控制为代表的控制系统，特点是易出现的故障点多，逻辑电路相当复杂，可靠性不是很高，元器件多又体积大，维修难度较大。第二代是以交流调压调速技术为代表的控制系统，突出的问题主要有：线路相当复杂、调试较烦琐、存在较大的平层误差，日常维修工作量大，以及易受环境变化的影响。第三代控制系统是以PLC或微机板为代表加上通用变频器或电梯专用变频器，虽然系统整体性能不错、有较好的可靠性，但系统占用空间较大，可能存在的故障点相对较多，资源利用不够充分，维修不便。第四代控制系统把控制系统逻辑控制部分和电机驱动部分集成在一起构成电梯一体化控制系统，以其显著的性能集成特性引领市场和技术走向，一体化控制系统在调试、维修和保养上节省了大量的时间，且便捷、简单、稳定性好、节省能源。

目前电梯控制系统大部分为第三代控制系统（电梯逻辑控制板+通用变频器），所使用的驱动器和逻辑控制器都是独立的，其中逻辑控制器存在故障率较高，尤其是PG卡信号要引入逻辑控制板中容易造成编码器信号受干扰，有可能引起系统严重的故障。控制器与驱动器之间也有采用IO端子通信调速模式，实现多段速运行，主要缺点为控制效率低、布线复杂、电梯运行的稳定性低、运行效率低；随着现代科技的快速发展，第四代电梯控制系统——“电梯一体化控制技术”逐渐发展成熟，且逐渐被应用推广。

第二节　电梯控制系统规划

传统的电梯控制系统大多采用微机板（或PLC）与变频器的模式；而电梯一体化控制系统将电梯的逻辑控制与变频驱动控制有机结合和高度集成，将电梯专有微机控制板的功能集成到变频器控制功能当中，在此基础上，将变频器驱动电梯的功能充分优化。

一、主控板基本尺寸

主控板的长度一般小于300mm，宽度一般小于350mm。在电梯界的控制系统中，除了几个大厂家采用控制和驱动一体化的控制板外，大多数采用控制板加变频器的框架结构，造成硬件重复设计，设计成本增加，同时变频器的厂家不会提供最底层的技术支持，并且对用户的开放程度不够理想。一体化的控制板性能卓越，采用标准配置：功率从7kW到100kW，速度从0.5m/s到10m/s，可以控制异步电机和永磁同步电机。标准配置能覆盖70%的客户，其他的客户，20%使用扩展卡来满足要求，另外10%使用非标发货来满足要求。

二、技术要点

（一）一体化方案

放弃微机板和变频器的通用解决方案，在控制柜中没有独立的变频器存在。一体化的控制板接受电梯的各种控制信号，并直接输出速度曲线控制驱动部分。

（二）可宣传的硬件优势

（1）基于控制器局部网（CAN）总线的双数字信号处理器（DSP）通信

CAN总线通信接口中集成了CAN协议的物理层和数据链路层功能，可完成对通信数据的成帧处理，包括位填充、数据块编码、循环冗余检验、优先级判别等工作。

CAN总线是一种多主总线，通信介质可以是双绞线、同轴电缆或光导纤维。通信速率可达1 MBPS。

CAN协议采用CRC检验并可提供相应的错误处理功能，保证了数据通信的可靠性。CAN卓越的特性，极高的可靠性和独特的设计，特别适合工业过程监控设备的互联，因此，越来越受到工业界的重视，并已公认为是最有前途的现场总线之一。

（2）基于Internet网络的远程监控

能够通过Internet网络，实时监控电梯的运行状况。包括楼层显示，消防迫降状态、正常运行状态，检修状态、故障状态，以及监控室对电梯的消防、锁梯命令的控制。

（3）使用智能功率模块（Intelligent Power Module，IPM）

IPM一般使用IGBT作为功率开关元件，内置电流传感器及驱动电路的集成结构。IPM不仅把功率开关器件和驱动电路集成在一起，还内置过电压、过电流和过热等故障检测电路，并可将检测信号送到CPU。

由于IPM由高速低功耗的管芯和优化的门极驱动电路以及快速保护电路构成，即使发生负载事故或使用不当，也可以保证IPM自身不受损坏。

（三）行业先进的控制功能

（1）最高8台群控（以时间为原则的动态分配、高峰服务）。

（2）真实的直接停靠。

（3）再平层、提前开门。

（4）防捣乱、误登记取消。

（5）独立服务。

（6）紧急电源操作。

（7）保安楼层服务。

（8）语音报站。

（9）特快优先服务。

（10）断电自动平层（低成本、一体化解决）。

（11）故障自动检测、存储、显示。

（12）楼宇集中监控（500m内）。

（13）远程Internet监控。

（四）标准和扩展

（1）根据详细方案确定标准的I/O和通信接口数量。

（2）标准的接口定义与控制程序分开，对接口的次序和开关状态的调整不影响控制程序，便于适应不同的需求。

（3）真实地从成本考虑控制柜功率等级，比如分为15 kW和22 kW两种，降低制造成本。

按速度区分不同的速度曲线和调试参数，标准的产品在现场除学习层高数据外不需要额外调整。

（4）利用软件实施的所有功能，标准设计在一体机的程序中，不需要客户另外编程。需要硬件辅助实施的所有功能，通过控制板硬件接口和扩展板实现。

（5）控制板允许扩展以下硬件接口：Internet全双工监控板、楼宇集中监控板、停电援救装置、语音报站（可从门机板扩展）、附加的数字或模拟I/O板（实现特殊的潜在功能）。

三、电梯一体化控制器规划

（一）控制系统构成

控制系统采用矢量驱动技术，可驱动同步、异步曳引机，支持开环低速运行；可进行两台电梯的直接并联/群控，支持CANBUS、MODBUS通信方式，减少随行电缆数量，实现远程监控。控制系统由轿顶板（CTB）、指令板（CCB）、显示控制板（HCB）、提前开门模块（SCB）、语音报站器（CHM）、称重传感器（LDB）、短消息控制板（IE）等部件组成。

1.轿顶板（CTB）

轿顶板MCTC-CTB-A/B是电梯轿厢的控制板。它包括8个数字信号输入、一个模拟电压信号输入、8个继电器常开信号输出、一个继电器常闭信号输出，同时带有与指令板CCB有通信功能的两个数字信号输入输出端子，拥有与主控板MCB进行Canbus通信和与轿内显示控制板进行Modbus通信的端子，以及支持与上位机进行通信的RS232通信模式。它是电梯一体化控制器中信号采集和控制信号输出的重要中转站。

2.指令板（CCB）

指令板MCTC-CCB-A是电梯一体化控制器中与轿顶板CTB配套的指令板。每块指令板包含24个输入、22个输出接口，其中包括16个层楼按钮接口，以及其他8个功能信号接口。主要功能是按钮指令的采集和按钮指令灯的输出。通过级连方式可以实现31层站的使用需求。

16个层站楼按钮接口分别为JP1～JP16，剩余的JP17～JP24分别为开门按钮输入、关门按钮输入、开门延时按钮输入、直达输入、司机输入、换向输入、独立运行输入以及消防员输入。当电梯层站数大于16时，指令板采用级连方式时，指令板2仅用16输入。在指令板的上下端都有一个采用9PIN器件的连接接口，用于和轿顶板通信以及两块指令板之间的级连。通过端子和轿顶板CTB连接起来，确保连接端为指令板的CN2接口。

3.显示控制板（HCB）

显示控制板HCB是电梯一体化控制器和用户进行交互的重要接口之一。它在厅外接收用户召唤并显示电梯的相关信息。楼层显示板可同时作为轿内显示控制板使用。

4.提前开门模块（SCB）

提前开门模块MCTC-SCB-A可以完成开门再平层和提前开门的功能。电梯停靠在层站时，由于钢丝绳的弹性变形或者其他因数造成平层波动，使平层精度不准，所以配置了SCB系统允许在开门状态下以较慢的速度移动到平层位置。当电梯在自动运行停车过程中速度小于0.3m/s，并且此时在门区信号有效的情况下，SCB通过封门接触器短接门锁信号，在平层区域开门，提高电梯运行速度。

使用提前开门/再平层功能时，配置至少3个平层感应器，用以上下行的提前开门感应和再平层感应。平层感应器必须按顺序安装，否则再平层运行或提前开门时方向将反向。

5.语音报站器（CHM）

语音报站器用于设置问候语、广告语、报站等内容以满足不同楼层用户的需要。CHM端子分别为24V、MOD+、MOD-、COM。24V引脚接24V直流电源正，COM接24V直流电源负；MOD+、MOD-分别是485通信接口差分信号的正负端。

6.短消息控制板（IE）

短消息控制板是当电梯出现故障时，短消息控制板采集到故障信息后自动发送故障信息到指定手机号，提示维保人员该梯发生故障，有利于电梯的维修及保养。短消息模块作用是当电梯出现由正常到故障变更或由一个故障切换到另一故障时，IE通过通信方式向主控板询问故障信息，当IE板采集到故障信息后，再往一个固定的手机号码发送此条故障提示短信息。

7.称重传感器（LDB）

用户可以选配称重传感器（MCTC-LDB-A），为系统提供轻载、满载、超载信号，并且完成模拟量称重补偿的作用，使电梯在不同载荷的情况下启动都比较平稳舒适。用户根据轿厢从空载到满载的压缩形变选择一个最佳的安装距离。依据不同客户轿厢的压缩形变选择一个输出电压变化最大的安装距离。

（二）CAN通信系统设计

电梯一体化控制器承担着系统数据采集与分析的工作。CAN（Contrler AreaNetwork）是一种有效支持分布式控制或实时控制的串行通信网络，是国际上应用最广泛的现场总线之一。下面介绍内呼板软件设计和外呼板软件设计。

1.内呼板软件设计

内呼板收集每个楼层按键输入的信号和控制器发出的信号，如开/关门到位信号、平层信号等，通过CAN总线通信方式上传到主控板，由主控板处理接收到的信号，之后控制系统中相应的受控单元完成相应的操作。此外，电梯所在楼层、运行方向、相应状态等信号由CAN送达显示板显示。内呼板在电梯运行时一直监测检修、独立、消防以及超满载等状态信号。如接收到对应信号，则系统自动跳至相应的子程序处理。

当内呼板检测到消防开关发出的信号后，就应根据不同的功能做出不同的判断。如果具有消防返基站的功能，则马上控制电梯停梯，保持关门状态，之后控制其立即返回基站；如果是消防运行的功能，内呼每次只能选择一个楼层，在到达选定楼层之后才能做出下一步操作，同时电梯保持监测开门和关门信号的状态，使主控板可以根据当前的状态做出正确的指示。

2.外呼板软件设计

外呼板可以接收来自主控板的关于电梯的相关信息的信号并显示。与此同时，收集每个楼层的呼梯信号，并通过CAN总线通信方式上传呼梯楼层的信号，主控板根据接收到的信号制订最合理的运行方案，并在相应的楼层停梯。当主控板接收到平层的信号并且发送给外呼板时，将相应楼层的外呼按钮背景灯熄灭。

（三）电流采样电路设计

选用霍尔电流传感器采样U、V两相电流以及母线的电流信号，之所以选霍尔电流传感器是因为它线性度较好，温度稳定性较好，频带也较宽。此传感器的供电电压为±12V，工作温度范围为-8℃~+70℃，输出阻抗20千欧，电流采样额定范围为±50A，饱和值±100A，偏移电流为100mA，线性度±1，温度漂移为±6℃。转换比率为25：2。

（四）系统软件功能

此控制器软件是为方便客户、电梯调试及维护人员调试、监视、控制电梯而设计。能完成实时监视电梯运行的状态（如是否有故障、运行方向、当前轿厢状态、当前门状态等）、运行参数（如当前楼层、运行速度、输出电流、输出频率等），以下仅介绍软件的功能模块。

上位机软件主要由程序设置、实时监控、参数信息、波形显示、历史记录管理五大模块组成。各模块功能如下。

1.程序设置

（1）程序语言设置：程序生成以英语为基准的Excel语言表，使用者在此基础上翻译为目标（当地）语言之后，将语言表导入程序中，即实现语言更换。程序本身语言与功能规范语言分为两个不同Excel表，仅管理员有此权限使用。

（2）程序内功能码设置：程序接受Excel功能规范表输入，因此可对Excel功能规范表上对功能码信息进行增加删除修改等操作，以实现功能码版本升/降级；或输入不同设备型号的Excel功能规范表，使NEMS支持更多型号的一体机设备。此功能直接影响NEMS可支持的一体机设备种类与版本。

（3）用户管理：可新建普通用户与管理员账号。

2.实时监控

（1）系统状态：电梯当前运行状态与速度等信息。

（2）轿内召唤：轿内登记状态，轿内指令登记设置。

（3）厅外召唤：厅外登记状态，厅外指令登记设置。

（4）故障复位：故障复位。

（5）井道自学习：井道自学习，事先需要设置下一级强迫减速，检修开关，以及总楼层数。

3.参数信息

（1）参数值修改：功能码/端子值的实时修改并下载至一体机设备。

（2）实时参数：各个功能码含义、单位、取值范围、当前值修改并下载等。

（3）端子信息：主控板等所有端子的信息，包括当前值、有效无效、常开常闭等。

（4）参数上传：一体机中功能码当前值整体上传到上位机中，并保存为Txt/Excel文档，并输出存储至NEMS软件数据库中。

（5）参数下载：将当前NEMS中保存的功能码值全部下载到一体机设备中。

（6）实时读取：关闭/开启实时读取，不间断获取当前显示功能组内所有功能码对应值，并实时显示在界面中。

4.波形显示

（1）显示波形：选定需要查看的类型（如额定速度、母线电压等）后，NEMS在界面中实时绘制波形，支持对其进行纵向（参数取值区间）上下移动与横向（时间轴）的左右移动，以及放大/缩小处理，并可查看每一个“点”对应的时间与具体值。

（2）波形数据保存：保存在界面中显示的波形数据，保存为文档形式Txt/Excel输出，或保存在NEMS数据库中。

（3）恢复原始位置：将波形恢复到原来未放大/缩小时的形状。

5.历史记录管理

（1）查看/修改在NEMS数据库中保存的数据记录，包括参数信息记录与波形信息记录。

①可删除NEMS中的任意数据记录。

②可修改参数记录与波形记录的注释信息。

③可修改参数记录中的参数值。

（2）查看/修改保存在文档形式的参数信息记录。

可显示及修改Txt/Excel格式的参数记录信息，并提供另存为新数据文档保存或者直接存储到NEMS数据库中。

第三节　电梯控制系统设计输入/输出文件

一、电梯控制系统设计输入文件

（一）电梯系统配置文件

它包括了诸如电梯数量、楼层数、楼层高度、电梯速度等各种参数的配置。这些参数不仅仅是数字，更是对电梯系统整体特性和规模的定义。在设计电梯系统的时候，首先需要根据实际情况来确定电梯数量。如果是一个较小的建筑物，可能只需要一台电梯；而在大型商业综合体或高层建筑中，可能需要多台电梯来满足不同楼层的运输需求。

楼层数也是一个至关重要的参数，它决定了电梯系统需要服务的楼层范围。同时，楼层高度的设置也影响到电梯的行驶速度和所需的停靠时间。电梯速度是一个关乎用户体验的重要因素。设计师需要根据楼层高度、电梯数量以及用户的需求来确定合适的电梯速度，以确保乘客在最短的时间内到达目的地。

综合考虑以上各项参数，设计出一个合理配置的电梯系统是保障建筑物运行效率和服务质量的关键。因此，电梯系统配置文件中的各项参数都需要经过精心的设计和调整，才能最大限度地满足用户需求和安全要求。

（二）调度策略配置文件

电梯控制系统设计输入文件中的调度策略配置文件是电梯系统运行中的关键一环。这些配置文件包含了电梯调度算法的具体实现和参数配置，是整个系统顺利运行的基础。在调度策略配置文件中，可以看到各种不同的算法，如最近调度算法和最小停靠楼层算法，它们将影响着电梯在运行过程中的表现。

最近调度算法是一种常见的电梯调度算法，它会将电梯派往离当前楼层最近的目标楼层。这种算法能够最大限度地减少乘客等待时间，提高整个系统的效率。而最小停靠楼层算法则是为了减少电梯在运行过程中的停靠次数，从而节省时间和能源。通过调度策略配置文件，可以灵活地调整这些算法的参数，以适应不同场景下的需求。比如在高峰时段，可以优先考虑最近调度算法，以快速响应乘客的请求；而在低峰时段，可以选择最小停靠楼层算法，以提升电梯的运行效率。

（三）楼层按钮状态文件

这个文件记录着每个楼层上的按钮状态，包括上行和下行按钮的按压状态，以及开门和关门按钮的状态。

通过这些状态的记录，电梯控制系统可以准确地把握每一部电梯的动态情况，及时做出相应的调度安排。比如，当有乘客按下某一楼层的上行按钮时，系统就会知道需要向上运送乘客；而当开门按钮按下时，则会开启电梯门，方便乘客进出。除了实时监控按钮状态外，这个文件还可以记录历史数据，用于分析电梯的运行情况和乘客的乘搭习惯。通过分析这些数据，可以为电梯的运行提供更加科学合理的规划，提高电梯的效率和乘坐体验。

二、电梯控制系统设计输出文件

（一）电梯状态文件

这个配置文件包含了诸如电梯数量、楼层数、楼层高度、电梯速度等重要参数的配置信息。通过这些配置信息，我们可以定义整个电梯系统的基本特性和规模。

①电梯数量的配置对系统的运行效率和负载能力有着重要的影响。合理配置电梯数量

可以有效地减少乘客等待时间，提高整个系统的运行效率。楼层数和楼层高度的配置也至关重要，这直接影响到电梯的运行范围和楼层之间的距离，进而影响到电梯系统的运行速度和效率。

②电梯速度的配置也是输出文件中的重要参数之一。电梯速度的配置需要考虑到楼层高度、电梯数量等因素，以确保整个系统的负载能力和运行效率。合理的电梯速度可以有效地减少乘客等待时间，提高整个系统的运行效率和用户体验。

（二）用户请求记录文件

它记录了用户对电梯的各种请求操作。其中包括用户的上下行请求、开关门请求以及请求的楼层信息。这些记录不仅能够帮助我们统计和分析用户的行为偏好，还可以作为优化调度策略的重要参考依据。通过分析用户请求记录文件中的数据，我们可以了解用户在不同时间段和不同楼层的运行需求，从而合理安排电梯的运行策略。比如，在高峰时段增加运行频率，提高服务效率；在低谷时段减少空驶时间，降低能耗成本。此外，还可以根据用户对开关门请求的频率，适时进行维护和保养，确保电梯设备的运行良好。

（三）运行日志文件

它记录了电梯在运行过程中的各种状态和事件。其中包括：故障报警信息，可以帮助工程师快速定位和解决问题；维修记录能够帮助维护人员掌握电梯的维护情况，及时进行保养和维修；而运行时间的统计数据则可以帮助管理人员评估电梯的运行效率和性能。通过分析这些记录，可以及时发现电梯存在的问题，并及时采取措施解决，保证电梯的安全和正常运行。同时，也可以根据运行日志文件中的数据，对电梯的运行情况进行分析和评估，进一步优化电梯控制系统的设计，提升电梯的性能和可靠性。因此，电梯控制系统设计输出文件中的运行日志文件在电梯的运行和维护中起着至关重要的作用，对于确保电梯安全稳定运行具有重要意义。

（四）维护报告文件

这份文件记录着电梯维护的方方面面，包括维护人员的姓名、维护日期、维护内容和维护结果等信息。通过这份文件，可以清晰地了解电梯的维护情况，及时发现问题并解决，从而保持电梯的正常运行。

维护人员的姓名是这份报告文件中至关重要的一项信息，因为不同的维护人员可能具有不同的维护经验和技术水平，通过记录他们的姓名，可以追踪到是哪位维护人员对电梯进行了维护，从而在维护质量出现问题时及时补救。

维护日期也是维护报告文件中必不可少的内容，通过记录维护日期，可以清楚地知道上次维护是何时进行的，是否需要进行定期维护或者紧急维修。只有及时维护，才能确保电梯的运行安全性。

此外，维护内容和维护结果也是维护报告文件中至关重要的一环。维护内容记录着维护人员对电梯所进行的具体维护工作，而维护结果则反映了这些维护工作的效果如何。只有维护内容和维护结果相辅相成，才能为电梯的维护管理和正常运行提供有力的支持。

第四节 电梯控制系统设计计算

一、驱动部分

本系统采用变压变频调速系统，由NICE3000电梯驱动器控制电梯的运行，实行距离运行原则。

（一）驱动器的选择

为得到优良的调速性能，本系统选用苏州默纳克控制技术有限公司生产的高性能的NICE3000电梯驱动器。适配电机的最大功率为55kW，电梯最大速度可达4m/s。驱动器功率的设定以驱动器额定输出电流不小于电机额定电流为原则。

从能量角度分析，驱动器在从高速减至零速的过程当中，大量机械动能和重力位能转化为电能，除部分消耗在电动机内部铜损和铁损上外，大部分电能经逆变器反馈至直流母线，这时，需要靠制动单元将过量的电能消耗在制动电阻上。电阻功率选择是基于电阻能安全地长时间工作。电阻计算是基于电机再生电能被电阻完全吸收，如式8-1所示。

$$W=1000Pk=\frac{V^2}{R} \tag{8-1}$$

式中：W——电机再生电能，单位kW；

P——电机功率，单位kW；

k——回馈时的机械能转换效率；

V——制动单元直流工作点，一般可取值700V；

R——制动电阻等效电阻值，单位Ω。

（二）主回路接触器容量的计算

本系统选用法国施耐德（Schneider）系列接触器，接触器触点额定电流按电动机额定电流选用。同时考虑产品的系列性，对某些型号的适用范围做了覆盖。计算公式：接触器触点电流≥1.15×电动机额定电流。

二、控制部分

本系统采用苏州默纳克控制技术有限公司生产的MCB-B控制板，通过电磁兼容标准测试。大部分井道信息采用RS-485接口标准，轿厢信号采用CAN通信，不受楼层限制，传输距离远，安装调试简洁。

（一）AC220V绕组承载功率

AC220V绕组承载功率=门电机功率＋光幕功率＋开关电源消耗功率普通净开门宽度≤1800mm时，门电机功率约为100W；

光幕以微科917A系列为例，消耗功率低于4W；

开关电源的消耗功率，选择功率最大为200W。

由上述参数可得：AC220V绕组承载功率=100＋4＋200=304（W）。

（二）AC110V绕组承载功率

AC110V绕组承载功率=相关接触器线圈消耗功率＋安全回路和门锁回路线间消耗功率。

另外，门锁、抱闸接触器触点电流一般选择为6A的接触器，如施耐德品牌的LC1D0601F7N。接触器吸合瞬间功率为70W，维持功率为7W，动作时间为12～22ms。

（三）DC110V绕组消耗功率

DC110V绕组消耗功率=制动器功率。普通客梯制动器，主流厂家适配制动器功率如下：通润GTW系列为220～330W，KDS的WJ系列为220W，西子富沃德GETM系列为160～390W。综合上述情况，制动器功率可选择250W。

（四）控制变压器的选择

各路绕组承载电流（留有余量）如下。

系统功率≤15kW时，推荐选择变压器规格：输入AC380V，输出AC220V/2A、AC110V/1A、DC110V/2.5A，如联创TDB-860-01型变压器。

系统功率>15kW时，推荐选择变压器规格：输入AC380V，输出AC220V/2A、AC110V/1.5A，DC110V/2.5A，如联创TDB-920-01型变压器。

三、曳引系统设计

电梯曳引系统的功能是输出动力和传递动力，驱动电梯运行，是电梯运行的根本和核心部分之一。

（一）曳引机

曳引机为电梯的运行提供动力，一般由曳引电动机、制动器、曳引轮、盘车手轮等组成。根据电动机与曳引轮之间是否有减速箱，又可分为有齿轮曳引机和无齿轮曳引机。曳引机和驱动主机是电梯、自动扶梯、自动人行道的核心驱动部件，称为电梯的“心脏”，其性能直接影响电梯的速度、起制动、加减速度、平层和乘坐的舒适性、安全性，运行的可靠性等指标。曳引机是除了液压电梯外每台电梯必不可少的关键部件，液压电梯的数量仅占全球电梯总量的3%左右，由此可见，曳引机的需求量与电梯的需求量直接相关，且其相关度为97%左右。

1.有齿轮曳引机

有齿轮曳引机的电动机通过减速箱驱动曳引轮，降低了电动机的输出转速，提高了输出转矩。如果曳引机的曳引轮安装在主轴的伸出端，称单支承式（悬臂式）曳引机，其结构简单轻巧，起重量较小（额定起重量不大于1t）。如果曳引轮两侧均有支承，则称为双支承式曳引机，其适用于大起重量的电梯。

（1）蜗杆减速器曳引机。蜗杆减速器曳引机为第一代曳引机。蜗轮蜗杆传动的传动比大、运行平稳、噪声低、体积小。在减速器中，蜗杆可以置于蜗轮的上面，称蜗杆上置式结构。这种曳引机整体重心低，减速箱密封性好，但蜗杆与蜗轮的啮合面间润滑变差，磨损相对严重。若蜗杆置于蜗轮下面，则称蜗杆下置式结构。这种结构的蜗杆可浸在减速箱体的润滑油中，使齿的啮合面得到充分润滑，但对蜗杆两端在蜗杆箱支撑处的密封要求较高，容易出现蜗杆两端漏油的故障，同时曳引轮位置较高，不便于降低曳引机重心。

蜗杆头数就是蜗杆上螺旋线的条数，一般为1～4头。单头蜗杆能得到大的传动比，但螺旋升角小，传动效率低，一般用在低速电梯上。二头蜗杆最为常用。三头、四头蜗杆多用于快速电梯，以满足曳引机有较高输出速度的要求。

（2）齿轮减速器曳引机。齿轮减速器曳引机为第二代曳引机。它具有传动效率高的优点，齿面磨损寿命基本上是蜗杆减速器曳引机的10倍，但传动平稳性不如蜗轮蜗杆传动，抗冲击承载能力差。同时，为了达到低噪声，要求加工精度很高，必须磨齿。由于齿面硬度高，不能通过磨合来补偿制造和装配的误差，钢的渗碳淬火质量不易保证。在传动比较大的情况下，需要采用多级齿轮传动。由于其成本较高，使用条件较严格，其推广使用受到限制。

（3）行星齿轮减速器曳引机（包括谐波齿轮和摆线针轮）。行星齿轮减速器曳引机为第三代曳引机。它具有结构紧凑、减速比大、传动平稳性、抗冲击能力优于斜齿轮传动、噪声小等优点，在交流拖动占主导地位的中高速电梯上具有广阔的发展前景。但即使采用高的加工精度，由于难以采用斜齿轮啮合，噪声相对较大。此外，谐波传动效率低，柔轮疲劳问题较难解决，而摆线针轮加工要有专用机床，且磨齿困难。

2.无齿轮曳引机

无齿轮曳引机的电动机直接驱动曳引轮，没有机械减速装置，一般用于2m/s以上的高速电梯。无齿轮曳引机没有齿轮传动，机构简单，功率损耗，高效节能、驱动系统动态性能优良；低速直接驱动，故轴承噪声低，无风扇和齿轮传动噪声，噪声一般可降低5～10dB（A），运转平稳可靠；无齿轮减速箱，没有齿轮润滑的问题，无励磁绕组，体积小、重量轻，可实现小机房或无机房配置，降低了建筑成本，减少了保养维护工作量；使用寿命长、安全可靠，维护保养简单。

永磁同步无齿轮曳引机为第四代曳引机，具有许多优点：整体成本较低，适应无机房电梯，可降低建筑成本；节约能源，采用了永磁材料，无励磁线圈和励磁电流消耗，使功率因数提高，与传统有齿轮曳引机相比能源消耗可以降低40%左右；噪声低，无齿轮啮合噪声，无机械磨损，永磁同步无齿轮曳引机本身转速较低，噪声及振动小，整体噪声和振动得到明显改善；高性价比，无齿轮减速箱，结构简化，成本低，重量轻，传动效率高，运行成本低；安全可靠，该曳引机运行中若三相绕组短接，电动机可被反向拖动进入发电制动状态，从而可产生足够大的制动力矩；永磁同步电动机启动电流小，无相位差，使电梯启动、加速和制动过程更加平顺，舒适性好。其缺点：电动机的体积、重量、价格大大提高，且低速电动机的效率很低，低于普通异步电动机。另外，对于变频器和编码器的要求高，而且电动机一旦出故障，常需要拆下来送回工厂修理。

3.带传动曳引机

带传动曳引机为第五代曳引机，它具有高的总机电效率、低的启动电流、小的体积和重量，可维护性好，可免维护调整，性能价格比好，带传动的寿命超过25000h，由于采用了自动正反馈张紧方式，不仅在使用过程中无须调整带张力，而且无论传递多大的转矩带均不会打滑。因此，传动失效主要是带破断，而带破断的安全系数达到15，与悬挂钢丝绳相当，而且带也是多根独立的冗余系统，因此这一安全系数将远远高于齿轮的弯曲强度。第五代曳引机的可维修性好，所有零部件损坏均可以在现场以很低的成本予以修复，这点远远强于永磁同步系统。因为强磁吸力的缘故，永磁同步系统一旦发生故障，常须送回工厂用专用设备才能拆卸修理，也只有专用设备才能重新装配。

4.曳引轮

曳引轮安装在曳引机的主轴上，起到增加钢丝绳和曳引轮间的静摩擦力的作用，从而增大电梯运行的牵引力，是曳引机的工作部分，在曳引轮缘上开有绳槽。曳引轮靠钢丝绳与绳槽之间的摩擦力来传递动力，当曳引轮两侧的钢丝绳有一定拉力差时，应保证曳引钢绳不打滑。为此，必须使绳槽具有一定形状。在电梯中常见的绳槽形状有半圆槽、带切口半圆槽和楔形槽三种。

（1）半圆槽（U形槽）。半圆绳槽与钢丝绳形状相似，与钢丝绳的接触面积最大，对钢丝绳挤压力较小，钢丝绳在绳槽中变形小、摩擦小，利于延长钢丝绳和曳引轮寿命，但其当量摩擦系数小，绳易打滑。为提高曳引能力，必须用复绕曳引绳的方法，以增大曳引绳在曳引轮上的包角。半圆槽还广泛用于导向轮、轿顶轮和对重轮。

（2）带切口的半圆槽（凹形槽）。在半圆槽底部切制了一个楔形槽，使钢丝绳在沟槽处发生弹性变形，一部分楔入槽中，使当量摩擦系数大为增加，一般可为半圆槽的1.5～2倍。增大槽形中心角α，可提高当量摩擦系数，α最大限度为120°，实际使用中常取90°～110°。如果在使用中，因磨损而使槽形中心下移时，则中心角α大小基本不变，使摩擦力也基本保持不变。基于这一优点，这种槽形在电梯上应用最为广泛。

（3）楔形槽（V形槽）。槽形与钢丝绳接触面积较小，槽形两侧对钢丝绳产生很大的挤压力，单位面积的压力较大，钢丝绳变形大，使其产生较大的当量摩擦系数，可以获得较大的摩擦力，但使绳槽与钢丝绳间的磨损比较严重，磨损后的曳引绳中心下移，楔形槽与带切口的半圆槽形状相近，传递能力下降，使用范围受到限制，一般只用在杂货梯等轻载低速电梯。

5.制动器

制动器对主动转轴起制动作用，使工作中的电梯轿厢停止运行，还对轿厢与厅门地坎平衡时的准确度起着重要的作用。电梯采用的是机电摩擦型常闭式制动器，常闭式制动器是指机械不工作时制动器制动，机械运转时松闸的制动器。制动器是电梯不可缺少的安全装置，能使运行中的电梯在切断电源时自动把电梯轿厢掣停住。制动器的电磁铁在电路上与电动机并联，因此电梯运行时，电磁铁吸合，使制动器松闸；当电梯停止时，电磁铁释放，制动瓦在弹簧作用下抱紧制动轮，实现机械抱闸制动。

制动器都装在电动机和减速器之间，即装在高转速轴上，通过制动瓦对制动轮抱合时产生的摩擦力来使电梯停止运动。因为高转速轴上所需的制动力矩小，可以减小制动器的结构尺寸。制动器的制动轮就是电动机和减速器之间的联轴器圆盘。制动轮装在蜗杆一侧，不能装在电动机一侧，以保证联轴器破裂时，电梯仍能被掣停。如果是无齿轮曳引机制动器则安装在电动机与曳引轮之间。

制动器是保证电梯安全运行的基本装置，对电梯制动器的要求是能产生足够的制动力矩，而制动力矩大小应与曳引机转向无关；制动时对曳引电动机的轴和减速箱的蜗杆轴不应产生附加载荷；当制动器松闸或合闸时，除了保证速度快之外，还要求平稳，而且能满足频繁启、制动的工作要求。制动器的零件应有足够的刚度和强度；制动带有较高的耐磨性和耐热性；结构简单、紧凑，易于调整；应有人工松闸装置；噪声小。另外，对制动器的功能有以下几点基本要求：当电梯动力源失电或控制电路电源失电时，制动器能自动进行制动；当轿厢载有125%额定载荷并以额定速度运行时，制动器应能使曳引机停止运转；当电梯正常运行时，制动器应在持续通电情况下保持松开状态；断开制动器的释放电路后，电梯应无附加延迟地被有效制动；切断制动器电流，至少应由两个独立的电气装置来实现；装有手动盘车手轮的电梯曳引机，应能用手松开制动器并需要一持续力去保持其松开状态。

制动器有多种形式，如双铁芯双弹簧（立式、卧式和碟式）电磁制动器、双侧铁芯单弹簧制动器（下置式、上置式）电磁制动器、单铁芯双弹簧制动器和内膨胀式制动器。常见双弹簧卧式电磁制动器，主要由电磁铁、制动臂、制动瓦和制动弹簧等组成。

制动器的工作原理是当电梯处于静止状态时，曳引电动机、电磁制动器的线圈中均无电流通过，这时因电磁铁芯间没有吸引力，制动瓦块在制动弹簧压力作用下将制动轮抱紧，保证电梯不工作。当曳引电动机通电旋转的瞬间，制动电磁铁线圈同时通上电流，电磁铁芯迅速磁化吸合，带动制动臂使其克服制动弹簧的作用力，制动瓦块张开，与制动轮完全脱离，电梯得以运行。当电梯轿厢到达所需停站时，曳引电动机失电，制动电磁铁线圈也同时失电，电磁铁芯中磁力迅速消失，电磁铁芯在制动弹簧力的作用下通过制动臂复位，使制动瓦块再次将制动轮抱住，电梯停止工作。

（1）电磁铁。根据制动器产生电磁力的线圈工作电流，分为交流电磁制动器和直流电磁制动器。由于直流电磁制动器制动平稳，体积小，性能可靠，电梯多采用直流电磁制动器。因此，这种制动器的全称是常闭式直流电磁制动器。

直流电磁铁由绕制在铜质线圈套上的线圈和用软磁性材料制造的铁芯构成。电磁铁的作用是用来松开闸瓦。当闸瓦松开时，闸瓦与制动轮表面应有0.5～0.7mm的合理间隙。为此，铁芯在吸合时，必须保证足够的吸合行程。在吸合时，为防止两铁芯底部发生撞击，其间应留有适当间隙。吸合行程和两铁芯底部间隙都可以按需要调整。线圈工作温度一般控制在60℃以下，最高不大于105℃，线圈温度的高低与其工作电流有关。有关工作电流、吸合行程等参数在产品的铭牌上均有标注。

（2）制动臂。制动臂的作用是平稳地传递制动力和松闸力，一般用铸钢或锻钢制成，应具有足够的强度和刚度。

（3）制动瓦。制动瓦提供足够制动的摩擦力矩，是制动器的工作部分，由瓦块和制动带构成。瓦块由铸铁或钢板焊接而成；制动带常采用摩擦因数较大的石棉材料，用铆钉固定在瓦块上。为使制动瓦与制动轮保持最佳抱合，制动瓦与制动臂采用铰接，使制动瓦有一定的活动范围。

（4）制动弹簧。制动弹簧的作用是通过制动臂向制动瓦提供压力，使其在制动轮上产生制动力矩。通过调整弹簧的压缩量，可以调整制动器的制动力矩。

制动器的选择原则：能符合于已知工作条件的制动力矩，并有足够的储备，以保证一定的安全系数；所有的构件要有足够的强度；摩擦零件的磨损量要尽可能小，摩擦零件的发热不能超过允许的温度；上闸制动平稳，松闸灵活，两摩擦面可完全松开；结构简单，便于调整和检修，工作稳定；轮廓尺寸和安装位置尽可能小。

制动力矩是选择制动器的原始数据，通常是根据重物能可靠地悬吊在空中或考虑增加重物的这一条件来确定制动力矩。由于重物下降时，惯性产生下降力会作用于制动轮，产生惯性力矩，因而在考虑电梯制动器的安全系数时，不要忽略惯性力矩。

（二）曳引钢丝绳

1.电梯曳引钢丝绳

曳引钢丝绳（简称“曳引绳”）由钢丝、绳股和绳芯组成，钢丝是钢丝绳的基本强度单元，要求有很高的韧性和强度。

绳股是用钢丝捻成的每一根小绳。按绳股的数目有6股绳、8股绳和18股绳之分。对于直径和结构都相同的钢丝绳，股数多，其疲劳强度就高；外层股数多，钢丝绳与绳槽的接触状况就更好，有利于提高曳引绳的使用寿命。电梯一般采用6股和8股钢丝绳，但更趋于使用8股绳。

绳芯是被绳股缠绕的挠性芯棒，支承和固定着绳股，并储存润滑油。绳芯分纤维芯和金属芯两种。由于用剑麻等天然纤维和人造纤维制成的纤维芯具有较好的挠性，所以电梯曳引绳采用纤维芯。按绳股的形状，分为圆形股和异形股钢丝绳。虽然后者与绳槽接触好，使用寿命相对较长，但由于其制造复杂，所以电梯中使用圆形股钢丝绳。

按绳股的构造可分为点接触、线接触和面接触钢丝绳。其中线接触钢丝绳接触面积大、接触应力小、有较高的挠性和抗拉强度而被电梯采用。对于线接触钢丝绳，根据其股中钢丝的配置，又可分为多种。其中一种叫西鲁式，又叫外粗式，代号为X，其绳股是以一根粗钢丝为中心，周围布以细钢丝，在外层布以相同数量的粗钢丝。这种结构使钢丝绳挠性差些，从而对弯曲时的半径要求大些，但由于外层钢丝较粗，所以其耐磨性好。我国电梯使用的曳引钢丝绳为西鲁式结构。

按钢丝在股中或股在绳中的捻制螺旋方向，可分为左捻和右捻；按股捻制方向与绳捻制的相互搭配方法，又有交互捻和同向捻之分。交互捻法是绳与股的捻向相反，使绳与股的扭转趋势也相反，互相抵消，在使用中没有扭转打结的趋势，所以电梯必须使用交互捻绳，一般为右交互捻，即绳的捻向为右，股的捻向为左。

曳引钢丝绳是电梯中的重要构件。在电梯运行时弯曲频繁，并且由于电梯经常处在启、制动状态下，所以不但承受着交变弯曲应力，还承受着不容忽视的动载荷。由于使用情况的特殊性及安全方面的要求，决定了电梯用的曳引钢丝绳必须具有较高的安全系数，并能很好地抵消在工作时所产生的振动和冲击。电梯曳引钢丝绳应具备以下特点：具有较大的强度，具有较高的径向韧性、较好的耐磨性能，能很好地抵消冲击负荷。电梯曳引钢丝绳在一般情况下，不需要另外润滑，因为润滑以后会减小钢丝绳与曳引轮之间的摩擦因数，影响电梯的曳引能力。一般来说，在曳引轮直径较大，温度干燥的使用场所，钢丝绳使用3~5年自身仍有足够的润滑油，不必添加新油。但不管使用时间多长，只要在电梯钢丝绳上发现生锈或干燥迹象时，必须加润滑油。

2.曳引钢丝绳均衡受力装置

电梯使用中，需要均衡各根曳引钢丝绳的受力，否则曳引轮上各绳槽的磨损将是不均匀的，会对电梯的使用带来不利的影响。曳引绳均衡受力装置有两种，一种是均衡杠杆式，另一种是弹簧式。在均衡受力方面，弹簧式装置虽然不如杠杆式的好，但在钢丝绳根数比较多的情况下，用弹簧式均衡装置比用均衡杠杆式均衡装置更方便可行。

（1）弹簧式均衡受力装置。曳引钢丝绳的绳头经组合后才能与有关的构件相连接，固定钢丝绳端部的装置叫弹簧式均衡受力装置（或称端接装置、绳头组合）。常用的绳头组合有绳夹固定法、自锁楔形绳套固定法和合金固定法（巴氏合金填充的锥形套筒法），绳夹固定绳头非常方便，但必须注意绳夹规格与钢丝绳直径的匹配及夹紧的程度。固定时必须使用三个以上的绳夹，且U形螺栓应卡在钢丝绳的短头，曳引钢丝绳绕过楔块套入绳套再将楔块拉紧，靠楔块与绳套内孔斜面的配合而自锁，并在曳引钢丝绳的拉力作用下拉紧。楔块下方设有开口锁孔，插入开口销以防止楔块松脱。

曳引钢丝绳的两端分别和特别的锥套用浇巴氏合金法（或顶锥法）连接。绳头弹簧插入锥套杆内并坐于垫圈和螺母上，用于钢丝绳张力调整。当螺母拧紧时，弹簧受压，曳引钢丝绳的拉力随之增大，曳引钢丝绳被拉紧；反之，当螺母放松时，弹簧伸长，曳引钢丝绳受力减小，曳引钢丝绳就变得松弛。由此可见，通过收紧和放松螺母改变弹簧受力的办法，可以达到均衡各根曳引钢丝绳受力的目的。电梯在新安装时，应将曳引钢丝绳的张力调整一致，要求每根绳张力差小于5%，在电梯使用一段时间后，张力会发生一些变化，必须再按照上述方式进行调整。绳头弹簧通常排成两排平行于曳引轮轴线的序列，相互之间的距离应尽可能小，以保证曳引钢丝绳最大斜行牵引度不超过规定值。弹簧式均衡受力装置中的压缩弹簧，不宜选得太软或太硬。太软，当电梯启、制动时轿厢跳动幅度较大，使乘客感到不舒适；太硬，乘客同样也会感到不舒适。

曳引绳锥套按用途可分为用于直径 13mm曳引钢丝绳和用于直径16mm曳引钢丝绳两

种。如按结构形式又可分为组合式和非组合式两种。组合式的曳引绳锥套，其锥套和拉杆是两个独立的零件，它们之间用铆钉铆合在一起；非组合式的曳引绳锥套，其锥套和拉杆是锻成一体的。曳引绳锥套与曳引钢丝绳之间的连接处，其抗拉强度应不低于钢丝绳的抗拉强度。因此，曳引绳头需预先做成类似大蒜头的形状，穿进锥套后再用巴氏合金浇注。

（2）松绳开关。在电梯安装时，通过钢丝绳的均衡受力装置将各根曳引钢丝绳的受力大小调到基本一致。但在电梯使用一段时间后，各根钢丝绳的受力有可能出现变化，如有的拉力变大，有的则拉力变小，这就需要电梯维护人员经常注意调节钢丝绳受力，以保证电梯在良好的曳引状态下工作。

3.导向轮和反绳轮

导向轮是将曳引钢丝绳引向对重或轿厢的钢丝绳轮，安装在曳引机架或承重梁上。反绳轮是设置在轿厢顶部和对重顶部位置的动滑轮以及设置在机房里的定滑轮。根据需要，将曳引钢丝绳绕过反绳轮，用以构成不同的曳引绳传动比。根据传动比的不同，反绳轮的数量可以是一个、两个或更多。

四、重量平衡控制系统设计

电梯的重量平衡系统由对重和补偿装置组成。

（一）对重

对重装置平衡轿厢及电梯负载重量，与轿厢分别悬挂在曳引钢丝绳的两端减少电动机功率损耗，曳引电梯不可缺少。对重装置由以槽钢为主体所构成的对重架和用灰铸铁制作或钢筋混凝土填充的对重块组成，每个对重块不宜超过60kg，易于装卸，有时将对重架制成双栏，以减小对重块的尺寸。

对重装置主要包括无对重轮式和有对重轮式，分别适用于曳引比1：1电梯和曳引比2：1电梯，对重与电梯负载匹配时，可减小钢丝绳与绳轮之间的曳引力，延长钢丝绳的寿命。轿厢侧的重量为轿厢自重与负载之和，而负载的大小却在空载与额定负载之间随机变化。因此，只有当轿厢自重与载重之和等于对重重量时，电梯才处于完全平衡状态，此时的载重称为电梯的平衡点。而在电梯处于负载变化范围内的相对平衡状态时，应使曳引绳两端张力的差值小于由曳引绳与曳引轮槽之间的摩擦力所限定的最大值，以保证电梯曳引传动系统工作正常。

当使对重侧重量等于轿厢的重量，电梯只需克服摩擦力便可运行，电梯处于平衡点时，电梯运行的平稳性、平层的准确性、节能以及延长平均无故障时间等方面，均处于最佳状态。为使电梯负载状态接近平衡点，需要合理选取平衡系数。轻载电梯平衡系数应取下限；重载工况时取上限。对于经常处于轻载运行的客梯，平衡系数常取0.5以下；经常处于重载运行的货梯，常取0.5以上。

（二）补偿装置

当曳引高度超过30m时，曳引钢丝绳重量的影响就不容忽视，它会影响电梯运行的稳定性及平衡状态。当轿厢位于最低层时，曳引钢丝绳的重量大部分作用在轿厢侧；反之，当轿厢位于顶层端站时，曳引钢丝绳的重量大部分作用在对重侧。因此，曳引钢丝绳长度的变化会影响电梯的相对平衡。为了补偿轿厢侧和对重侧曳引钢丝绳长度的变化对电梯平衡的影响，需要设置平衡补偿装置。

平衡补偿装置主要有补偿链和补偿绳两种类型。补偿链以铁链为主体，在铁链中穿有麻绳，以降低运行中铁链碰撞引起的噪声。此种装置结构简单，一般适用于速度小于2.5m/s的电梯。补偿绳以钢丝绳为主体，此种装置具有运行较稳定的优点，常用于速度大于2.5m/s的电梯。广为采用的补偿方法，是将补偿装置悬挂在轿厢和对重下面，称为对称补偿方式。这样，当轿厢升到最高层时，曳引绳大部分位于对重侧，而平衡补偿装置大部分位于轿厢侧；当对重位于最高层时，情况与之相反，也就是说，在电梯升降运行过程中，补偿装置长度变化与曳引绳长度变化正好相反，于是，起到了平衡补偿作用，保证了电梯运动系统的相对平衡。

五、导向系统设计

导向系统由导轨、导靴和导轨支架组成，其主要功能是对轿厢和对重的运动进行限制和导向。

（一）导轨

导轨安装在井道中来确定轿厢与对重的相互位置，并对它们的运动起导向作用，防止因轿厢的偏载产生的倾斜。当安全钳动作时，导轨作为被夹持的支承件，支撑轿厢或对重。导轨通常采用机械加工或冷轧加工方式制作。导轨以其横向截面的形状分，常见有T形、L形、槽形和管形4种，T形导轨具有良好的抗弯性能和可加工性，通用性强，应用最多。L形、槽形和管形导轨一般均不经过加工，通常用于运行平稳性要求不高的低速电梯。导轨用具有足够强度和韧性的钢材制成。为了保证电梯运行的平稳性，一般对导轨工作面的扭曲、直线度等几何形状误差以及工作面的粗糙度等方面都有较严格的技术要求。

因为每根导轨的长度为3～5m，必须进行连接安装。连接安装时，不允许采用焊接或用螺栓连接，两根导轨的端部要加工成凹凸形的榫头与榫槽接合定位，背后附设一根加工过的连接板（长250mm，厚为10mm以上，宽与导轨相适应），每根导轨端部至少要用4个螺栓与连接板固定，榫头与榫槽具有很高的加工精度，起到连接的定位作用；接头处的强度，由连接板和连接螺栓来保证。

导轨不能直接紧固在井道内壁上，需要固定在导轨架上，固定方法不采用焊接或用螺栓连接，而是用压板固定法。压板固定法，是用导轨压板将导轨压紧在导轨架上，当井道下沉，导轨因热胀冷缩，导轨受到的拉伸力超出压板的压紧力时，导轨就能做相对移动，从而避免了弯曲变形。这种方法被广泛应用在导轨的安装上，压板的压紧力可通过螺栓的拧紧程度来调整，拧紧力的确定与电梯的规格，导轨上、下端的支承形式等有关。

导轨安装质量也直接影响电梯运行的平稳性，主要反映在导轨的位置精度和导轨接头的定位质量两个方面。对于导轨安装的位置精度的要求是：安装后的导轨工作侧面平行于铅垂线的偏差，有关规范中规定为每5m长度中不超过0.7mm，以减小运行阻力和导轨的受力；两导轨同一侧工作面位于同一铅垂面的偏差不超过1mm，以利于导向性；两导轨工作端面之间的距离偏差，对于高速电梯的轿厢导轨为不大于±0.5mm，对重导轨为不大于±1mm；对低、快速电梯的轿厢导轨为不大于±1mm，对重导轨为不大于±2mm，以防止导靴卡住或脱出。对于每根3~5m长的导轨之间接头的定位质量，虽然是通过有很高加工精度的榫头和榫槽来保证，但在两根导轨对接时，还常常会出现两根导轨工作面不在同一平面的台阶。有关规范规定，这个台阶不应大于0.05mm。为了使接头处平顺光滑，对于高速电梯应在300mm长度内进行修光，对于低、快速电梯应在200mm长度内进行修光。

（二）导靴

导靴引导轿厢和对重沿着导轨运动。轿厢安装四套导靴，分别安装在轿厢上梁两侧和轿厢底部安全钳座下面；四套对重导靴安装在对重梁的上部和底部。导靴的凹形槽（靴头）与导轨的凸形工作面配合，一般情况下，导靴要承受偏重力，随时将力传递在导轨上，强制轿厢和对重在曳引钢丝绳牵引下，沿着导轨上下运行，防止轿厢和对重装置在运行过程中偏斜或摆动。

导靴类型主要有滑动导靴和滚动导靴。滑动导靴分为固定滑动导靴和弹性滑动导靴，有较高的强度和刚度。固定滑动导靴的靴头轴向位置是固定的，它与导轨间的配合存在着一定的间隙，在运动时易产生较大的振动和冲击，用于小于1m/s低速电梯，弹性滑动导靴的靴头是浮动的，在弹簧的作用下，其靴衬的底部始终靠在导轨端面上，使轿厢在运行中保持稳定的水平位置，能吸收轿厢与导轨之间产生的振动，适用于速度为1~2m/s的电梯。采用滑动导靴时，为了减小导靴在工作中的摩擦阻力，通常在轿架上梁和对重装置上方的两个导靴上，安装导轨加油盒，通过油盒向导轨润油，滚动导靴由靴座、滚轮、调节弹簧等组成，以三个或六个外圈为硬质橡胶的滚轮，代替滑动导靴的三个工作面；在弹簧力作用下，三个滚轮紧贴在导轨的正面和两侧面上，以滚动摩擦代替了滑动摩擦，大大减少了导轨与导靴间的摩擦，节省能量，减小了运动中的振动和噪声，提高乘坐电梯的舒适感，适用于大于2.0m/s的高速电梯。采用滚动导靴时，导轨工作面上绝不允许加润滑油，会使滚轮打滑而无法正常工作。在滚轮的外缘包一层薄薄的橡胶外套，延长滚轮的使用寿命，减少噪声，取得更为满意的运行效果。

（三）导轨支架

导轨支架是导轨的支撑架，它固定在井道壁或横梁上，将导轨的空间位置加以固定，并承受来自导轨的各种作用力导轨支架间的距离。导轨支架主要分为轿厢导轨支架、对重导轨支架和轿厢与对重导轨共用导轨支架。导轨支架一般的配置间距不应超过2.5m（可根据具体情况进行调整），每根导轨内，至少要有两个导轨支架，用膨胀螺栓法、预埋钢板法等方法固定在井道壁上。

六、电梯安全保护系统设计

（一）电梯的事故

（1）轿厢失控，超速运行。当曳引机电磁制动器失灵，减速器中的轮齿、轴、销、键等折断，以及曳引绳在曳引轮绳槽中严重打滑等情况发生时，正常的制动手段已无法使电梯停止运动，轿厢失去控制，造成运行速度超过额定速度。

（2）终端越位。由于平层控制电路出现故障，轿厢运行到顶层端站或底层端站时，未停车而继续运行或超出正常的平层位置。

（3）冲顶或蹲底。当上终端限位装置失灵等，造成轿厢或对重冲向井道顶部，称为冲顶；当下终限位装置失灵或电梯失控，造成电梯轿厢或对重跌落井道底坑，称为蹲底。

（4）不安全运行。由于限速器失灵、层门和轿门不能关闭或关闭不严时电梯运行，轿厢超载运行，曳引电动机在缺相、错相等状态下运行等。

（5）非正常停止。由于控制电路出现故障、安全钳误动作、制动器误动作或电梯停电等原因，都会造成在运行中的电梯突然停止。

（6）关门障碍。电梯在关门过程中，门扇受到人或物体的阻碍，使门无法关闭。

（二）电梯的安全装置

电梯的安全，首先是对人员的保护，同时也要对电梯本身和所载物资以及安装电梯的建筑物进行保护。为了确保电梯的安全运行，设置了多种机械、电气安全装置。

（1）超速（失控）保护装置：限速器、安全钳。

（2）超越上下极限工作位置保护装置：强迫减速开关、限位开关、极限开关，上述三个开关分别起到强迫减速、切断控制电路、切断动力电源三级保护。

（3）撞底（与冲顶）保护装置：缓冲器。

（4）层门、轿门门锁电气联锁装置：确保门不可靠关闭，电梯不能运行。

（5）近门安全保护装置：层门、轿门设置光电检测或超声波检测装置、门安全触板等；保证门在关闭过程中不会夹伤乘客或夹坏货物，关门受阻时，保持门处于开启状态。

（6）电梯不安全运行防止系统：轿厢超载控制装置、限速器断绳开关、安全钳误动作开关、轿顶安全窗和轿厢安全门开关等。

（7）供电系统断相、错相保护装置：相序保护继电器等。

（8）停电或电气系统发生故障时，轿厢慢速移动装置。

（9）报警装置：轿厢内与外联系的警铃、电话等。

除上述安全装置外，还会设置轿顶安全护栏、轿厢护脚板、底坑对重侧防护栏等设施。

（三）电梯安全保护装置的动作关联

当电梯出现紧急故障时，分布于电梯系统各部位的安全开关被触发，切断电梯控制电路，曳引机制动器动作，制停电梯。当电梯出现极端情况，如曳引绳断裂，轿厢将沿井道坠落，当到达限速器动作速度时，限速器会触发安全钳动作，将轿厢制停在导轨上。当轿厢超越顶、底层站时，首先触发强迫减速开关减速；如无效则触发限位开关使电梯控制线路动作将曳引机制停；若仍未使轿厢停止，则会采用机械方法强行切断电源，迫使曳引机断电并使制动器动作制停。当曳引钢丝绳在曳引轮上打滑时，轿厢速度超限会导致限速器动作触发安全钳，将轿厢制停；如果打滑后轿厢速度未达到限速器触发速度，最终轿厢将触及缓冲器减速制停。当轿厢超载并达到某一限度时，轿厢超载开关被触发，切断控制电路，导致电梯无法启动运行。当安全窗、安全门、层门或轿门未能可靠锁闭时，电梯控制电路无法接通，会导致电梯在运行中紧急停车或无法启动。当层门在关闭过程中，安全触板遇到阻力，则门机立即停止关门并反向开门，稍做延时后重新尝试关门动作，在门未可靠锁闭时电梯无法启动运行。

七、电力拖动系统

电力拖动系统由曳引电动机、速度检测装置、电动机调速控制系统和拖动电源系统等部分组成，其中，曳引电动机为电梯的运行提供动力；速度检测装置完成对曳引电动机实际转速的检测与传递，一般为与电动机同轴旋转的测速发电动机或数字脉冲检测器。测速发电动机与曳引机同轴连接，发电动机输出电压正比于曳引电动机转速；而数字脉冲检测器的带孔圆盘与曳引电动机同轴连接，光线通过盘孔形成的脉冲数正比于曳引电动机转速。前者是模拟检测传送方式，后者是数字方式。电动机调速控制系统是根据电梯启动、运行和制动平层等要求，对曳引电动机进行转速调节的电路系统，拖动电源系统为电动机提供所需要的电源。

第九章　电梯整机检测技术

第一节　乘客和载货电梯检测项目与技术要求

一、主开关

（一）设置

1.检验要求

每台电梯都应在机房单独装设一个能切断该梯所有正常供电电路的主开关，该开关应具有切断电梯正常使用情况下最大电流的能力，但不应切断下列供电电路。

（1）轿厢照明和通风（如有）。

（2）轿顶电源插座。

（3）机房和滑轮间照明。

（4）机房、滑轮间和底坑电源插座。

（5）电梯井道照明。

（6）报警装置。

2.检验方法

（1）根据设计文件和实物，判断主开关的容量和类别是否适当。

（2）断开主电源开关，检查照明、插座、通风及报警装置是否被切断。

（二）型式

1.检验要求

（1）主开关应具有稳定的断开和闭合位置，应能从机房入口处方便、迅速地接近主开关的操作机构，如机房为几台电梯所共用，各台电梯主开关的操作机构应易于识别。

（2）如果机房有多个入口，或同一台电梯有多个机房，而每一机房又有各自的一个或多个入口，则可以使用一个断路器式接触器，其断开应由电气安全装置控制，该装置接入断路器式接触器线圈供电回路。

（3）断路器式接触器断开后，除借助上述安全装置外，断路器式接触器不应被重新闭合或不应有被重新闭合的可能，且应与手动分段开关连用。

2.检验方法

（1）现场目测，审查电路图。

（2）检查主电源开关的型式、标识、安装位置，人为动作该电气安全装置，观察断路器式接触器的情况。

（三）防误操作

1.检验要求

主开关在断开位置时应能用挂锁或其他等效装置锁住，以确保不会出现误操作。

2.检验方法

现场目测，检查设计文件。

（四）一组电梯的情况

1.检验要求

对于一组电梯，当一台电梯的主开关断开后，如果其他部分运行回路仍然带电，这些带电回路应能在机房中被分别断开，必要时可切断组内全部电梯的电源。

2.检验方法

检查实物及电路图。

（五）电容器的连接

1.检验要求

任何提高功率因数的电容器，都应连接在动力电路主开关的前面。

2.检验方法

审查电气原理图及实物。

二、停止装置

（一）停止装置的设置

1.检验要求

（1）电梯应设置停止装置，用于停止电梯并使电梯包括动力驱动的门保持在非服务的状态。停止装置应设置在：

①底坑，且该装置应设置在打开门去底坑时和在底坑地面上容易接近的地方。

②滑轮间内部，靠近入口处。

③轿顶，距检修或维护人员入口不大于1m的易接近位置，如果检修运行控制装置距入口不大于1m，则该装置可以是设在检修运行控制装置上的停止装置。

④检修运行控制装置上。

⑤对接操作的轿厢内，此停止装置应设置在距对接操作入口处不大于1m的位置，并应能清楚地辨别。

⑥电梯驱动主机附近的紧急操作和动态测试屏上（当驱动主机不在机房内且主机附近1m范围内无主开关或另一个停止装置时）。

（2）除有对接操作功能之外，轿厢内不应设置乘客可接触到的、外露的停止装置。

2.检验方法

手动试验停止装置的功能，检查实物，审查电气原理图和布置尺寸图，如有必要，有关位置尺寸需用尺测量验证。

（二）停止装置的型式

1.检验要求

停止装置应是电气安全装置，需为双稳态的，且在误动作时不能使电梯恢复运行。

2.检验方法

目测检查，手动试验实物。

三、极限开关

（一）设置及独立性

1.检验要求

（1）曳引驱动电梯应设置满足以下要求的极限开关。

①极限开关应设置在尽可能接近端站时起作用而无误动作危险的位置上。

②极限开关应在轿厢或对重（如有）接触缓冲器之前起作用，并在缓冲器被压缩期间保持其动作状态。

③正常的端站停止开关和极限开关必须采用分别的动作装置。

（2）液压电梯应设置满足以下要求的极限开关。

①极限开关应设置在轿厢行程上极限的柱塞位置处。

②极限开关应设置在尽可能接近上端站时起作用而无误动作危险的位置上。

③极限开关应在柱塞接触缓冲停止装置之前起作用。当柱塞位于缓冲停止范围内，极

限开关应保持其动作状态。

④正常的端站停止开关和极限开关必须采用分别的动作装置。

2.检验方法

审查资料，目测检查实物；进入轿顶用尺子测量极限开关与其撞板的动作重叠尺寸，并与缓冲器的行程比较，如现场不容易测量，可实际进行试验验证。

（二）动作的实现

1.检验要求

（1）曳引驱动电梯极限开关的动作应由下述方式实现。

①直接利用处于井道顶部和底部的轿厢。

②利用一个与轿厢连接的装置，如钢丝绳、皮带或链条，该连接装置一旦断裂或松弛，一个电气安全装置应使电梯驱动主机停止运转。

（2）液压电梯极限开关的动作应由下述方式实现。

①对于直接作用式液压电梯，极限开关的动作应由下述方式实现：

a.直接利用轿厢或柱塞的作用。

b.间接利用一个与轿厢连接的装置，如钢丝绳、皮带或链条。

对于b而言，当钢丝绳、皮带或链条断裂或松弛时，应借助一个电气安全装置使液压电梯液压泵站停止运行。

②对于间接作用式液压电梯，极限开关的动作应由下述方式实现：

a.直接利用柱塞的作用。

b.间接利用一个与柱塞连接的装置，如钢丝绳、皮带或链条。

对于b而言，该连接装置一旦断裂或松弛，应借助一个电气安全装置使液压电梯液压泵站停止运转。

2.检验方法

（1）检查实物，目测检查实物。

（2）人为动作断裂或松弛保护电气开关，检查电梯的停止情况。

（三）动作作用方法及动作后电梯状态

1.检验要求

（1）对曳引驱动的单速或双速电梯，极限开关应采用下述方法。

①用强制的机械方法直接切断电动机和制动器的供电回路。

②通过一个电气安全装置，切断向控制电动机和制动器直接供电的接触器线圈电路。

（2）对于可变电压或连续调速电梯，极限开关应能迅速地，即在与系统相适应的最短时间内使电梯驱动主机停止运转。

（3）极限开关动作后，电梯应不能自动恢复运行。

（4）对于液压电梯，极限开关应是一个电气安全装置，当极限开关动作时，应使液压泵站停止运转并保持其停止状态。当轿厢离开其作用区域时，极限开关应自动闭合。极限开关动作后，即使轿厢因沉降离开动作区域，仅靠响应轿内和层站呼梯信号不可能使轿厢移动，液压电梯应不能自动恢复运行。

2.检验方法

（1）审查电气原理图。

（2）人为动作极限开关和电气开关，检查电梯的停止情况，并检查电梯能否自动恢复运行。

四、断相、错相保护

（一）检验要求

（1）电梯应当具备供电系统断相和错相保护功能。当电梯供电电路出现断相或者错相时，电梯应当停止运行并保持停止状态。

（2）电梯运行与相序无关时，可以不设错相保护功能。

（二）检验方法

断开总电源，将主开关输出线分别断开一相或交换相序后，接通电源，分别用正常或检修速度操纵，观察电梯运行情况。

五、停止驱动主机及检查其停止状态

（一）曳引驱动电梯停止驱动主机及检查其停止状态

1.检验要求

使用电气安全装置使电梯驱动主机停止，应按下述各项进行控制。

（1）直接供电。由交流或直流电源直接供电的电动机，必须用两个独立的接触器切断电源，接触器的触点应串联于电源电路中，电梯停止时，如果其中一个接触器的主触点未打开，最迟到下一次运行方向改变时，必须防止轿厢再运行。

（2）静态元件供电。交流或直流电动机用静态元件供电和控制时，应采用下述方法中的一种。

①用两个独立的接触器来切断电动机电流。电梯停止时，如果其中一个接触器的主触

点未打开，最迟到下一次运行方向改变时，必须防止轿厢再运行。

②一个由以下元件组成的系统：

a.切断各相（极）电流的接触器。至少在每次改变运行方向之前应释放接触器线圈。如果接触器未释放，应防止电梯再运行。

b.用来阻断静态元件中电流流动的控制装置。

c.用来检验电梯每次停车时电流流动阻断情况的监控装置。在正常停车期间，如果静态元件未能有效地阻断电流的流动，监控装置应使接触器释放并应防止电梯再运行。

2.检验方法

对照现场实物分析并审查电气原理图及接线图；在正常运行和检修运行状态下，现场分别模拟接触器的主触点不释放故障，观察电梯正常停车后的再启动情况；分析、检查监控装置的有效性。

（二）液压电梯停止驱动主机及检查其停止状态

1.检验要求

使用电气安全装置使电梯驱动主机停止，应按下述各项进行控制。

（1）对于上行运行的液压电梯：

①电动机的电源应至少由两个独立的接触器切断，该两个接触器的主触点应串联于电动机供电回路中。

②电动机的电源由一个接触器切断，且分流阀的供电回路应至少由两个串联于该阀供电回路中独立的电气装置来切断。

（2）对于下行运行的液压电梯，下行方向阀的供电回路：

①至少由两个串联的独立的电气装置切断。

②直接由一个电气安全装置切断，只要该电气安全装置的电气容量正确。当液压电梯停止时，若其中某一个接触器的主触点没有打开或某一个电气装置没有断开，最迟到下一次运行方向改变时，必须防止轿厢再运行。

（3）静态元件供电。交流或直流电动机用静态元件供电和控制时，应采用下述方法中的一种。

①用两个独立的接触器来切断电动机电流。电梯停止时，如果其中一个接触器的主触点未打开，最迟到下一次运行方向改变时，必须防止轿厢再运行。

②一个由以下元件组成的系统：

a.切断各相（极）电流的接触器。至少在每次改变运行方向之前应释放接触器线圈。如果接触器未释放，应防止电梯再运行。

b.用来阻断静态元件中电流流动的控制装置。

c.用来检验电梯每次停车时电流流动阻断情况的监控装置。在正常停车期间，如果静态元件未能有效地阻断电流的流动，监控装置应使接触器释放并应防止电梯再运行。

2.检验方法

对照现场实物分析并审查电气原理图及接线图；在正常运行和检修运行状态下，现场分别模拟接触器的主触点不释放故障，观察电梯正常停车后的再启动情况；分析、检查监控装置的有效性。

六、制动器的供电

（一）工作状态

1.检验要求

正常运行时，制动器应在持续通电情况下保持松开状态。

2.检验方法

现场检查并审查电气原理图。

（二）控制

1.检验要求

（1）切断制动器电流，至少应用两个独立的电气装置来实现，无论这些装置与用来切断电梯驱动主机电流的电气装置是否为一体。

（2）当电梯停止时，如果其中一个接触器的主触点未打开，最迟到下一次运行方向改变时，应防止电梯再运行。

2.检验方法

对照现场实物分析并审查电气原理图及接线图；在正常运行和检修运行状态下，现场分别模拟接触器的主触点不释放故障，观察电梯正常停车后的再启动情况。

（三）释放电路的断开

1.检验方法

断开制动器的释放电路后，电梯应无附加延迟地被有效制动，使用二极管或电容器与制动器线圈两端直接连接不能看作延时装置。

2.检验方法

目测检查并动作试验。

（四）防馈电

1.检验要求

当电梯的电动机有可能起发电机作用时，应防止该电动机向操纵制动器的电气装置馈电。

2.检验方法

审查电气图纸，核查现场实物。

七、安全回路接地故障防护

（一）检验要求

如果包含有电气安全装置的电路接地或接触金属构件而造成接地，该电路应：

（1）使电梯驱动主机立即停止运转。

（2）第一次正常停止运转后，防止电梯驱动主机再启动，恢复电梯运行只能通过手动复位。

（二）检验方法

审查电气原理图，分析其电气安全回路接地或接触金属构件的保护原理。

八、电气安全装置及其动作

（一）电气安全装置的设置

1.检验要求

某一电气安全装置动作时，应防止电梯主机启动，或使其立即停止运转。电气安全装置包括：

（1）一个或几个安全触点，它直接切断向驱动主机供电的接触器或继电接触器的供电。

（2）满足标准要求的安全电路，包括下列两项：

①一个或几个满足标准要求的安全触点，它们不直接切断主回路接触器或继电接触器的供电。

②不满足安全触点要求的触点。

2.检验方法

检查现场元件或电路是否满足对电气安全装置的要求，同时审查电气原理图。

（二）与电气安全装置的连接和并联的确定

1.检验要求

（1）与电气安全回路上不同点的连接只允许用来采集信息，这些连接装置应该满足安全电路的要求。

（2）除开门情况下的平层和再平层、紧急电动运行和对接操作运行外，电气装置不应与电气安全装置并联。

2.检验方法

审查电气原理图，必要时检查现场接线布置。

（三）信号的可靠性

1.检验要求

一个电气安全装置发出的信号，不应被同一电路中设置在其后的另一个电气安全装置发出的外来信号所改变，以免造成危险后果。

2.检验方法

审查分析电气原理图，必要时检查现场接线布置。

（四）记录或延迟信号电路

1.检验要求

记录或延迟信号的电路，即使发生故障，也不应妨碍或明显延迟由电气安全装置作用而产生的电梯驱动主机停机，即停机应在与系统相适应的最短时间内发生。

2.检验方法

审查电气原理图，必要时检查现场接线布置。

（五）电气安全装置的直接作用

1.检验要求

（1）某一电气安全装置动作时，应防止电梯驱动主机启动或使其立即停止运转，制动器的电源也应被切断。

（2）电气安全装置应直接作用在控制电梯驱动主机供电的设备上。

（3）由于输电功率而使用了继电接触器控制电梯驱动主机，则它们应视为直接控制电梯驱动主机启动和停止的供电设备。

2.检验方法

审查分析电气原理图，手动使一个电气安全装置动作，观察电梯的停止情况。

（六）电气安全装置的操作

1.检验要求

操作电气安全装置的部件应能在连续正常操作产生机械应力的条件下正确地起作用。如果操作电气安全装置设置在人们容易接近的地方，则它们应这样设置：采用简单的方法不能使其失效。对于冗余型安全电路，应用传感器元件机械的或几何的布置来确保机械故障时不应丧失其冗余性。用磁铁或桥接件不算简单方法。

2.检验方法

审查分析电气原理图和现场接线布置，目测检查操作部件结构。

九、电动机运转时间限制器

（一）曳引驱动电梯的电动机运转时间限制器

1.检验要求

（1）曳引驱动电梯应设有电动机运转时间限制器，在下述情况下使电梯驱动主机停止转动并保持在停止状态。

①当启动电梯时，曳引机不转。

②轿厢或对重向下运动时由于障碍物而停住，导致曳引绳在曳引轮上打滑。

（2）电动机运转时间限制器应在不大于下列两个时间值的较小值时起作用。

①45s。

②电梯运行全程的时间再加上10s；若运行全程的时间小于10s，则最小值为20s。

（3）电动机运转时间限制器动作后，恢复电梯正常运行只能通过手动复位，恢复断开的电源后，曳引机无须保持在停止位置。

2.检验方法

（1）启动电梯，检查电动机运转时间限制器是否在设定的时间内动作。在现场可通过以下方法模拟时间限制器的动作。

①调整时间限制器起作用的设定值。

②降低电梯运行速度。

③其他方法。

（2）电动机运转时间限制器动作后，恢复电梯正常运行只能通过手动复位。

（3）检查电动机运转时间限制器是否影响到轿厢检修运行和紧急电动运行。

（二）液压电梯的电动机运转时间限制器

1.检验要求

（1）液压电梯应设有使电动机失电的运转时间限制器。当启动液压电梯时，如果电动机不转，则该时间限制器应使电动机保持在失电状态。

（2）电动机运转时间限制器应在不大于下列两个时间值的较小值时起作用。

①45s。

②电梯运行全程的时间再加上10s；若运行全程的时间小于10s，则最小值为20s。

（3）电动机运转时间限制器动作后，恢复电梯正常运行只能通过手动复位，在供电中断以后恢复供电时，驱动主机无须保持在停止位置。

2.检验方法

审查设计资料，检查现场接线和设定情况，分析设定方法并进行现场模拟试验。

（三）运转时间限制器与其他运行的关系

1.检验要求

电动机运转时间限制器不应影响到轿厢检修运行、紧急电动运行以及电气防沉降系统工作。

2.检验方法

（1）启动电梯，检查电动机运转时间限制器是否在设定的时间内动作。在现场可通过以下方法模拟时间限制器的动作。

①调整时间限制器起作用的设定值。

②降低电梯运行速度。

③其他方法。

（2）电动机运转时间限制器动作后，恢复电梯正常运行只能通过手动复位。

（3）检查电动机运转时间限制器是否影响到轿厢检修运行和紧急电动运行。

十、电动机的保护

（一）过载保护

1.检验要求

（1）直接与主电源连接的电动机应采用手动复位的自动断路器（下一条所述情况除外）进行过载保护，该断路器应切断电动机所有供电。

（2）当对电梯电动机过载的检测是基于电动机绕组的温升时，则切断电动机的供电应符合的要求是：如果一个装有温度监控装置的电气设备的温度超过其设计温度，电梯不应再继续运行，此时轿厢应停在层站，以便乘客能离开轿厢，电梯应在充分冷却后才能自动恢复正常运行。

（3）当电梯电动机是由电动机驱动的直流发电机供电时，该电梯电动机也应该设过载保护。

2.检验方法

审查电气原理图，检查自动断路器、热敏电阻规格和设定是否与电机相匹配。

（二）短路保护

1.检验要求

直接与主电源连接的电动机应进行短路保护。

2.检验方法

审查图纸，检查实物。

（三）多个电路供电

1.检验要求

如果电动机具有多个不同电路供电的绕组，则按规定适用于每一绕组。

2.检验方法

检查电气原理图及实物，确认是否保护了电机的每一绕组。

十一、电气防护

（一）外壳防护

1.检验要求

在机房和滑轮间内的电气设备，必须采用防护罩壳以防止直接触电。

2.检验方法

用IP标准试具检查。

（二）电压

1.检验要求

对于控制电路和安全电路，导体之间或导体对地之间的直流电压平均值和交流电压有效值均不应大于250V。

2.检验方法

用万用表测量。

（三）零线和接地线

1.检验要求

零线和接地线应始终分开。

2.检验方法

检查电路图及实物。

（四）导线的截面积

1.检验要求

门电气安全装置导线的截面积不应小于0.75mm^2。

2.检验方法

现场检查或测量。

（五）带电端子的标记

1.检验要求

如果电梯的主开关或其他开关断开后，一些连接端子仍然带电，则它们应与不带电的端子明显地隔开，如带电端子电压超过50V，应注上适当标记；偶然互接将导致电梯危险故障的连接端子被明显地隔开，除非其结构形式能避免这种危险。

2.检验方法

现场目测并用万用表测量。

（六）连接器件和插接式装置

1.检验要求

设置在安全电路中的连接器件和插接式装置，如果无须使用工具就能将其拔出，或者错误的连接能导致电梯的危险故障，应保证重新插入时绝对不会插错。

2.检验方法

目测检查，插拔试验。

第二节　消防员电梯附加检测项目与技术要求

一、消防员电梯基本要求

（一）消防楼层

1.检验要求

消防员电梯应服务于建筑物的每一楼层。

2.检验方法

审查设计文件，现场选层试验。

（二）轿厢尺寸

1.检验要求

消防员电梯轿厢尺寸不应小于1350mm（宽）×1400mm（深），额定载重量不应小于800kg，轿厢的净入口宽度不应小于800mm。在有预定用途包括疏散的场合，为了运送担架、病床等，或者设计有两个出入口的消防员电梯，其额定载重量不应小于1000kg，轿厢的最小尺寸为1100mm（宽）×21000mm（深）。

2.检验方法

审查设计文件，现场测量。

二、电气设备防水保护

（一）井道内或者轿厢上电气设备的防水保护

1.检验要求

在消防员电梯道内或轿厢上部的电气设备，如果其设置在距设有一层门的任一井道壁1m的范围内，则应设计成能防滴水和防淋水，或者其外壳防护等级应至少为IPX3。

2.检验方法

对照现场实物审查安装布置图，核查电气外壳防护等级证明文件。

（二）底坑内电气设备

1.检验要求

设置在消防员电梯底坑地面以上1m以内的所有电气设备，防护等级应至少为IP67。插座和最低的井道照明灯具应设置在底坑内最高允许水位之上至少0.50m处。

2.检验方法

对照现场实物审查安装布置图，核查电气外壳防护等级证明文件。

（三）井道外的机器区间内和消防员电梯底坑内的设备的防水措施

1.检验要求

应保护在井道外的机器区间内和消防员电梯底坑内的设备，以免因进水而造成故障。

2.检验方法

对照现场实物审查安装布置图和保护措施。

（四）建筑物防水措施

1.检验要求

建筑物应具备适当的措施，确保在消防员电梯底坑内的水位不会上升到轿厢缓冲器被完全压缩时的上表面以上。

2.检验方法

审查设计文件的防护要求，现场检查实际安装。

三、消防员被困在轿厢内的救援

（一）应急轿厢安全窗尺寸

1.检验要求

应在轿顶设置一个轿厢安全窗，其尺寸应至少为0.50m×0.70m。

2.检验方法

审查设计文件的防护要求，现场实际测量。

（二）应急轿厢安全窗设置

1.检验要求

应在轿顶设置一个轿厢安全窗，其尺寸应至少为0.50m×0.70m。

2.检验方法

审查设计文件的要求，现场检查实际安装。

（三）轿厢外救援方法

1.检验要求

从轿厢外救援，可使用下列救援方法。

（1）设置在距上层站地坎垂直距离不大于0.75m范围内的固定式梯子。该梯子高度超过1.50m时，其与水平方向夹角应在65° ~75° ，并不易滑动或翻转；梯子的净宽度不应小于0.35m，其踏板深度不应小于25mm；对于垂直设置的梯子，踏板与梯子后面墙的距离不应小于0.15m；踏板的设计载荷应为1500N；靠近梯子顶端，至少应设置一个容易握到的把手，梯子周围1.50m的水平距离内，应能防止来自梯子上方坠落物的危险。

（2）使用轿外救援便携式梯子、绳梯或安全绳系统等救援工具进行救援。

2.检验方法

审查电梯及土建设计资料，必要时现场目测检查。

（四）轿厢内救援方法

1.检验要求

（1）从轿厢内自救应提供从消防员电梯轿厢内能完全打开轿厢安全窗的方法。如。在轿厢内提供合适的踩踏点，其最大梯阶高度为0.40m。任一踩踏点应能支撑1200N的负荷。

（2）如果提供轿厢内自救梯子，其设置方式应能使它们安全地展开。

（3）任何踩踏点的外缘与对应的垂直轿厢壁之间的自由距离不应小于0.10m。

（4）梯子与安全窗的尺寸和位置，应能允许消防员通过。

（5）在井道内每个层站入口靠近门锁处，应设置简单的示意图或标志，清楚地表明如何打开层门。

2.检验方法

审查电梯及土建设计资料，必要时现场目测检查。

（五）轿厢外部的刚性梯子设置

1.检验要求

如果在轿厢外部设置一个用于救援的刚性梯子，即装有检测开关的梯子，则应符合下列要求：

（1）应提供一个电气安全装置，以确保梯子从其储存位置移开后消防员电梯不能移动。

（2）梯子的储存位置应避免在正常维护作业时发生绊倒维护人员的危险。

（3）梯子的最小长度应按以下方式确定：当消防员电梯轿厢停在平层位置时，应能接触到上一层站的层门锁。如果这种梯子不可能设置在轿厢上，则应采用永久固定于井道内的梯子。

2.检验方法

审查设计文件，现场目测检查梯子的储藏位置，实际检查梯子的长度，移开后，测试电梯是否可以正常或检修运行。

四、轿门和层门

（一）检验要求

应当使用自动操作水平滑动的（联动的）轿门和层门。

（二）检验方法

现场检查轿门和层门的设置。

五、消防员电梯主机和相关设备

（一）机器设备间防火等级

1.检验要求

装有消防员电梯驱动主机和相关设备的任何区间，应至少具有与消防员电梯井道相同的防火等级。当驱动主机和相关设备的机房设置在建筑物的顶部且机房内部及其周围没有火灾危险时除外。

2.检验方法

审查土建设计文件，必要时现场查看布置情况。

（二）井道外和防火分区外的机器区间

1.检验要求

设置在井道外和防火分区外的所有机器区间，应至少具有与防火分区相同的防火等级。防火分区之间的连接（如电缆、液压管路等）也应予以同样的保护。

2.检验方法

审查土建设计文件，现场查看布置情况。

六、控制系统

（一）消防员电梯开关设置

1.检验要求

消防员电梯开关应设置在预定用作消防员入口层的前室内，该开关应设置在距消防员电梯水平距离2m范围内，高度在地面以上1.80m到2.10m之间的位置。

2.检验方法

现场目测检查，审查设计或安装说明。

（二）消防员电梯开关型式

1.检验要求

（1）消防员电梯开关的操作应借助于一个三角形钥匙。该开关的工作位置应是双稳态的，并应清楚地用“1”和“0”标示。位置“1”是消防员服务有效状态。

（2）该服务有两个阶段：阶段1（优先召回阶段）；阶段2（消防服务阶段）。

（3）附加的外部控制或输入仅能用于使消防员电梯自动返回到消防员入口层，并停在该层保持在开门状态。消防员电梯开关仍应被操作到位置“1”，才能完成阶段1的运行。

2.检验方法

审查电气原理图及控制程序说明，现场进行手动模拟试验。

（三）安全保护装置的有效性

1.检验要求

在消防员电梯开关处于有效状态期间，除反开门装置外，消防员电梯的所有安全装置（电气和机械）都应保持有效状态。

2.检验方法

审查电气原理和接线图，现场模拟试验。

（四）消防员电梯开关控制权限

1.检验要求

消防员电梯开关不应取消检修运行控制、停止装置或紧急电动运行控制。

2.检验方法

审查电气原理和接线图，现场模拟试验。

（五）电气故障的影响

1.检验要求

（1）当处于消防员服务状态时，层站召唤控制或设置在消防员电梯井道外的消防员电梯控制系统其他部分的电气故障，不应影响消防员电梯的功能。

（2）与消防员电梯在同一群组中的其他任意一台电梯的电气故障，均不应影响消防员电梯的运行。

2.检验方法

审查电气原理和接线图，现场模拟试验。

（六）开门超时报警

1.检验要求

为了确保消防员获得对消防员电梯的控制不被过度延误，消防员电梯应设置一个听觉信号，当门开着的实际停顿时间超过2min时在轿厢内鸣响。在超过2min后，此门将试图以减小的动力关闭，在门完全关闭后听觉信号解除。该听觉信号的声级应能在35dB（A）至65dB（A）之间调整，通常设置在55dB（A），而且该信号还应能与消防员电梯的其他听觉信号区分开。此功能仅在电梯的优先召回阶段有效。

2.检验方法

审查电气原理和接线图，现场模拟试验。

（七）消防员电梯的优先召回阶段（阶段1）

1.检验要求

阶段1可手动或自动进入。一旦进行阶段1，应确保：

（1）所有的层站控制和消防员电梯的轿厢内控制均应失效，所有已登记的呼梯均应被取消。

（2）开门和紧急报警的按钮应保持有效。

（3）可能受到烟和热影响的轿门反开门装置应失效，以允许门关闭。

（4）消防员电梯应脱离同一群组中的所有其他电梯独立运行。

（5）到达消防员入口层后，消防员电梯应停留在该层，且轿门和层门保持在完全打开位置。

（6）消防服务通信系统应有效。

（7）如果进入阶段1时消防员电梯正处于检修运行/紧急电动运行控制状态下，听觉信号应鸣响，内部对讲系统（如果有）应被启动。当消防员电梯脱离上述状态时，该信号应被取消。

（8）正在离开消防员入口层的消防员电梯，应在可以正常停层的最近楼层做一次正常的停止，不开门，然后返回到消防员入口层。

（9）在消防员电梯开关启动后，井道和机房照明应自动点亮。

2.检验方法

审查电气原理和接线图，现场模拟试验。

（八）外部控制或者输入接口

1.检验要求

附加的外部控制或者输入仅能用于使消防员电梯自动返回到消防员服务通道层并保持开门状态停在该层。消防员电梯开关仍须被操作到位置“1”，才能完成阶段1的运行。

2.检验方法

审查电气原理和接线图，现场模拟试验。

（九）在消防员控制下消防员电梯的使用（阶段2）

1.检验要求

消防员电梯开着门停在消防员入口层以后，消防员电梯应完全由轿厢内消防员控制装置所控制，并应确保：

（1）如果消防员电梯是由一个外部信号触发进入阶段1的，在消防员电梯开关被操作到位置“1”前，消防员电梯应不能运行。

（2）消防员电梯应不能同时登记一个以上的轿厢内选层指令。

（3）当轿厢正在运行时，应能登记一个新的轿厢内选层指令，原来的指令被取消，轿厢应在最短的时间内运行到新登记的层站。

（4）一个登记的指令将使消防员电梯轿厢运行到所选择的层站后停止，并保持门关闭。

（5）如果轿厢停止在一个层站，通过持续按压轿厢内“开门”按钮应能将控制门打开。如果在门完全打开之前释放轿厢内“开门”按钮，门应自动再关闭。当门完全打开后，应保持在打开状态直到轿厢内控制装置上有一个新的指令被登记。

（6）除规定的情况外，轿门反开门装置和开门按钮应与阶段1一样保持有效状态。

（7）通过操作消防电梯开关从位置“1”到“0”，保持时间不大于5s，再回到“1”，则重新进入阶段1，消防员电梯应返回到消防员入口层。本要求不适用于轿厢内设有消防员电梯开关的情况。

（8）如果设置有一个附加的轿厢内消防员钥匙开关。它应用消防员电梯标志标示，并应清楚地标明位置“0”和“1”，该钥匙仅能在处于位置“0”时才能拔出。钥匙开关应按下列方法操作。

①当消防员电梯由消防员入口层的消防员电梯开关控制而处于消防员服务状态时，为了使轿厢进入运行状态，该钥匙开关应被转换到位置“1”。

②当消防员电梯在其他层而不在消防员入口层，且轿厢内钥匙开关被转换到位置“0”时，应防止轿厢进一步地运行，并保持门在打开状态。

（9）已登记的轿厢内指令应清晰地显示在轿厢内控制装置上。

（10）在正常或应急电源有效时，应在轿厢内和消防员入口层显示出轿厢的位置。

（11）直到已登记下一个轿厢内指令为止，消防员电梯应停留在它的目的层站。

（12）在阶段2期间，消防服务通信系统应保持有效。

（13）当消防员开关被转换到位置“0”时，仅当消防员电梯已回到消防员入口层时，消防员电梯控制系统才应恢复到正常服务状态。

2.检验方法

审查电气原理和接线图，现场模拟试验。

（十）两个入口的要求

1.检验要求

如果消防员电梯有两个入口，且消防员电梯前室都与消防员入口层的消防员电梯前室设置在同一侧，则应符合下列附加要求。

（1）在轿厢内靠近两个门的位置均应有控制装置：

①其中之一供乘客正常使用。

②靠近前室的消防员控制装置仅供消防员使用，并应采用消防员电梯的标志。

（2）进入阶段1时，除开门和报警按钮外，供乘客正常使用的控制装置上的其他按钮都应是无效的。

（3）靠近消防员电梯前室的消防员控制装置，在进入阶段2时变为有效。

（4）预定不被消防员使用的所有层门，在消防员电梯恢复到正常运行状态之前应始终保持关闭状态，这些层门的确定取决于建筑设计。

（5）面向消防员电梯前室的所有层门，在消防员电梯恢复到正常运行前都应恢复正常。

2.检验方法

现场模拟试验，审查电气控制原理图和接线图。

七、系统供电及转换

（一）系统供电设置

1.检验要求

消防员电梯和照明的供电系统应由第一和第二（应急、备用或二者之一）电源组成，其防火等级应至少等于消防员电梯井道的防火等级。消防员电梯第一和第二电源的供电电缆应进行防火保护，它们相互之间以及与其他电源之间应独立设置。

2.检验方法

审查电气原理图和接线图，并现场进行目测检查。

（二）第二电源容量

1.检验要求

第二电源应足以驱动额定载重量的消防员电梯运行，运行速度应满足入口层到顶层的时间不超过60s。

2.检验方法

现场进行模拟测试。

（三）供电转换

1.检验要求

供电转换时应满足下列要求。

（1）校正运行不是必要的。

（2）当恢复供电时，消防员电梯应立即进入服务状态。如果消防员电梯需要移动来确定轿厢的位置，则应向着消防员入口层运行不超过两个楼层，并显示轿厢所在位置。

2.检验方法

现场模拟试验，审查电气控制原理图和接线图。

八、轿厢和层站的控制装置

（一）检验要求

（1）轿厢和层站的控制装置以及相关的控制系统，不应登记因热、烟和湿气影响所产生的错误信号。

（2）轿厢和层站的控制装置、轿厢和层站的指示器以及消防员电梯开关，其防护等级至少应为IPX3。除非在消防员电梯开关启动时通过电气方式被断开，层站控制装置和层站指示器至少应具有IPX3级的防护。

（3）在阶段2控制时，消防员电梯的运行应依靠轿厢内控制装置上的按钮，其他操作系统都应变成无效状态。

（4）在消防员电梯轿厢内，除正常的楼层标志外，在轿厢内消防员入口层的按钮之上或其附近，还应设有清晰的消防员入口层的指示，该指示应采用消防员电梯的标志。

（二）检验方法

现场模拟试验，审查电气控制原理图和接线图。

九、消防服务通信系统

（一）检验要求

（1）消防员电梯应有交互式双向语音通信的对讲系统或类似的装置，当消防员电梯处于阶段1和阶段2时，用于消防员电梯轿厢与下列地点之间通信。

①消防员入口层。

②消防员电梯机房或无机房电梯的紧急操作屏处。如果是在机房内，只有通过按压麦克风的控制按钮才能使其有效。

（2）轿厢内和消防员入口层的通信设备应是内置式麦克风和扬声器，不能用手持式电话。

（3）通信系统的线路应敷设在井道内。

（二）检验方法

现场查看及模拟试验，审查电气控制原理图和接线图。

第三节　防爆电梯附加检测项目与技术要求

一、建筑与环境要求

（一）检验要求

（1）机器空间、井道及底坑内使用的建筑材料应为不燃烧体或阻燃材料。机器空间和底坑内不应存放易燃物品，如油布、油纸等。

（2）机器空间、井道及底坑内应采取措施防止粉尘堆积，并便于清扫。

（3）当可燃性物质密度大于空气密度时，应防止底坑内可燃性物质大量积聚，当可燃性物质密度小于空气密度时，应防止井道顶部和机器空间顶部中可燃性物质大量积聚。

（4）防爆电梯的工作环境要求如下。

①机器空间的环境温度为+5℃～+40℃。

②井道的环境温度为-20℃～+40℃。

③整机工作的大气压强为80～110kPa。

④整机工作场所的空气中标准氧含量（体积比）不大于21%。

对超出该范围的条件下使用的防爆电梯应做特殊考虑，并可要求增加评定和试验。

（二）检验方法

目测检查，并查阅相关资料或者测量相关数据。

二、基本要求

（一）检验要求

（1）防爆电梯的低压配电系统的接地形式应为TN-S系统。

（2）防爆电梯应具有在爆炸性环境中救援防爆电梯内被困人员的措施。

（3）防爆电梯应具有在爆炸性环境中，不打开控制柜的情况下检测和排除控制柜外本质安全系统故障的功能。故障检测可通过观察控制柜或设备箱外部的显示器或窥视窗实现。

（二）检验方法

目测检查，并查阅相关资料。

三、部件选用

（一）检验要求

（1）防爆电梯应与使用环境的爆炸性混合物相适应。同一区域内存在两种或两种以上不同防爆要求的爆炸性混合物时，应选择与防爆要求最高的爆炸性混合物相适应的防爆电梯。

（2）爆炸性环境发生以下变化时，应符合下列要求。

①爆炸性混合物改变，防爆电梯的类别及温度组别应重新确定。

②建筑物布局或可燃性物质释放源改变，防爆电梯安装地点应重新界定爆炸性环境区域。

（3）出现上一条的情况后，必要时防爆电梯应按新的爆炸性环境改装。

（4）防爆电气部件与防爆非电气部件工作时的最高表面温度应满足下列要求。

①爆炸性气体环境用防爆电气部件与防爆非电气部件测定的最高表面温度不应超过：

a.防爆电梯的温度组别。

b.设计规定的防爆电气部件与防爆非电气部件最高表面温度。

c.使用环境中具体气体的点燃温度。

②可燃性粉尘环境用防爆电气部件与防爆非电气部件测定的最高表面温度不应超过：

a.防爆电梯的温度组别。

b.设计规定的防爆电气部件与防爆非电气部件最高表面温度。

c.使用环境中具体可燃性粉尘云和沉积于其外壳的粉尘层的点燃温度。

（二）检验方法

目测或查阅相关资料。

四、安装要求

（一）检验要求

1.通用要求

防爆电梯的安装作业不应使安装地点的爆炸性环境具有点燃隐患，当不可避免时（如需要现场焊接或切割等），应采取措施确保现场不形成爆炸性环境。

2.电气配线

（1）防爆电气部件的固定电缆可采用热塑性护套电缆、热固护套电缆、合成橡胶护套电缆或矿物绝缘金属护套电缆，且电缆应为阻燃型。移动电缆应采用加厚的氯丁橡胶或其他与之等效的合成橡胶护套电缆。

（2）电缆的连接应采用有防松措施的螺栓固定或用压接、钎焊和熔焊的方式固定，不应采用绕接方式固定。

（3）易受到机械或其他损伤的电缆应使用管道或电缆槽保护。

（4）敷设电缆线路时，因电缆管道穿过不同爆炸性环境区域而在区域交界墙面开设的孔洞，应采用不燃烧体材料严密封堵。

3.对本质安全电路的附加要求

（1）本质安全电路与非本质安全电路电缆应有效隔离，分开绑扎固定。

（2）本质安全电路与非本质安全电路接线端子之间应保持不小于50mm的距离，或用隔离板隔离。

（3）本质安全电路的电缆护套应有淡蓝色标识。

（4）本质安全电路的关联设备应安装在爆炸性环境区域外，或具有隔爆外壳。

4.对非本质安全电路的附加要求

（1）防爆电气部件上所有的电气线路都应采用电缆引入装置引入，电缆引入装置应满足以下要求。

①电缆密封。

②弹性密封圈的最小非压缩轴密封长度应为：对于直径不大于20mm的圆形电缆或周长不大于60mm的非圆形电缆为20mm；对于直径大于20mm的圆形电缆或周长大于60mm的非圆形电缆为25mm。

③安装密封填料最小长度应为20mm，而且应保证在20mm间电缆芯线上任何一点至少应有20%的横截面积被填料充填，而且填料凝固后应不透水、不收缩，并且不受爆炸性环境中化学物质的影响。

④电缆引入装置应能夹紧电缆，以防止电缆受到的拉力或扭矩传到连接件上。这种夹紧措施可通过夹紧组件、密封圈或填料来实现。

⑤防爆电气部件的电缆引入装置应设置在：外壳壁上（整体式）；装配在外壳壁内或外壳壁上连接板上的光孔或螺孔（分开式）。

⑥对于安装在隔爆型防爆电气部件外壳壁内的螺纹引入装置应按照要求去设置。

⑦对于安装在增安型防爆电气部件外壳壁上的螺纹引入装置，应使电缆与增安型防爆电气部件有效连接，并能保持增安型防爆电气部件与螺纹引入装置均达到IP54的要求。

⑧螺纹引入装置的螺纹形式应在防爆电气部件引入口旁标明或应在说明书中说明。

⑨电缆引入装置不应有损伤电缆的尖锐棱角。

⑩可弯曲电缆进线口应有一个至少为75° 的圆弧，半径R至少为允许使用电缆最大直径的1/4，但不必超过3mm。

⑪电缆引入装置安装后，应仅通过工具才能拆卸。

⑫冗余电缆引入口应采用符合相应专用防爆型式要求的封堵件严密封堵或采用与⑥相对应的螺纹实体有效啮合5个螺距以上。

（2）电气线路的敷设不应出现中间接头，不可避免时应使用防爆分线盒或防爆接线盒连接。

5.接地

（1）防爆电气部件的金属外壳、金属架构、金属配管及其配件、电缆保护管、电缆的金属护套等非带电裸露金属部分均应有效接地，接地电阻值不应大于40Ω。

（2）防爆电气部件的接地铜线不应互相串联，应分别独立与接地干线连接。

（二）检验方法

目测、查阅相关资料或测量相关数据。五种重点安装要求的检验指引如下。

1.防爆接线盒

（1）说明解释：防爆接线盒是适用于爆炸性环境的产品，型号是BHD51，特点是铸铝合金外壳。

（2）检验工作指引。

①现场查验非本质安全电路的接线，在线路连接或分路的位置，应设置符合隔爆型、增安型、浇封型、油浸型电气部件要求的接线盒。

②通常防爆接线盒采用增安型，但不禁止其他型式。

③本质安全电路的接线不需要满足本要求，可以采用普通接线盒或者本质安全电路专用的接线盒。通常外壳材质为塑料的接线盒为本安接线盒。外壳材质为金属的接线盒为增安接线盒。本安接线盒不需要标明相应参数，但增安接线盒需要设置铭牌，且满足标准的要求。

④检验时，除了对增安接线盒进行查验以外，也需要查验本安接线盒。查看本安接线盒内是否有蓝色本安电线以外的其他电线，如果有非蓝色电线，可能是本安电路用线有误，不符合标准的要求；也可能是将非本安电路接入本安接线盒，未采用专门的防爆接线盒，不符合本项要求。

2.电缆配线

（1）说明解释：固定电缆可以采用热塑性护套电缆、热固护套电缆、合成橡胶护套电缆、矿物绝缘金属护套电缆；移动电缆应采用加厚的氯丁橡胶或其他与之等效的合成橡胶护套电缆。

（2）检验工作指引。

①现场检验时，抽查电缆配线是否符合要求。防爆电梯上的电线均需要有包裹层，不允许单根或多根电线进行布线。

②各类电缆分开的含义是具有不同的接线盒。现场检验时，应检查接线盒内是否有多个电压等级的电缆。

③电缆上易发生机械损伤的部位主要是指各移动电缆的活动部分。例如，随行电缆在轿厢和井道内的固定部位。这些地方应采用措施防止剐蹭，避免电缆外部损失后导致导电

部分直接暴露在爆炸性环境中。现场检验时，对电缆的活动部分进行外观检查。

3.本安配线

（1）说明解释：本安电路通常都采用浅蓝色电线或电缆，但由于部分购置的开关、感应器出厂时就附有其他颜色的电线或电缆，对这类设备可以放宽要求，其进出端部具有浅蓝色标识即可。

（2）检验工作指引。

①只有本安型配线可以使用浅蓝色电缆或线路，检验时看到浅蓝色电缆或电线就可以识别本安电路。查验控制柜及其他本安接线盒，全部电缆和电线的前后两端均具有浅蓝色标识，或电缆和电线均为浅蓝色即可判定该项符合要求。

②该项是对本安布线的要求，由于本安电路的电流和电压通过安全栅予以限制，如果与其他电路布置在一个线槽内，绝缘损坏的时候将不能限制本安电路的电压和电流，破坏防爆性能。监督检验时查验各种布线槽、管是否将本安电路与其他电路分开。

③部分隔爆型或增安型部件内具有较大的接线空间，需要同时布置非本安电路和本安电路（如控制柜），此时需要采取绝缘措施（绝缘隔板或间距大于50mm）。检验时需要查验控制柜内安全栅与其他电路的绝缘措施，其他增安型接线盒内具有本安电路时，也需要查验其绝缘措施。

4.电缆引入

（1）说明解释：非本安型防爆电气部件（主要是指隔爆型和增安型）的电缆引入段需要采取密封措施，防止爆炸性气体或粉尘进入电气部件内部。常用的密封措施有弹性密封圈或者填料密封。

填料密封与浇封型电气部件的防爆原理类似，采用填料来填补电缆与引入口之间的间隙。在完成制作之后填料形成具有一定强度的固态材料，防止在使用过程中丧失密封性能。

（2）检验工作指引。

①检验时，需要查验每根电缆是否单独使用一个电缆引入口，不允许多根电缆使用一个引入口。

②检验时，查验夹紧组件是否已拧紧，填料是否完整。

③检验时，检验人员可以用较小的力气拉拽电缆，如果电缆出现松动则不能达到密封效果。

5.防爆封堵

（1）说明解释：隔爆型、增安型防爆部件的外壳上通常布有许多电缆引入口，根据实际的需要选择合适数量和位置的引入口穿线，多余的引入孔应采用专用封堵件予以封堵。封堵件首先应保证密封，其次需要具有足够的强度防止内部的爆炸往外传递。

（2）检验工作指引：检验时，检验人员需要查验无电缆的引入口是否采用专用封堵件进行了封堵。具有电缆的引入口通常引入一根电缆，如果引入多根电缆，应采用专用的填充材料予以填充和密封。

第四节　杂物电梯检测项目与技术要求

一、井道相关项目的检查

（一）井道的围封

（1）检验要求：除必要的开口外，井道应当由无孔的墙、井道底板和顶板与周围环境分开，只允许有下述开口。

①层门开口。

②通往井道的检修门和检修活板门的开口。

③火灾情况下，气体和烟雾的排气孔。

④通风孔。

⑤井道与机房之间必要的功能性开孔。

⑥杂物电梯之间或与电梯之间隔板上的开孔。

⑦对于人员可进入的机房，井道与机房隔开的顶板上的开孔。

（2）检验方法：审核井道布置图或者现场检查。

（二）检修门和检修活板门

（1）门的具体要求。检验要求：

①检修门和垂直连接的检修活板门不得向井道内部开启。

②门上应当装设用钥匙开启的锁，当门开启后，不用钥匙也能将其关闭和锁住；门锁住后，不用钥匙也能够从井道内将门打开。

检验方法：现场目测，手动试验并检查井道布置图。

（2）关闭验证。检验要求：只有检修门和检修活板门均处于关闭位置时，杂物电梯才能运行。为此，应采用符合标准规定的电气安全装置证实上述门的关闭状态。

该项要求不适用于仅通向驱动主机及其附件的检修门和检修活板门，但适用于通向井道中装有限速器的检修门和检修活板门。

检验方法：现场检查确认是否采用的是电气安全装置验证门的关闭状态。打开检修门和检修活板门，杂物电梯应不能启动或立即停止运行。

（三）通风

检验要求：井道除用于机房（机罩）以及滑轮间通风外，不能用于其他用房的通风。

检验方法：审核井道布置图或现场检查。

（四）井道内的部件设置

检验要求：从层门地坎上任何一点到需要维护、调节或检修的任一部件的距离应不大于600mm。如果达不到以上要求，则应提供检修门或检修活板门，并设置在与上述要求相应的位置。如未按上述要求设置，则井道应允许进入，且轿厢应设置可在任一层站附近防止轿厢移动的装置。该装置应符合以下规定。

①若人员可进入轿顶，则轿厢应设置机械停止装置使其停在指定位置上，在进入轿顶前由胜任人员触发该装置。该装置能防止轿厢意外下行且至少承受的静载荷为空载轿厢的质量加200 kg。同时，应在轿顶或每一层门旁设置符合标准要求的停止装置。

②轿顶在其任意位置上应能支承两个人的重量，每个人按0.20m × 0.20m的面积上作用1000N的力应无永久变形。

③该装置在顶层高度范围停止轿厢时，应保证在轿顶以上有1.80m的自由垂直距离。

检验方法：现场检查，用尺测量尺寸并判定设置是否合理。

（五）井道的结构

检验要求：井道的结构至少应能承受此类载荷：驱动主机施加的、液压缸施加的、轿厢偏载情况下安全钳动作瞬间经导轨施加的、缓冲器动作产生的以及轿厢的装卸载产生的载荷。

检验方法：审核机房井道布置图，并进行外观检查。

（六）底坑下的空间

检验要求：若在杂物电梯的轿厢和对重（或平衡重）之下确有人能够到达的空间存在，则应按《杂物电梯制造与安装安全规范》（GB 25194-2010）中的规定采取防护措施。

检验方法：审核井道布置图，并进行现场检查。

（七）井道内的防护

检验要求：

（1）在维护人员可进入的井道下部，对重（或平衡重）的运行区域应按《杂物电梯制造与安装安全规范》（GB 25194–2010）中的规定采取防护措施。

（2）装有多台电梯的井道，不同电梯的运动部件之间设置隔障，隔障应至少从轿厢、对重（或平衡重）行程的最低点延伸到最底层站楼面以上2.50m的高度，宽度应能防止人员从一个底坑通往另一个底坑。若轿顶边缘与相邻电梯的运动部件之间的水平距离小于0.50m，则隔障应延伸到整个井道高度，其宽度不应小于运动部件或其需要防护部分的宽度两边各加0.10m。

检验方法：审核井道布置图，并现场目测检查，必要时用卷尺测量。

（八）顶层高度

检验要求：

（1）曳引式杂物电梯的顶部间距：当对重停在其限位挡块上或其完全压在缓冲器上时，轿厢导轨的长度应能提供不小于0.10m的进一步制导行程。当轿厢停在其限位挡块上或其完全压在缓冲器上时，对重导轨的长度应能提供不小于0.10m的进一步制导行程。

（2）强制式杂物电梯的顶部间距：轿厢从顶层层站向上直到撞击井道顶部最低部件时的制导行程不应小于0.20m。当轿厢停在其限位挡块上或其完全压在缓冲器上时，平衡重（如有）的导轨长度应能提供不小于0.10m的进一步制导行程。

（3）液压杂物电梯的顶部间距：当柱塞通过其行程限位装置到达其上限位置时，轿厢的导轨长度应能提供不小于0.10m的进一步制导行程。当轿厢停在其限位挡块上或其完全压在缓冲器上时，平衡重（如有）的导轨长度应能提供不小于0.10m的进一步制导行程。

检验方法：审核井道布置图以及设计资料，并现场用尺测量。

（九）底坑

检验要求：

（1）井道下部应设置底坑，除必需的部件和装置外，其底部应光滑平整，不得渗水或漏水。

（2）如底坑是可进入的，应有一种可移动的装置，当轿厢停在其上面时，保证在0.20m × 0.20m的区域内底坑地面与轿厢最低部件之间有1.80m的自由垂直距离，该装置应永久地保留在井道内。同时底坑内应有符合标准要求的停止开关和电源插座，停止开关应在打开门进底坑时容易接近，并应标出“停止”字样。

（3）如底坑是不可进入的，底坑地面应能从井道外部进行清扫。

检验方法：目测检查并手动试验，必要时用尺测量。

二、机房

（一）机房的用途和设置

检验要求：机房不应用于杂物电梯以外的其他用途，也不应设置非杂物电梯用的线槽、电缆或装置。如果机房不与井道相邻，连接机房与井道的液压管道和电气线路应全部或部分安装在专门预留的套管或线槽内。

检验方法：外观检查。

（二）通道的设置

检验要求：应为杂物电梯驱动主机及其附件的检修门或检修活板门提供安全、无障碍的通道。这些门的最小净尺寸应满足更换部件的需要。检修门或检修活板门在开启时不应占用用来检修、维护、操作的空间。

检验方法：审核井道布置图及设计资料，或现场检查。

（三）机房门

检验要求：

（1）不可进入的机房应设置检修门或检修活板门以方便接近驱动主机及其附件，其门的最小尺寸为0.60m×0.60m，即使在机房尺寸不允许的情况下，开孔尺寸也应满足更换部件要求。从检修门或检修活板门门槛到需要维修、调节或检修的任一部件的距离应不大于600 mm。

（2）对于可进入的机房，供人员进出的水平连接的活板门应提供不小于0.64m^{2}的通道面积，短边不小于0.65m，且开门后能保持在开启位置。所有检修活板门其强度和结构应符合标准规定的要求。供人员进出的检修门尺寸不应小于0.60m×0.60m，其门槛不应高出其通道水平地面0.40m。

（3）上述两种门应设用钥匙开启的锁，当门开启后不用钥匙也能将其关闭和锁住，即使在锁住的情况下也能不用钥匙从井道内部将门打开。

检验方法：外观检查，必要时用尺测量。

（四）机房的空间尺寸

检验要求：在控制屏与控制柜前应有一块净空面积，该面积：

（1）从屏、柜的外表面测量时深度不小于0.70m。

（2）宽度取两者中的较大值：0.50m或屏、柜的全宽。

（3）在需要维修或紧急人工操作的机械部件前方，至少在门的高度范围内应留有一块不小于0.50m×0.60m的水平净空面积，以保证在部件前方或在检修门门槛前方，检修门和检修活板门都能完全打开。

（4）在任何情况下，供活动或操作所需的净高度不应小于1.80m。

检验方法：外观检查，必要时用尺测量。

（五）照明及插座

检验要求：机房内应至少提供一个电源插座，插座电源和机房照明电源（如有）应与杂物电梯驱动主机电源分开。

检验方法：外观检查，手动试验。

（六）设备搬运

检验要求：在机房顶梁或横梁的适当位置上应装备具有安全工作载荷标志的金属支架或吊钩，以便起吊较重设备。

检验方法：外观检查。

三、轿厢、对重和平衡重

（一）轿厢尺寸及额定载重量

检验要求：

（1）轿厢尺寸：面积应不大于1.0m²，深度应不大于1.0m，高度应不大于1.20m。

（2）如果轿厢由几个固定的间隔组成，且每一间隔都满足上述要求，则轿厢总高度允许大于1.20m，额定载重量应不大于300kg。

检验方法：外观检查，用尺测量。

（二）材质及封闭

检验要求：轿厢应由轿壁、轿厢地板和轿顶完全封闭，唯一允许的开口是装载和卸载的入口。轿厢不应使用易燃或可能产生有害或大量气体和烟雾的材料。

检验方法：观察检查。

（三）机械强度

检验要求：轿壁、轿厢地板和轿顶及其总成应有足够的机械强度：用300N的力均匀地分布在5cm²的圆形或方形面积上，从轿厢内向外垂直作用于轿壁的任何位置应无永久性变形且弹性变形不大于15mm；对于维护人员可以进入的杂物电梯的轿顶，在其任意位置上应能支承两个人的体重，每个人按0.20m × 0.20m的面积上作用1000N的力，应无永久变形。

检验方法：查阅设计资料，或利用测力计、砝码手动试验。

（四）轿厢入口

检验要求：若在运行过程中运送的货物可能触及井道壁，则在轿厢入口处应设置适当的部件，如挡板、栅栏、卷帘以及轿门，特别是具有贯通入口或者相邻入口的轿厢，应防止货物突出轿厢。这些部件应配有符合标准要求的用来证实其关闭位置的电气安全装置。

检验方法：外观检查，手动试验。打开一个轿厢入口处设置的部件，电梯应不能启动或者继续运行。

（五）轿厢与面对轿厢入口的井道壁的间距

检验要求：在层门全开状态下，轿厢和层门或层门框架之间的间隙不应大于30mm。

检验方法：目测检查，用尺测量。

（六）护脚板和自动搭接地坎

检验要求：

（1）每一轿厢地坎上都应设置护脚板，其宽度应等于相应层站入口的整个净宽度。护脚板垂直部分以下应成斜面向下延伸，斜面与水平面的夹角应大于60°，该斜面在水平面上的投影深度不得小于20mm。护脚板垂直部分的高度不应小于有效开锁区域的高度。

（2）如果杂物电梯采用垂直滑动门且其服务位置与层站地面等高，则可用固定在层站上的自动搭接地坎代替护脚板。

检验方法：目测检查，用尺测量。

（七）轿门

检验要求：如设有轿门，轿门应是无孔的、网格的或孔板的，除必要的间隙外，轿门关闭后应将轿厢入口完全封闭。

检验方法：目测检查。

（八）动力驱动的滑动门

检验要求：动力驱动的滑动门阻止关门的力不应大于150N。若轿门先于层门关闭，则应按层门滑动门相关的要求采取保护措施。

检验方法：在关门过程的后2/3行程范围内用测力计测量，并试验防撞击的保护装置。

（九）对重和平衡重

检验要求：若对重（或平衡重）由对重块组成，应防止它们移动，并采取下列措施。

（1）将对重块固定在一个框架内。

（2）对于金属对重块，则至少要用两根拉杆将对重块固定。

检验方法：目测检查。

四、层门

（一）层门及间隙

检验要求：进入轿厢的井道开口处应设置无孔的层门。层门关闭后，门扇之间及门扇与立柱、门楣和地坎之间的间隙应尽可能小。此运动间隙不得大于6mm。由于磨损，间隙值允许达到10mm。如果有凹进部分，上述间隙从凹底处测量。

检验方法：用斜塞尺测量。

（二）地坎

检验要求：每一个层站入口应该装设一个具有足够强度的地坎，以承受通过它运入轿厢的载荷。

检验方法：观察检查。

（三）机械强度

检验要求：层门及其门锁在锁住的位置时应有这样的机械强度：用300N的力垂直作用在该层门的任何一个面上的任何位置，且均匀分布在5cm²的圆形或者方形面积上时，应：①无永久变形；②弹性变形不大于15mm；③试验期间和试验后，门的安全功能不受影响。

检验方法：在测力计的端部固定一个面积为5cm²的金属块，并在门框的横梁上悬挂线坠，通过测力计施加300N的力垂直作用在门扇上，用尺测量门扇上力的作用点在施力前、300N的力作用下以及解除作用力后垂直层门方向上相对线坠的水平距离，然后计算变形量。

（四）导向装置

检验要求：

（1）层门的设计应防止正常运行中脱轨、机械卡阻或行程终端错位。

（2）水平滑动层门的顶部和底部都应该设有导向装置。

（3）垂直滑动层门两边都应该设有导向装置，即使在悬挂部件断裂时，层门也不应脱离导向装置。

检验方法：审查设计资料，外观检查、手动试验。

（五）垂直滑动层门的悬挂装置

检验要求：

（1）垂直滑动层门的门扇应固定在两个独立的悬挂部件上。

（2）悬挂用的绳、链、皮带，其设计安全系数不应小于8。

（3）悬挂绳滑轮的节圆直径不应小于绳直径的20倍。

（4）悬挂绳与链应加以防护，以免脱出滑轮槽或链轮。

检验方法：目测检查，查阅设计资料，用尺测量绳和轮的直径并计算。

（六）阻止开启门的力

检验要求：动力驱动的滑动门阻止关门的力不应大于150N。

检验方法：在关门过程的后2/3行程范围内，用测力计测量。

（七）防撞击的保护装置

检验要求：对于动力驱动的滑动门，若人员或货物被门扇撞击或将被撞击时，一个保护装置应自动地使门重新开启。如在入口处用手动方式使门关闭，则该装置可不起作用。此保护装置的作用可在每个主动门扇最后50mm的行程中被消除。

检验方法：在层门关闭过程中，试验人员使物体从门口经过，观察门的动作情况。

（八）剪切危险的防护

检验要求：为了避免运行期间发生剪切的危险，动力驱动的滑动门外表面不应有大于3mm的凹进或凸出部分，这些凹进或凸出部分的边缘应在开门运行方向上倒角，层门的开锁三角钥匙孔和有孔轿门除外。

检验方法：外观检查，用尺测量。

（九）指示信号

检验要求：如果层门是手动开启的，使用人员在开门前，必须知道轿厢是否在层站，“轿厢在此”信号应在轿厢停留在层站的整个时段内保持燃亮。

检验方法：观察检查。

（十）局部照明

检验要求：在层站地坎附近的自然或人工照明不应小于50lx，以便安全使用杂物电梯。

检验方法：用照度计测量。

（十一）对坠落危险的防护

检验要求：在正常运行时，应不能打开层门（或多扇层门中的任意一扇），除非轿厢在该层门的开锁区域内停止或停站。开锁区域不应大于层站平层位置上下的0.10m。

检验方法：外观检查，手动试验。

（十二）对剪切的防护

检验要求：如果一个层门或多扇层门中的任何一扇门开着，在正常操作情况下，应不能启动电梯或保持电梯继续运行。在开锁区域内，只要符合《杂物电梯制造与安装安全规范》（GB 25194 2010）的相应条件，允许杂物电梯开着门，在相应的层门地坎处进行平层、再平层或电气防沉降运行。

检验方法：外观检查，手动试验。

（十三）锁紧装置

检验要求：

（1）每个层门都应设置锁紧装置。

（2）当杂物电梯额定速度≤0.60m/s、开门高度≤1.20m且层门地坎高度≥0.70m时，锁紧无须电气验证，层门无须在轿厢移动之前进行锁紧。

（3）当轿厢驶离开锁区域时，锁紧元件应自动闭合，而且除了正常锁紧位置外，无论证实层门关闭的电气控制装置是否起作用，都至少应有第二个锁紧位置。

检验方法：外观检查，手动试验。

（十四）锁紧元件

检验要求：锁紧元件的啮合应能满足在沿着开门方向施加300N的力的情况下不会降低锁紧有效性。

检验方法：外观检查，手动试验。

（十五）锁紧状态的保持

检验要求：

（1）应由重力、永久磁铁或弹簧来产生和保持门锁的锁紧动作。

（2）应采用有导向的压缩弹簧，且弹簧的结构应满足在开锁时弹簧不会被压开圈。

（3）即使永久磁铁（或弹簧）失效，重力亦不应导致开锁。

（4）如果锁紧元件是通过永久磁铁的作用保持其锁紧位置，则一种简单的方法（如加热或冲击）不应使其失效。

检验方法：目测检查并分析结构和安装情况。

（十六）门锁装置的防护

检验要求：门锁装置应有防护，以避免可能妨碍正常功能的积尘危险，但工作部件应易于检查。

检验方法：目测检查。

（十七）锁紧位置

检验要求：对于铰链门，锁紧应尽可能接近门的垂直闭合边缘处，即使在门下垂时，也能保持锁住，锁紧元件啮合应不小于10mm；对于滑动门，锁紧应尽可能接近主动门扇的关闭边缘处；对于垂直中分式滑动门，门锁应位于上门扇上。

检验方法：外观检查，手动试验。

（十八）层门关闭验证

检验要求：

（1）每个层门应设有电气安全装置，以证实它的闭合位置，从而满足对剪切的保护。

（2）在与轿门联动的滑动层门的情况下，倘若证实层门锁紧状态的装置是依赖层门的有效关闭，则该装置同时可作为证实层门闭合的装置。

（3）在铰链式层门的情况下，此装置应装于门的闭合边缘处或验证层门闭合状态的机械装置上。

检验方法：目测检查并手动试验每个层门的锁紧装置，审查使用说明文件；轿厢在开锁区域外，逐一打开层门，检查层门能否自动关闭。

（十九）紧急开锁

检验要求：

（1）每个层门均应能从外面借助于一个与《杂物电梯制造与安装安全规范》（GB 25194-2010）中规定的开锁三角孔相配的钥匙将门开启。

（2）这样的钥匙应只交给一个负责人员。

（3）钥匙应带有书面说明，详述必须采取的预防措施，以防止开锁后因未能有效地重新锁上而可能引起的事故。

（4）在一次紧急开锁以后，锁紧装置在层门闭合下，不应保持开锁位置。

（5）在轿门驱动层门的情况下，当轿厢在开锁区域之外时，层门无论由于何种原因而开启，应有一种装置（重块或弹簧）能确保该层门自动关闭。

检验方法：在电梯运行过程中打开层门，电梯应该停止运行，同时目测检查紧急开锁装置是否符合要求，最后检查层门自动关闭的功能是否有效。

（二十）直接、间接机械连接的多扇滑动门

检验要求：

（1）如果滑动门是由数个直接机械连接的门扇组成，则允许验证层门锁紧和闭合状态的电气安全装置装在一个门扇上，且若仅锁紧一个门扇，则应在关闭位置采用钩住其他门扇的方法，使如此单一门扇的锁紧能防止其他门扇的开启。

（2）如果滑动门是由数个间接机械连接（如用钢丝绳、皮带或链条）的门扇组成，允许只锁紧一扇门，其条件是：这个门扇的单一锁紧能防止其他门扇的打开，且这些门扇均未装设手柄。未被锁住的其他门扇的闭合位置应由一个符合标准要求的电气安全装置来证实。

检验方法：目测检查，分析结构是否符合要求。

五、悬挂装置

（一）材质

检验要求：轿厢和对重（或平衡重）应用钢丝绳或平行链节的钢质链条或滚子链条悬挂。

检验方法：现场目测检查，核对资料。

（二）钢丝绳或链条的数量

检验要求：

（1）钢丝绳或链条最少应有两根，每根钢丝绳或链条应是独立的。

（2）强制式电力驱动的杂物电梯若使用单根钢丝绳或链条，则应符合《杂物电梯制造与安装安全规范》（GB 25194–2010）中的规定。

（3）若采用复绕法，应考虑钢丝绳或链条的根数而不是其下垂根数。

检验方法：外观检查。

（三）轮与绳的直径比

检验要求：无论钢丝绳的股数多少，曳引轮、滑轮或卷筒的节圆直径与悬挂绳的公称直径之比不应该小于30。

检验方法：从设计资料查出曳引轮的节圆直径，计算其与悬挂绳直径的比值，必要时在检验现场核对曳引轮的节圆直径。

（四）张力调节装置

检验要求：

（1）若悬挂钢丝绳或链条多于一根，则至少在悬挂钢丝绳或链条的一端应设有一个自动调节装置来平衡各绳或链的张力。

（2）如果用弹簧来平衡张力，则弹簧应在压缩状态下工作。调节钢丝绳或链条长度的装置在调节后不应自行松动。

检验方法：外观检查。

（五）钢丝绳的固定

检验要求：

（1）钢丝绳末端应固定在轿厢、对重（或平衡重）或系结钢丝绳固定部件的悬挂装置上。固定时需采用金属或树脂填充的绳套、自锁紧楔形绳套、至少带有三个合适绳夹的鸡心环套、手工捻接绳环、环圈压紧式绳环或具有同等安全性能的任何其他装置。钢丝绳在卷筒上固定时，应该采用带楔块的压紧装置，或者至少用两个绳夹或具有同等安全性能的其他装置。

（2）每根链条的端部应采用适合的端接装置固定在轿厢、对重（或平衡重）或系结链条固定部件的悬挂部件上，应依靠自身的结构或采取附加的装置防止意外脱落，以保证固定的可靠性。

检验方法：外观检查。

（六）强制式杂物电梯钢丝绳的卷绕

检验要求：

（1）卷筒应加工出螺旋槽，该槽应与所用的钢丝绳相适应。

（2）当轿厢停在完全压缩的缓冲器或限位挡块上时，绳槽中至少应该保留一圈半的钢丝绳，卷筒上只能缠绕一层钢丝绳。

（3）钢丝绳相对于绳槽偏角（放绳角）不大于4°。

检验方法：将轿厢支承在缓冲器或限位挡块上，检查卷筒上保留的圈数。对采用在轿厢位于上极限位置时，用磁力线坠和钢直尺检查放绳角的方法来测量。

（七）钢丝绳曳引条件

检验要求：钢丝绳曳引应满足以下两个条件。

（1）当对重压在缓冲器或限位挡块上而曳引机按电梯上行方向旋转时，应不可能提升空载轿厢。

（2）当空载或装有125%额定载荷的轿厢进行曳引检查时，应能被移动和停止。

检验方法：

（1）短接上极限和对重缓冲器开关（如有），电梯处于顶层端站，检修操纵电梯向上运行，当对重压在缓冲器或限位挡块上后仍继续向上运行，此时观察曳引绳是否在曳引轮上打滑。

（2）在行程上部范围内轿厢空载上行，在行程下部范围内轿厢载有125%额定载荷下行，停车数次观察轿厢能否完全停止。

（八）曳引轮、滑轮和链轮的防护

检验要求：曳引轮、滑轮和链轮应根据《杂物电梯制造与安装安全规范》（GB 25194-2010）中设置防护装置，以避免：

（1）人身伤害。

（2）钢丝绳或链条因松弛而脱离绳槽或链轮。

（3）异物进入绳与绳槽或链与链轮之间。

检验方法：检查实物和设计文件。

（九）防止自由坠落、超速下行的保护措施

检验要求：

（1）若井道下方有人员可进入的空间或在采用一根钢丝绳（链条）悬挂的情况下，电力驱动的杂物电梯或间接作用式液压杂物电梯的轿厢应配置安全钳，安全钳由限速器触发（对于装有破裂阀或节流阀或单向节流阀的间接作用式液压杂物电梯，可使用安全绳或悬挂装置断裂的方式触发）。

（2）若井道下方有人员可进入的空间，直接作用式液压杂物电梯应设置由限速器触发的安全钳、破裂阀或节流阀（或单向节流阀）。

（3）若井道下方对重或平衡重区域有人员可进入的空间，则对重或平衡重应配置安全钳，安全钳由限速器或安全绳或液压驱动情况下悬挂装置的断裂来触发。

检验方法：现场目测检查，分析结构是否符合要求。

六、导轨

（一）导向

检验要求：轿厢、对重（或平衡重）各自至少应由两根刚性的钢质导轨导向。

检验方法：目测检查。

（二）材料

检验要求：

（1）对于额定速度大于0.4m/s的杂物电梯，导轨应用冷拉钢材制成，或工作表面采用机械加工方法制作。

（2）对于没有安全钳的轿厢、对重（或平衡重）导轨，可使用成型金属板材，但应采取防腐蚀措施。

检验方法：根据电梯速度和安全钳类型目测检查。

（三）固定

检验要求：导轨与导轨支架在建筑物上的固定，应能自动地或采用简单调节的方法对建筑物的正常沉降和混凝土收缩的影响予以补偿，应防止导轨附件的转动造成导轨的松动。

检验方法：审查安装图，目测检查实物并分析其结构。

七、电气设备及安装

（一）外壳防护

检验要求：机房内，必须采用防护罩壳以防止直接触电。所用外壳防护等级不低于IP2X。

检验方法：用IP标准试具检查。

（二）绝缘

检验要求：每个通电导体与地之间绝缘电阻值符合标准。

检验方法：用兆欧表测量。当电路中包含有电子装置时，测量时应将线和零线连接起来，且所有电子元件的连接均应断开。

（三）电压

检验要求：对于控制电路和安全电路，导体之间或导体对地之间的直流电压平均值和交流电压有效值均不应大于250V。

第十章　起重机械自动化

第一节　自动化技术在起重机械上的应用和发展

一、应用背景

随着经济的发展和社会的进步，国家对于基础设施建设方面的关注和投入越来越多，为生产制造行业带来了很大的发展机遇。随着科技水平不断提升，自动化技术应用越来越广泛，在起重机械上的应用不断增多，且发挥着不可替代的重要作用。

经济在发展，社会在进步，公众的生活质量不断提升，生产企业高效能建设，自动化运营水平不断提升，起重机在生产制造领域发挥的作用越来越重要。尤其是随着工业化进程深入推进，在货物搬运、基础设施建设、设备吊装等多个领域越来越依靠起重机械设备的作用。虽然我们国家和国外发达国家相比，在技术力量、人员队伍建设等方面还存在不小的差距，但随着科技水平的不断提升，起重机械设备应用和研究技术也将越来越朝着纵深方向发展，为推动工业和经济建设可持续健康发展奠定基础，提供强大的有力支撑。加强新形势下自动化技术在起重机械上的应用和发展探索，具有重要的现实意义。

随着国家建筑行业、工业建设以及港口运输等行业范围不断扩大，行业职能越来越多，起重机械设备应用越来越广泛。起重机械设备类型多样，针对不同的使用领域和范围都有不同形式和型号的起重设备。随着技术的不断进步，将自动化技术和起重机械设备进行深入融合，提高机械设备自动化运转效率和水平是一个重要的发展方向，也是必然的发展趋势。

借助于现代信息技术，将会大大提高起重机械设备自动化、高效化和安全性运转水平，通过引入智能监控系统、故障诊断系统、全数字化控制驱动技术等，大大降低了人为失误，提升其中机械设备静动特性、调速性能等。随着三维条码技术以及遥感技术的深入应用，起重机械设备模式和操作更加多样化，并在安全保障、智能远程控制等方面取得了全面突破，未来将在更多的领域得以拓展、延伸，从而更好地为工业生产等领域服务，发挥更加重要的作用。

二、自动化技术的相关介绍

（一）自动化技术简介

自动化技术是一门综合性技术，它和控制论、信息论、系统工程、计算机技术、电子学、液压气压技术、自动控制等都有着十分密切的关系，而其中又以控制理论和计算机技术对自动化技术的影响最大。由于采用自动化仪表和集中控制装置，促进了连续生产过程自动化的发展，大大提高了劳动生产率。同时，将机械、微机、微电子、传感器等多种学科的先进技术融为一体，给机械在设计、制造和控制方面都带来了深刻的变化，从根本上改变了机械应用的现状。

（二）自动化技术的特点及优势介绍

自动化的主要特点，顾名思义便落在了自动上，它能够通过自动化设备打破传统机械化搬运以及传统人工资源方面的投资，不但提高了人员的利用效率，降低了资源成本，同时也能够更好地将资源利用在设备的改进和提升方面，而且提高了设备的操作速度和准确性，甚至其由于具有一体化的系统，给各行各业都带来了变革性的影响。提高机械应用效率及准确性，能够更好地推动企业发展，并且实现资源的合理高效利用。

三、起重机械的现状分析

针对当前我国的起重机械设备应用情况，不难发现随着建筑行业工业建设以及运输行业的不断拓展，起重机械的应用变得更加广泛，其实现的起重职能越来越多。但这种应用范围的扩展带来了一定的挑战，如果能更大程度地减少人为失误，提高机械的使用性能以及实现自动化水平的提升，就能够为工业生产以及建筑行业等带来更为广阔的发展空间。

四、起重机械设备的发展趋势分析

（一）在多个行业的应用越来越多

就实际情况而言，在建筑行业以及工业和港口运输方面，对起重机以及相关设备的应用比较多，如汽车起重机、塔式起重机以及门式起重机械设备等。在传统的工业模式下，起重机虽然能够发挥一定的作用，却也浪费了诸多人力资源，还会由于人为操作造成失误产生损失量；而在工业化进程落实过程中，起重机械设备的应用更趋向于自动化，避免了人为操作产生的损失，同时也降低了成本。

（二）更加趋向于智能化、自动化

不难发现，机械设备的发展趋势便是智能化和自动化，不但能够提高起重机械设备施工的高效性与可靠性，同时利用电子技术和起重机械设备的机械原理，能够将模糊控制技术、光纤维技术以及计算机技术等结合起来，进一步提升起重机械设备的智能化和自动化水平。这是起重机械设备的发展中最重要的部分，同时也是相关学者需要着重研究的部分。

（三）设备逐渐完善，更注重人员安全问题

起重机械设备常与重物以及高吊重物同时出现，如何保证人员安全也是一个十分重要的问题。在当前的起重机械设备发展过程中逐渐完善的设备，更加注重人员安全问题的保障。尤其是近场感应防碰撞技术以及吊具防摇的模糊控制技术，都提高了起重机械的柔性，使其对人员的生命安全不会造成过多的威胁，满足了时代对机械的需求。

五、自动化技术在起重机械上的具体应用

自动化技术和起重机械设备进行不断融合，在具体领域发挥着不同的功能，具体体现在以下几个方面。

（一）无线遥控技术在起重机械设备方面的应用

将红外遥控技术、无线遥控技术应用于起重机械设备中，安装相应的接收机、发射器等无线遥控装置，从而实现被动急停和主动急停全方位安全保障作用。主动急停模式是指设备技术操作人员通过发射器将急停指令快速发出，从而将起重机械设备的总电源进行快速切断，进而终止相应的运行和操作。被动急停指的是在一定的时间内接收机不能对控制系统的信号实现全面接收，为了提高安全系数，系统会和通道电源进行自动切断，从而实现被动急停。在主动急停这个过程中，开关不会发生自动复位现象，接收器中控制端接到相应的指令操作命令后就会迅速将电源切断，时间在0.5秒之内；如果接收机没有收到相应的控制命令，检测不到高频载波，就会实现被动急停，从而在1.5秒内将总电源快速切断；如果在1秒内发现噪声突发干扰或地址无法检测等情况时，都需要将通道电源进行切断，从而保证整个操作运转过程的安全性，降低安全事故发生的可能性。

（二）激光定位技术在起重机械设备方面的应用

借助于激光定位技术，能够更好地进行位置查找和准确快速判断，从而提高设备运转的准确性。将超声波传感器等基础装置在起重机械设备的取物装置、吊钩等元器件方面进

行安装，从而利用超声波技术，将目标物体自动提起来，位置准确、操作快速。还可以在起重机械中安装激光技术、磁场变化器等装置，从而实现在加速的状态下合理控制物体摇摆振幅，确保物体移动快速、准确到位。还有将近场感应装置、微机自诊断监控软件系统等安装在起重机械设备上，能够降低机械设备与周边物体发生碰撞的概率，提高日常机械设备元器件日常检测效果，定期进行维护保养，提高设备运转质量，降低故障发生率。

（三）防吊物摇摆与掉落技术在起重机械设备上的应用

对于大型起重机械设备来说，操作过程复杂，需要统筹考虑多个方面的因素，才能避免在操作过程中出现物体坠落等情况。这时可以引入编码器装置，设置在起升机构卷筒位置，从而全面监控卷筒转速，进而发生异常情况时立即发出报警信号，并同时启动制动操作等，降低物体坠落发生概率。

（四）PLC传感技术在起重机械设备中的应用

PLC控制系统大家都不陌生，在很多领域已经得到了广泛应用，通过在大型起重机械设备中引入可编程控制的PLC控制系统，借助于可编程存储器，将程序进行逻辑运算和编辑，从而对起重机械设备进行自动化操作，PLC控制系统类型众多，可以根据具体的工业生产需要，选择具体型号的控制系统，从而更好地进行自动化定时、控制等，提高运行效率。

（五）提升力传感技术在起重机械设备中的应用

在起重机械设备的吊臂部位安装超重限制器、承力传感器等提升力传感设备，从而能够精确地判断起吊物体的重量，进而更好地实现自动化监控，如果吊装物体重量超过起重机械设备自身负荷，系统就会发出自动报警信号，将电源进行紧急切断，终止起重机械操作过程，从而降低危险作业的风险。

（六）自升技术在起重机械设备方面的应用

对于房屋建筑施工领域来说，通常会用到塔式起重机械设备，从而进行建筑构件安装、物料运输等。传统的塔式起重机械设备需要应用高空吊装配置，一旦位置过高，很难达到施工要求。通过引入自升技术，能够将起重机械设备升高至具体的施工要求高度，从而在高层建筑施工领域提高施工的便捷性。

当然，自动化技术在起重机械设备方面还有很多的融合和应用领域。随着电气传动技术的不断发展和升级，机械设备可以实现变频调速、定子调压调速、双机构电器控制等，针对不同的起重机械设备，还有不同的探索和研究，从而进一步提升自动化运转水平，更好地服务工业生产。

六、自动化技术在起重机械设备方面的发展探析

随着技术的不断发展，起重机械设备行业在发展过程中和自动化技术的融合将更加广泛，一方面，国外有很多先进的、成熟的经验和技术可以进行参考；另一方面，随着工业生产领域不断扩大，大型起重机械越来越多，对其安全性、自动化、智能化等方面的要求也比较多。随着国家对于自动化起重机械设备进口免税方面的政策扶持力度的加大，大大推动了自动化技术和起重机械设备的有效衔接和应用。

当然，自动化技术在起重机械设备方面的应用，需要结合具体的生产需求和实际情况进行开发设计，需要结合国内具体的工业生产领域实际进行探索，我们国家还需要进一步加大自主研发力度，才能更好地开辟更多的新领域。这对于人才方面的需求也越来越多，还需要进一步提升专业技术人才的综合技术和业务水平，在研发、试验、应用等方面不断努力，才能掌握更多的新技术、新方法，更好地拓宽发展领域，全面提升起重机械设备的自动化智能化水平。

总之，自动化技术在起重机械上的应用和发展，将随着社会的进步和科技水平的提升进一步升级，在未来前景非常广阔。

第二节　起重机械自动化中物联网技术及其应用

近年来，随着物联网、大数据时代的到来，万事万物进入互联的状态。建筑工程项目的增多，使得起重机械的应用越来越广泛，起重机械自动化已经成为未来社会的发展趋势。而将起重机械自动化与物联网技术的相互融合，能够有效地提升起重机械的生产效率，从而有效地提升工程的安全性和可靠性。因此，对物联网技术在起重机械自动化中的应用进行深入探析，希望对相关工作的展开有所帮助。起重机械在工程项目的日常建设中，发挥着非常重要的作用，例如，在港口工程、城市建筑、车间重物的起吊等都发挥着不可替代的作用。近年来，随着中国经济的发展和工程项目的增多，城市化进程的加快，对于起重机械的应用也越来越频繁。科学技术的进步以及信息时代的到来，为起重机械的智能化发展带来了新的契机，这将是起重机械设备未来的发展趋势。

一、物联网技术

物联网技术是指利用传感器设备对需要互联的物品数据进行采集，并且将物品与互联网进行连接，实现数据的交换，而对于物联网技术的理解，可以从感知、传送和数据的智能处理三个方面来理解。在物联网技术中，核心应用技术是无线射频的识别技术，而无线射频的应用，使得传感器的识别速度大大提升，使其更加适应多变的环境，对于物联网技术的发展有着重要的推动作用。

二、起重机械自动化进程

起重机械自动化系统在建设工程中，是指利用现代的网络技术、计算机技术、电子科技技术，通过与原有基础上的起重机械调度系统进行配合，准确而高效地为起重机械的运转提供信息采集服务和监控服务，通过将采集到的信息进行分析和处理，为起重机械系统的正常允准和决策分析提供强有力的信息支持。自动化系统主要实现的功能不仅包含数据的分析和处理、数据的统计分析，还包含着远程控制、报警、安全预防、数据库管理和事件记载等一系列的问题，涉及的工作非常多。启用起重机械自动化系统后，极大地提升了工程建设的工作效率，起重机械自动化系统在工程建设应用中主要有以下三个突出特点。

（1）由于近几年来信息技术的不断发展，起重机械自动化系统在原有的基础上增加了智能型，将以前繁重的信息收集工作变得简单而智能化。将起重机械运行中所有的数据经过整合，形成了一个庞大的数据库系统，而起重机械自动化系统可以根据整合后的数据结果产生有针对性的动作，这样极大地提升了整个系统的可控性。

（2）简便了起重机械系统的维护工作。对于起重机械系统的维护，主要是保证系统在正常情况下的安全性和稳定性。当系统出现故障时，起重机械自动化系统能够根据数据信息进行有效分析，及时发现问题，做出警报并且根据问题制订出有针对性的解决方案。这样，不但简化了起重机械系统的维护工作，还能够及时准确地判断问题产生的原因，保证了对工程建设部门系统维护的有效性。

（3）节约了工程建设部门的生产成本。运用起重机械自动化系统后，在对设备的操作和维护进行维护时，大大简化其过程，提升了工程建设系统的安全性和稳定性，节约了施工部门的运营成本。

三、物联网技术在起重机械自动化中的应用

对于起重机械自动化系统与物联网结合的系统的构建，主要由两部分构成：系统前端及系统主站。统前端又称为现场端，系统主站又称为服务器端。服务器需要应用PC机和PDA进行搭配工作。起重机械自动化系统其装载的传感器等设备，利用GPS和GIS对起重

机械的状态进行监测，实现了现场端和服务器端的信息交互，让终端显示出起重机械工作状态的实时信息，从而在终端对现场工作进行实时的调度，从而提升工作效率。下面对现场端和服务器端进行具体的分析。

（一）现场端

现场端由现场工作人员PDA、对不同的起重机械的编码系统两个部分组成。在PDA中包含着GPRS和GPS两个大的模块，它们能够实现对目标起重机械的定位，包含手动和自动两种方式。自动方式主要应用在对起重机械的定位，并且能够将信息实时地显示在PDA上，这样能够极大地方便工作人员对起重机械位置的确认，减少了工作人员的工作量，从而提升工作效率。在对起重机械有较为复杂的操作或要求操作的准确性时，可以选择手动设置选择目标的模式进行工作。

在应用GPS对起重机械进行定位时，需要用到线路的编码系统，它由11位条形码标识组成，通过对起重机械的编号扫描来读取线路信息，并且将信息及时准确地传递给现场的工作人员，从而整体提升起重机械自动化系统的实时性。

当起重机械存在故障需要修理时，服务器将信息传到现场工作人员的PDA上，并且告知工作人员故障机械的地理位置，核对校验检修位置是不是故障发生的位置，防止出现对于没有发生机械故障的起重机械误修的状况。

当对起重机械进行检修时，通过对起重机械的识别将线路中的信息传递给终端控制中心，控制中心再核对检修人员的地理位置和起重机械的位置是否匹配。当发生起重机械没有与电气主设备脱离时，需要显示未撤出合闸预告；当起重机械从网络中卸载后，工作人员通过条码扫描，在终端显示起重机械撤出信息，实现控制中心和现场的双重监理，防止恶性误操作的事件发生。

（二）服务器端

服务器端主要实现对起重机械工作状态的实时信息的监视，包括现场工作人员的位置和起重机械的位置，使得位置信息更加直观、真实，保证信息的实时更新，为现场工作人员提供安全保证。服务器端运行的后台管理系统能够实现对现场工作人员身份的识别、认证和管理，指导工作人员进行现场工作，为整个工作过程提供安全保护和有效监督。

（三）系统的工作软件

起重机械工作状态的实时信息监视系统由众多模块组成，每一个部分发挥其各自的效用，密切配合，完成整体性的功能，而物联网技术在起重机自动化应用后，主要将软件分为终端软件和控制端软件两个部分。起重机械工作状态的实时信息的监视系统所使用的软件，主要有PDA软件和上位机控制软件两种。下面对终端软件设计和控制端软件的相关内容进行具体介绍。

1.终端软件设计

对于终端软件，要求其具有数据的采集和上传功能，能够对起重机械的具体工作任务进行增删改查。

2.控制端软件

控制端软件主要具有的功能有：能够实现对起重机械现场工作人员的具体工作调度，对起重机械的工作状态进行及时的反馈，显示起重机械处于哪种关键状态，能够对存在问题的起重机械状况进行回传并且产生预警信息；对于不同的工作内容、现场工作人员、起重机械属性等进行及时的更新，并且将数据及时地下载到员工的PDA上，将现场起重机械的工作情况通过GPRS及时地反馈回控制中心，完成对起重机械情况、缺陷情况等信息的校正。

四、物联网技术在起重机械检验中的价值

将物联网技术应用到起重机检测中，可以提高起重机检测的智能化和自动化程度，其优点如下：

（1）在无线电频率技术的应用和终端装置的帮助下，可以有效地检验装置及其某些组件的合法性，并且可以保证技术文件的一致性和完整性，使检验工作具有自动化的特点。

（2）通过智能终端的使用，可以为各种吊装设备自动产生检查条目，检查条目齐全，可以避免出现漏检的情况，有效提高检查品质。

（3）在智能终端的帮助下，可以根据检查内容的复杂度和重要性等进行自动排列，对检查路线进行优化，提高检查的效率。

（4）通过手持式装置，可以自动地对起重机的测试结果进行记录，并可以实时地反映出测试的各项指标是否符合相关的要求，可以即时地判断出测试的合格与否，可以在测试的时候，将测试中出现的不符合要求的工作作为主要的测试内容，可以根据测试中的一些要求，自动地进行测试，还可以通过测试和分析的方法，自动地判断测试中的各项指标是否符合要求，这样就可以得到更加准确的测试结果。另外，通过物联网技术的支撑，可以将各种检测图像、数据等实时、远程地传输到专家那里，帮助他们对设备的缺陷进行诊断。

（5）通过使用物联网技术，构建一个远程数据库，可以把吊装设备档案数据库、风险数据库和检查数据库有机地整合起来，为检查工作提供有力的支撑。机械检验数据库与风险数据库是与历史检验数据相联系而构建起来的一个数据库，其中存储的数据有定期检

验数据、日常监督检验数据等，并将特定的检验参数与相应的不合格的事项进行详细的记载，这些数据可以为机械稳定风险监控工作提供一个可靠的参考与依据。

五、物联网技术在塔式起重机检验中的应用

（一）金属结构

将物联网技术运用到塔式起重机的金属结构中，着重对设备本身的结构特点进行分析，并对基础节与底梁连接部位的稳定性进行了充分的考量，可以利用物联网技术对其进行全面的检测，并根据特定的信息数据对其进行相应的加固，从而确保结构的稳定性。对塔式起重机在使用过程中所受到的最大弯矩的原因进行了剖析，它将会受到交变荷载的作用而产生改变，如果标准节主肢采用了不合适的材料，或者是焊接工艺出现了问题，都会对装备的运转稳定性产生很大的影响，应该对此给予足够的关注和正确的处理。举例来说，对于吊臂、平衡臂拉杆连接销轴的物联网技术处理，需要对该部位的稳定性进行测试。同时，在对销轴进行热处理，不能用普通销轴来替代，因此，在使用过程中，就会产生脱出的现象。通过使用物联网技术来对它进行检测，可以对它的真实状况以及存在的稳定隐患进行评估，因此，我们提出使用锁销进行锁定，可以有效地预防掉臂事故的发生。

（二）稳定装置

将物联网技术运用到该装置设备中，可以对超高限位设备进行分析，因为在现场施工的过程中，这种设备会因为预防吊钩发生卷扬，导致撞坏吊臂、拉断钢丝绳等稳定事故。通过对设备的早期探测，我们可以了解设备的内部构造，从而保证设备的稳定性。另外，将重心转移到力矩限制器检测上，也是一种避免塔机因为过大而倒塌的一种关键的稳定措施，其主要以设备本身的主参数为基础，通过控制装置来实现塔机检测、安装、调试等工作，只有确保力矩限制器的各个标准都与现实需求相一致，才能提高设备的运转稳定性。

（三）电气系统

展开对塔吊电气系统的检查，充分利用物联网的应用价值，对设备展开全方位的保护，其核心内容具包括接零保护、接地保护、防雷保护。而对于塔机自身电气保护，其主要包括零位保护、失压保护、过流保护、过热保护、短路保护（漏电保护）、断错相保护（包括欠压、过压）等。以设备电气系统的各个方面为基础，都可以运用物联网技术来实现对其的快速检测，并与检测的信息数据相联系，适时地采取相应的对策或应急对策，以确保设备的运转稳定性。

（四）重要部位检查

在设备正式使用之前，要进行一次试运转，以便对设备的性能和稳定性有一个比较好的了解，防止在设备使用过程中出现稳定事故。采用目测、检测锤、探伤仪器等方法，对塔吊油漆剥落、油漆裂缝、结构件和焊接裂缝等进行检测，并根据具体情况，采用相应的方法，对其进行补焊。其中，塔吊承重结构一旦发生失稳，就无法进行修补；当锈蚀对结构的设计应力产生了一定的影响时，如果超出了原来设计应力的15%，则应采取措施加以解决。根据设备的正常寿命和说明书的规定，对结构的受力等级和结构的应力状态进行分析，并根据设备的实际情况，进行结构的应力循环等级和结构应力状态的计算，并对其进行详细的分析，以保证设备的工作频率不大于1.25×10^5次为原则。

第三节　PLC在起重机械中的应用分析

电力起重机械有非常广的应用层面，如在建筑施工、煤矿开采、运输物流等行业，作为这些行业不可缺少的动力来源，其应用量非常大。但是，低效率和高故障率的传统施工机械并不能满足电力行业迅猛发展的要求。近年来，随着逻辑可编程控制器的发展，使得用PLC对电力起重机械进行控制成为可能。尤其在诸如汽车式起重机、塔式或龙门式起重机这类大型起重机械中，使用PLC对其进行控制的普及，起到了对大型机械的改造和完善的作用，有效地提升了机械的自动化水平。使用PLC并配合计算机技术和微电子技术，还可以对电力机械的控制回路进行简化，在实现传统顺序控制的同时，可以轻松实现执行逻辑功能，提高回路调节的能力，完善程控系统。并且由于应用PLC对系统进行控制，具有较强的抗干扰能力，对工作环境要求不高，可以替代传统的用继电器进行控制和操作的方法。因此，采用PLC实现对起重机械的自动化控制，除了编程不复杂、操作可靠等优点外，还具有很好的控制效果。

一、PLC技术简述

（一）PLC的定义

PLC是以嵌入式微处理器为核心，具有数字逻辑或模拟输入/输出模块，专为适用工业和工程复杂环境而设计的数字控制装置。经过长期的实际应用，它已经成为技术通用和标准化的控制器，是综合了微计算机技术、自动化技术和网络通信技术的新一代工业产品。

PLC采用了专门设计的模块化硬件结构，其控制功能通过执行控制程序来完成，具有高可靠性以及适应工业现场的高温、高湿度、冲击和振动等恶劣环境的特点，是机械制造控制、化工过程控制和能源工程控制等工业控制应用最普遍使用的工具，在工业自动化和民用与环境工程领域得到广泛的应用。随着可编程控制器的发展，它不仅能完成编辑、逻辑控制和数字通信功能，而且能实现模拟量与数字量的相互转换。可编程控制器不但具有存储程序的存储器，还在内部对数据进行存储。它可执行逻辑运算、顺序控制、定时、记数和算术操作的指令，通过数字量或模拟量的输入/输出来控制各种类型的机械设备或生产过程；还具有液晶显示功能，通过触摸屏可实现人机对话，设定控制系统的参数和状态。可编程控制器之所以有生命力，在于它更适合工业现场和市场的要求，具有高可靠性、强抗干扰能力、编程安装使用简便、低价格、长寿命等优点。可编程控制器可采用特有的编程语言——梯形图，当使用它进行编程时，可以直接应用继电器逻辑电路的设计，而不必进行计算机方面的专门培训。可编程控制器具有丰富的输入/输出接口，并且具有较强的驱动能力。在实际应用时，可编程控制器系统硬件可根据实际需要选择不同的配置模块，其软件根据控制要求进行设计编制，因此编程控制器可以在恶劣环境中完成各种各样复杂程度不同的工业生产实时控制任务与工程现场的数据采集处理和通信任务。

（二）PLC的工作过程

PLC的基本工作原理是采用程序扫描技术来实现逻辑控制功能。扫描是一种形象化的术语，用来描述可编程序控制器内部的CPU的工作过程。所谓扫描，就是依次对各种规定的操作项目全部进行访问和处理。PLC运行时，用户程序中有众多的操作需要执行，但一个CPU每一个时刻只能执行一个操作而不能同时执行多个操作，因此CPU按程序的顺序依次执行各个操作。这种在处理多个作业时依次按顺序处理的工作方式称为扫描工作方式。由于扫描是周而复始、无限循环的，每扫描一个循环所用的时间为扫描周期。顺序扫描的工作方式是PLC的基本工作方式，它简单直观，方便用户程序设计，为PLC的可靠运行提供了有力保证。一方面，所扫描的指令被执行后，其结果马上就可以被后面将要扫描的指令所利用；另一方面，还可以通过CPU设置定时器来监视每次扫描时间是否超过规定时间，避免由于CPU内部故障使程序执行进入死循环。

PLC的工作过程基本上是用户的梯形图程序的执行过程，即在系统软件的控制下顺次扫描各输入点的状态，按用户程序解算控制逻辑，然后顺序向各个输出点发出相应的控制信号。除此之外，为提高工作的可靠性和及时地接收外来的控制命令，每个扫描周期还要进行故障自诊断和处理，处理与编程器或计算机的通信请求。因此，PLC工作过程分为以下5个步骤。

1.自诊断

自诊断功能可使PLC系统防患于未然，而在发生故障时能尽快地修复，为此PLC每次扫描用户程序以前都对CPU、存储器、输入/输出模块等进行故障诊断，若自诊断正常便继续进行扫描，而一旦发现故障或异常现象则转入处理程序，保留现行工作状态，关闭全部输出，然后停机并显示出错的信息。

2.网络通信

自诊断正常后PLC即扫描编程器、上位机等通信接口，如有通信请求便响应处理。在与编程器通信过程中，编程器把指令和修改参数发送给主机，主机把要显示的状态、数据、错误码进行相应指示，编程器还可以向主机发送运行、停止、清内存等监控命令。在与上位机通信过程中，PLC将接收上位机发出的指令进行相应的操作，把现场状态、PLC的内部工作状态、各种数值参数发送给上位机，并执行启动、停机、修改参数等命令。

3.输入现场状态。

完成前两步工作后，PLC便扫描各个输入点，读入各点的状态和数据，如开关的通断状态、形成现场的内存映像。这一过程也称为输入采样或输入刷新。在一个扫描周期内，内存映像的内容不变。即使外部实际开关状态已经发生了变化，也只能在下一个扫描过程中的输入采样时刻进行刷新，解算用户逻辑所用的输入值是该输入值的内存映像值，而不是当时现场的实际值。

4.解算用户逻辑

解算用户逻辑即执行用户程序。一般是从存储器的最低地址存放的第一条程序开始，在无跳转的情况下按存储器地址的递增方向顺序地扫描用户程序，按用户程序进行逻辑判断和算术运算，因此称之为解算用户逻辑。解算过程中所用的计数器/定时器、内部继电器等编程元件内数据为相应存储单元的即时值，而输入继电器/输出继电器则用的是内存映像值。在一个扫描周期内，某个输入信号的状态不管外部实际情况是否已经变化，对整个用户程序是一致的，不会造成结果混乱。

5.输出结果

将本次的扫描过程中解算最新结果送到输出模块取代前一次扫描解算的结果，也称为输出刷新。解算用户逻辑时，每一步所得到的输出信号被存入输出信号寄存表并未发送到输出模块，相当于输出信号被输出门阻隔，待全部解算完成后打开输出门并输出，所用输出信号由输出状态表送到输出模块，其相应开关动作。

在依次完成上述5个步骤操作后，PLC又开始进行下一次扫描。如此不断地反复循环扫描，实现对全过程及设备的连续控制，直至接收到停止命令，停电、出现故障为止。

（三）PLC的功能与应用

1.PLC组成模块的功能

（1）CPU功能。CPU是PLC的核心部分。与通用微机CPU一样，CPU在PLC系统中的作用类似于人体的神经中枢。其主要功能为：用扫描方式（后面介绍）接收现场输入装置的状态或数据，并存入输入映像寄存器或数据寄存器；接收并存储从编程器输入的用户程序和数据；诊断电源和PC内部电路的工作状态及编程过程中的语法错误；在PLC进入运行状态后，CPU执行用户程序，产生相应的控制信号（从用户程序存储器中逐条读取指令，在命令解释后按指令规定的任务产生相应的控制信号，启闭有关的控制电路）；进行数据处理——分时和分通道地执行数据存取、传送、组合、比较与变换等动作，完成用户程序中规定的逻辑或算术运算任务；更新输出状态，输出实施控制（根据运算结果，更新有关标志位的状态和输出映像寄存器的内容，再由输入映像寄存器或数据寄存器的内容，实现输出控制、制表、打印、数据通信等）。

（2）存储器。系统程序存储器存放系统工作程序（监控程序）、模块化应用功能子程序、命令解释、功能子程序的调用管理程序和系统参数。

用户存储器存放用户程序，即用户通过编程器输入的用户程序。功能存储器（数据区）存放用户数据。PC的用户存储器通常以字（16位/字）为单位来表示存储容量。系统程序直接关系到PLC的性能，不能由用户直接存取，所以通常PC产品资料中所指的存储器形式或存储方式及容量，是针对用户程序存储器而言的。

（3）I/O（输入/输出部件）。I/O模块（包括接口电路、I/O映像存储器）是CPU与现场I/O装置或其他外部设备之间的连接部件。PLC提供了各种操作电平与驱动能力的I/O模块，以及各种用途的I/O组件供用户选用。可实现输入/输出电平转换，电气隔离，串/并行转换，数据传送，A/D、D/A转换，误码校验等功能。I/O模块可与CPU放在一起，也可远程放置。通常，I/O模块上还具有状态显示和I/O接线端子排。

（4）编程器等外部设备。编程器是PLC开发应用、监测运行、检查维护不可缺少的工具，其作用适用于用户程序的编制、编辑、调试、检查和监视；通过键盘和显示器去检测PLC内部状态和参数，通过通信端口与CPU联系，实现与PLC的人机对话。编程器分为简单型（只能联机编程，只能用指令清单编程）和智能型。智能型编程器既可联机（Online），也可脱机（Offline）编程；可以采用指令清单（语句表）、梯形图等语言编程。常可直接以电脑作为编程器，安装相关的编程软件编程。编程器一般不直接加入现场控制运行。一台编程器可开发、监护许多台PLC的工作。其他外设包括磁盘、光盘、EPROM写入器（用于固化用户程序）、打印机、图形监视系统或上位计算机等。

（5）电源模块。电源内部为开关稳压电源，供内部电路使用，大多数机型还可以向外提供DC24V稳压电源，为现场的开关信号、外部传感器供电。外部电源时可用一般工业电源，并备有锂电池（备用电池），使外部电源故障时内部重要数据不致丢失。

2.PLC的控制功能

经过长期的工程实践，PLC 的各种特性和优点越来越为广大技术人员所认识和接受，已经广泛应用到石油、化工、机械、钢铁、交通、电力、轻工、采矿、水利、环保等各个领域，包括从单机自动化到工厂自动化，从机器人、柔性制造系统到工业控制网络。PLC的控制功能主要包括以下几个方面：

（1）逻辑（开关）控制。这是PLC最基本的功能，也是最为广泛的应用。PLC具有与、或、非、异或和触发器等逻辑运算功能。采用PLC可以很方便地实现对各种开关量的控制，用来取代继电器控制系统，实现逻辑控制和顺序控制。PLC既可用于单机或多机控制，又可用于自动化生产线的控制。PLC可根据操作按钮、各种开关及现场其他输入信号或检测信号控制执行机构完成相应的功能。

（2）定时控制。PLC具有定时控制功能，可为用户提供几十个甚至上千个定时器。且设定值既可以由用户在编程时设定，也可以由操作人员在工业现场通过人机对话装置实时设定，实现具体的定时控制。

（3）计数控制。PLC具有计数控制功能，可为用户提供几十个甚至上千个计数器。计数设定值的设定方式同定时器一样。计数器分为普通计数器、可逆计数器、高速计数器等类型，以完成不同用途的计数控制。一般计数器的计数频率较低。如需对频率较高的信号进行计数，则需要选用高速计数器模块，其计数频率可达50kHz。也可选用具有内部高速计数器的PLC，目前的PLC具有几千至几十千赫的内部高速计数器。计数器的实际计数值也可以通过人机对话装置实时读出或修改。

（4）步进控制。PLC具有步进（顺序）控制功能。在新一代的PLC中，可以采用IEC规定的用于顺序控制的标准化语言顺序功能图编写用户程序，使PLC在实现按照事件或输入状态的顺序控制相应输出的时候更加简便。

（5）模拟量处理与PID控制。PLC具有A/D （Analog/Digital，模/数）和D/A转换模块，转换的位数和精度可以根据用户要求选择，因此能进行模拟量处理与PID控制。PLC可以接收模拟量输入和输出模拟量信号，模拟量一般为4～20mA的电流、1～5V或0～5V的电压。为了既能完成对模拟量的PID控制，又不加重PLC的CPU负担，一般选用专用的PID控制模块实现PID控制。此外，还具有温度测量接口，可以直接连接各种热电阻和热电偶。

（6）数据处理。PLC具有数据处理能力，可进行算术运算、逻辑运算、数据比较、数据传送、数制转换、数据移位、数据显示和打印、数据通信等功能，如加、减、乘、除、乘方、开方、与、或、异或、求反等操作。新一代的PLC还能进行三角函数运算和浮点运算。PLC可以和触摸屏联合使用成为人机信息系统。

（7）通信和联网功能。现在的PLC具有RS232、RS422、RS485或现场总线等通信接口，可进行远程I/O控制，可实现多台PILC联网和通信。外部设备与一台或多台PLC之间可实现程序和数据的传输。通信口按标准的硬件接口和相应的通信协议完成通信任务的处理。如西门子S7-200系列PLC配置有Profibus现场总线接口，其通信传输速率可以达1.5Mbit/s（比特/每秒）。在系统构成时，可由一台计算机与多台PLC构成“集中管理、分散控制”的分布式控制网络，以便完成较大规模的复杂控制。

3.PLC的性能指标

PLC的性能指标是反映PLC性能高低的一些相关的技术指标，主要包括I/O点数、处理速度（扫描时间）、存储器容量、定时器/计数器及其他辅助继电器的种类和数量、各种运算处理能力等。下面予以简要介绍。

（1）I/O点数。PLC的规模一般以I/O点数（输入/输出点数）表示，即输入/输出继电器的数量。这也是在实际应用中最重要的一个技术指标。按输入/输出点数，PLC一般分为小型、中型和大型三种。通常一体式的主机都带有一定数量的输入继电器/输出继电器，如果不能满足需求，还可以用相应的扩展模块进行扩展，增加I/O点数。

（2）处理速度。PLC的处理速度一般用基本指令的执行时间来衡量，一般取决于所采用的CPU的性能。

（3）存储器容量。在PLC应用系统中，存储器容量是指保存用户程序的存储器大小，一般以“步”为单位。1步为1条基本指令占用的存储空间，即两个字节。小型PLC可达1千步到几十千步，大型PLC则能达到几百千步。西门子S7-200系列PLC的存储容量为2～8K，选配相应的存储卡则可以扩展到几十K。

（4）定时器/计数器的点数和精度。定时器/计数器的点数和精度从一个方面反映了PLC的性能。早期定时器的单位时钟一般为100ms，最大时限（最大定时时间）大多为32765。为了满足高精度的控制要求，时钟精度不断提高，如三菱FX2N系列PLC和西门子S7-200系列PLC的定时器有1ms、10ms和100ms三种，而松下FP系列PLC的定时器则有1ms、10ms、100ms和1s四种，可以满足各种不同精度的定时控制要求。

（5）处理数据的范围。PLC处理的数值为16位二进制数，对应的十进制数范围是0～9999或32768～327670。但在高精度的控制要求中，处理的数值为32位，范围是2147483648～147483647。在过程控制等应用中，为了实现高精度运算，必须采用浮点运算。现在新型的PLC都支持浮点数的处理，可以满足更高的控制要求。

（6）指令种类及条数。指令系统是衡量PLC软件功能高低的主要指标。PLC的指令系统一般分为基本指令和高级指令（也叫功能指令或应用指令）两大类。基本指令都大同小异，相对比较稳定。高级指令则随PLC的发展而越来越多，功能也越来越强。PLC具有的指令种类及条数越多，则其软件功能越强，编程就越灵活、越方便。另外，各种智能模块的多少、功能的强弱也是说明PLC技术水平高低的一个重要标志。智能模块越多，功能就越强，系统配置和软件开发也就越灵活、越方便。

二、PLC技术应用于起重机械同步化的优势

从智能性的角度来看，由于PLC技术本身就是现代先进计算机技术与加工制造业起重机械同步化领域的有机结合，它实际上是一种计算机编程与加工制造业本身机械化运转之间的良性互动。因此，它能够从更深的意义和更宽广的层次上来完成操作者对于机械加工方面的要求，它的逻辑性、持续性与延续性都远远超过传统技术。PLC技术能够从更宽广的意义上实现机器作为人的延伸的重要的作用和价值，使得机器在实际操作的过程中能够自主地按照既定的逻辑来实施人的指令，能够大大减少人们在机器运转的过程中所需要消耗的体力和精力。

从便捷性的角度来看，PLC技术应用于起重机械同步化领域，能够最大限度地减少人力的消耗，将人从机器的桎梏当中解脱出来，能够最大限度地发挥人的聪明才智，同时减少人们在实际的生产过程当中由于过多地接触机器可能造成的劳动伤害，在提升工人工作环境的问题上发挥了巨大作用。分析PLC技术应用于起重机械同步化领域的整个过程可以发现，PLC应用于起重机械同步化领域常常是相对简单的一个过程，工程技术人员根据生产要求进行编程，再将程序输入机器当中，起重机械同步化相关机械根据已有的既定的逻辑顺序来完成相关指令，最终完成起重机械同步化相关加工制造的整个过程，这与传统意义上的由工人与技术人员之间通过口传心授的方式来传达工作任务，并实施到生产实践当中，最终完成产品的加工制造的整个过程相比，更加便利，能够减少人力的损耗，同时也减少失误。

三、PLC技术的发展应用趋势

（一）强调安全性和可靠性

PLC技术在起重机械同步化领域的广泛应用，有赖于它的智能性和稳定性等特质。但随着市场竞争的不断加剧，当前与PLC技术相关的其他技术在起重机械同步化领域当中的应用也处在发展的快车道上。这就意味着，PLC技术的发展和在市场化应用的过程中正面临着越来越多的问题和挑战，而更加强调安全性和可靠性是PLC技术在起重机械同步化领域应用的过程当中所能够做到的最重要的一个点，而这样的特质能够最大限度地保证PLC技术在整体的起重机械同步化领域的市场竞争当中永远处在一个相对比较主动的位置。

PLC技术在起重机械同步应用当中还具有全面性的特点。这里指的全面仅是完成技术

动作的全面性，由传统的生产实践当中的过往经历可以发现，实际上进行起重机械同步应用相关产品生产和工业动作完成的过程当中，往往会存在这样或那样的困难，由于主客观原因的共同作用，很多工厂或是由于缺乏相应的技术，或是由于缺乏相应的设备和技术人才，往往不能够全面地实现产品的加工制备。然而，PLC技术由于具有智能化和定制化的特点，所以在完成工程制备工作的过程当中，功能相对来说是全面的。

强调PLC技术的安全性和可靠性，还应着眼于对用户负责的市场理念。无论工业社会发展到怎样的层次和阶段，技术的安全性、稳定性和可靠性都是用户选择该技术的一个首要的考量点。因此，PLC要想在在激烈的市场竞争当中获得一席之地，就必须通过不断地努力改进技术来提高其稳定性、安全性和可靠性，唯有如此，才能得到市场的认可和回报。

（二）网络数字化进一步提高

为了让PLC技术在起重机械同步应用领域当中有更好的市场斩获，当前PLC技术在起重机械同步化领域当中的应用还应该朝着网络化和数字化程度进一步提高的方向发展。在当今的市场条件下，互联网行业蓬勃发展所带来的对于实体制造产业的冲击和引导实体加工产业制造领域的变革是商业社会发展的总体方向。面对这样的现实情况，PLC技术在整体的研发和发展的过程当中，也应该着眼于当前互联网行业的发展，及其对实体行业的冲击所引起的加工制造行业的整体变化，从高端定制智能方向入手，不断地调整和变革PLC技术的实际应用方式，从操作层面和实际应用层面的角度出发，不断地调整技术本身的呈现方式和操作方式，以适应市场的需求。

PLC技术在起重机械同步化领域当中的应用和发展的过程，应该主动适应整个社会加工制造行业的整体发展需求。考虑到当前我国工业社会的发展，正在面临整个去产能的大趋势，所以，PLC技术的研发者和应用者也应该着眼于当前我国工业社会发展的阶段性状态，对技术的整体应用规模和市场定位有更加精准的认识。

PLC技术的发展和应用对于整个起重机械同步应用行业来说是非常重要的，特别是考虑到当前我国的工业社会正处于加速变革期和转型期的现实情况，解决PLC技术发展的相关问题，对于提升我国企业的生产效率和生产力，帮助我国工业生产迈入新的阶段来说很有价值。

四、PLC在汽车式起重机中的应用

（一）应用基本原理

汽车式起重机的传统控制方法是利用低压直流继电器对电气回路进行控制，在这种控制方法中，回路中的继电器受电后各触点被制约，常闭触点处于吸合状态，常开触点处于断开状态，这类控制形式称为并行工作方式。其中，利用继电器控制的部位主要包括起重壁的伸缩开关、起升限位升降开关、回转限位开关等。但是，对于实现起重机复杂的动作、控制较为复杂的开关、完善机械操作系统、提高显示功能等，利用继电器便显得捉襟见肘，此时便需应用PLC进行编程。在PLC控制方法中，其多以梯形图控制形式实现，控制回路中各继电器处在“待机”状态，即一直被循环扫描，等待接通。

（二）基本应用情况及优点

西门子公司是最先开发并应用PLC控制的厂商，随后全球众多厂家也开始涉足这一领域。PLC产品中较为出色的是西门子S7-200系列和三菱FR系列，它们都是集CPU、电源、数字I/O于一体的优秀产品。使用PLC替代继电器实现回转停机控制动作，优点主要为：一是减少继电器反复开关动作，使故障率大幅度降低；二是将复杂的开关控制改为编程控制，实现高度集成化，节省空间；三是接线方便，使用可插拔整机端子；四是使用编程控制具备记忆功能。

（三）应用实例分析

以S7-200系列PLC控制为例，使汽车式起重机能够实现以下动作：向左回转200°，之后向右分别回转200°，再向左回转200°，最后限位动作使其停止自动回转。若利用继电器对此系列动作进行控制，主要是利用开关限位接触开关来控制继电器，其中各个继电器开关状态控制采用逻辑真值表对应。并且为实现此系列动作，其继电器电路中继电器数量最少需要5个，且需要引入11个继电器辅助触点对线路实现控制。电路很复杂，虽然用继电器实现的方案能够完成动作，但这一电路没有记忆功能，倘若在回转过程中失电，那么起重机停留的位置将被误认为初始位置，再次得电动作时会发生错误，想要对其进行纠正，需将起重机恢复到正确初始位置。由此可见，在电情况下，这类方案的模拟逻辑回路的缺点是在停电的情况下不能限位停机。

若应用PLC控制实现上述一系列动作，在PLC逻辑控制方案中，首先应编写对应逻辑动作的程序，然后将程序导入PLC存储模块，再将输入端子分别连接对应的开关量，再将所对应的输出端子连接两个继电器，经过这些步骤后，开关量的动作将反映给PLC的处理器，经处理后通过输出端子直接控制继电器得失电。在此方案中，电路的结构较为简单，用到的继电器数量也相对较少，并且PLC中有自带内部电源，遇到突发断电情况，其编程控制具备记忆功能，可以准确地记录起重机断电时停留的位置的电平信号。

（四）其他辅助系统应用

在诸如汽车起重臂的仰角自动校正这类辅助系统中，应用PLC对其进行控制也能达到良好的效果：起重臂多由电液比例伺服直动式多路换向阀和PCD线控比例控制系统，双卷扬配专用吊具进行作业，要求吊具仰角大于7° 或小于5° 时，自动控制卷扬机减速，可以通过信号传输，当比例信号大于4V时，PLC输出高电平，判断为起升动作，反之同理，实现良好控制。

五、PLC在塔式、龙门式起重机中的应用

（一）应用基本原理

为使塔式、龙门式起重机能够完成多种复杂动作、具备回转启动功能，并且使其具备停机平滑调速功能，目前较为主流的方法是应用变频器配合PLC对控制回路进行操控，其动力来源不同于汽车式起重机的液压驱动方式，塔式、龙门式起重机的动力来源应该用380V直流电压驱动电动机获取。为了能够提升调速性能，其电动机多采用多速电机；为了消除电机工作时的冲击力，并降低噪声，需建立软连接缓冲，为此应在电机与控制回路之间加设液力耦合器。

为达到平滑无级调速，其基本方法是用SPWM正弦波去驱动异步电动机，正弦波的获取需要将电压和频率均可变的交流电输入给微处理器，进行正弦脉宽调制。为此，首先应将工业电（380V、50Hz）的交流电利用整流器整流成为平滑的直流电，然后通过三相逆变器再将平滑的直流电转变为电压和频率均可变的交流电，其中三相逆变器由诸如IGBT、晶闸管和三极管等半导体器件所组成，以上步骤可以称为交流—直流—交流的变频方式。

在配置PLC的硬件方面，需要根据控制塔机具体需要的输入、输出量决定。常规情况下，控制吊塔的旋转机构的电机正反转的接触器应连接输入端子，控制电磁制动器的接触器应连接输出端子。应各自配备一台异步电动机，通过控制其正传或反转，使动力作用于起重臂上的小车上或齿轮传动系，达到对吊塔的变幅机构和旋转机构动作的驱动。此外，需用一台可以用三种不同速度完成正反转的三速电机控制塔吊的起升机构，可以实现不同的提升或下降速度。操作人员通过向PLC中输入控制命令，便可以控制起重机的一系列动作。此外，应用PLC控制还可以设置限位保护功能，如若出现故障，可以马上停止操作。

（二）基本应用情况及优点

鼠笼式电机在启动时，其冲击电流很大，严重冲击起重机设备，且噪声较大，长期运行必然缩短设备的使用寿命、降低设备的性能。应用PLC配合变频器对塔机、龙门式起

重机进行控制，可以有效解决电流冲击的问题，提升系统的稳定性。以四川建筑机械厂生产的40吨塔吊（C7050B）为例，其系统包括一个操作台和对应的两个柜体，其中两台FR-A740变频器配合PLC共同构成两个柜体的控制系统。利用可编程控制器对变频器的控制，实现电机软起动的功能，且可以以多段速运行。在PLC中加入限位，并将制动装置加设到变频器上，可以准确定位，使得在控制刹车时，即便电动机未以高速运行，也可以达到200%力矩输出制动转矩，当制动器故障时，重物也不会出现下滑事故，同时能够防止出现溜钩现象，显著提升塔吊、龙门起重机的制动性能。控制系统中使用了PLC，不但对其控制回路有大规模简化，还实现了逻辑控制，提高了系统的可靠性，出现故障的概率大为减少。

综上，利用PLC并配合变频器对塔机、龙门式起重机进行变频控制，可以有效提高整机性能。如可以使起升行走更加平滑、稳定，可以使被吊物件准确定位。上下、左右、前后整个立体面的操作都可以实现无级变速，适合各种工况要求。并且变频器具有限流作用，可以减少启动时对电网冲击，有利于同范围内其他设备正常运行。

多数电力起重机械在其控制方面仍采用传统的用多个继电器对各个控制回路进行控制的分布式控制方式，这种方式不但可靠性差、效率低下，而且耗能严重。相比之下，采用PLC对电力起重机械进行控制，在很大程度上减少了设备的维护成本，提高了系统工作效率，并且利用PLC中的PID模块，可以将带有闭环控制的变频调速技术应用于对起重机的控制中，提高了机器的可调速性，进而达到减小能耗，提高节能效果，提高系统调节质量的目的，从而使起重机械能够经济可靠地运行。

参考文献

[1] 伍先明，潘平盛．塑料模具设计指导[M]．北京：机械工业出版社，2020.

[2] 赵钱．塑料模具设计实战[M]．北京：机械工业出版社，2019.

[3] 徐新华，刘红伟，房增寿．塑料模具数字化设计与制造综合技能实训[M]．北京：机械工业出版社，2023.

[4] 陈敏．基于城市轨道交通机电技术特色的机械制造与自动化专业群人才培养方案[M]．成都：西南交通大学出版社，2020.

[5] 于莉，王颖，孙长远．职业教育校企合作的理论与实践[M]．长春：吉林人民出版社，2021.

[6] 李海莲．校企合作模式下专业学位研究生的培养路径研究[M]．沈阳：辽宁大学出版社，2019.

[7] 伍俊晖，刘芬．校企合作办学治理与创新研究[M]．长春：吉林大学出版社，2020.

[8] 王鹏，夏莹，张俊萍，等．政校企协同推进高等职业教育“双证融通”人才培养改革探索与实践[M]．上海：上海交通大学出版社，2018.

[9] 王任祥，傅海威，邵万清．应用型人才培养教学改革案例[M]．杭州：浙江工商大学出版社，2019.

[10] 周二勇．人才培养模式与评价体系研究[M]．北京：北京理工大学出版社，2020.

[11] 郭红兵，王占锋，张本平，等．产教融合校企合作高校建筑类特色专业群建设的研究与实践[M]．北京：北京理工大学出版社，2021.

[12] 易露霞．应用型民办高校校企合作探索与实践[M]．北京：北京理工大学出版社，2020.

[13] 王星，龚飞．电梯电气控制技术[M]．北京：北京理工大学出版社，2020.

[14] 屈省源，凌黎明，张书．电梯智能控制技术与维修[M]．重庆：重庆大学出版社，2022.

[15] 杨明涛，杨洁，潘洁．机械自动化技术与特种设备管理[M]．汕头：汕头大学出版社，2021.

[16] 张煜．电气工程部件测绘[M]．北京：北京交通大学出版社，2020.

[17] 何良宇．建筑电气工程与电力系统及自动化技术研究[M]．文化发展出版社，2020.
[18] 王刚，乔冠，杨艳婷．建筑智能化技术与建筑电气工程[M]．长春：吉林科学技术出版社，2020.
[19] 魏曙光，程晓燕，郭理彬．人工智能在电气工程自动化中的应用探索[M]．重庆：重庆大学出版社，2020.
[20] 李付有，李勃良，王建强．电气自动化技术及其应用研究[M]．长春：吉林大学出版社，2020.
[21] 姚薇，钱玲玲．电气自动化技术专业英语[M]．北京：中国铁道出版社，2020.
[22] 蔡杏山．电气自动化工程师自学宝典精通篇[M]．北京：机械工业出版社，2020.
[23] 方正．电气工程概论[M]．厦门：厦门大学出版社，2021.
[24] 李孝全，边岗莹，杨新宇．电气工程基础[M]．西安：西安电子科学技术大学出版社，2021.
[25] 张旭芬．电气工程及其自动化的分析与研究[M]．长春：吉林人民出版社，2021.
[26] 周江宏，刘宝军，陈伟滨．电气工程与机械安全技术研究[M]．文化发展出版社，2021.
[27] 郭廷舜，滕刚，王胜华．电气自动化工程与电力技术[M]．汕头：汕头大学出版社，2021.
[28] 王玉梅．水利水电工程管理与电气自动化研究[M]．长春：吉林科学技术出版社，2021.
[29] 李岩，张瑜，徐彬．电气自动化管理与电网工程[M]．汕头：汕头大学出版社，2022.